HEYNE <

MICHAEL R. BURKE

INTUITIVE TIER KOMMUNIKATION

Wie wir unsere Tiere wirklich verstehen, Vertrauen und Nähe aufbauen und tiefe Verbundenheit erfahren

Aus dem Englischen übersetzt von Karin Weingart

WILHELM HEYNE VERLAG
MÜNCHEN

Die Originalausgabe erschien 2024 unter dem Titel
INTUITIVE ANIMAL COMMUNICATION
bei Hay House LLC.

MIX
Papier | Fördert gute Waldnutzung
FSC® C014496

Penguin Random House Verlagsgruppe FSC® N001967

Deutsche Erstausgabe 08/2025

produktsicherheit@penguinrandomhouse.de
(Vorstehende Angaben sind zugleich Pflichtinformationen nach GPSR.)

Redaktion: Dr. Diane Zilliges
Umschlaggestaltung: Guter Punkt, München,
unter Verwendung von Motiven von © iStockphoto
(Cattallina, Oksanita, barkarola, pleshko74, Ukususha, teddyandmia,
Liudmila Baskelovich, ExpressIPhoto, Ryan McVay)
Satz: satz-bau Leingärtner, Nabburg
Druck und Bindung: GGP Media GmbH, Pößneck
ISBN 978-3-453-70502-9

INHALT

EINFÜHRUNG

Was Haus- und überhaupt Tiere angeht, haben wir alle unsere eigene Geschichte. Doch ich bin mir ziemlich sicher, dass es nur sehr wenige Menschen gibt, deren Leben noch nie auf die eine oder andere Weise von solch einem Wesen berührt wurde. Denn obwohl wir viel dafür getan haben, uns von den Tieren abzugrenzen, teilen wir uns diese Welt doch mit ihnen und werden auf einer bestimmten Ebene auch immer mit ihnen verbunden sein. Diese Verbundenheit kann aber noch viel tiefer gehen – und zu einer echten Kommunikation werden. Solltest du je eng mit einem Hund verbunden gewesen sein, den Blick eines wild lebenden Rehs eingefangen, dich von einem Delfin verstanden gefühlt oder einen Moment der Stille mit einem Eichhörnchen geteilt und dir dabei gewünscht haben, du wüsstest, was das Tier gerade denkt, dann ist dieses Buch genau richtig für dich.

Unter intuitiver Tierkommunikation verstehe ich, einfach ausgedrückt, den energetischen und telepathischen Austausch mit ihnen. Etwa in Form von Bildern, die im Kopf entstehen, von Stimmen oder Geräuschen, Gefühlen, körperlichen Empfindungen, in Form einer plötzlichen, tiefgreifenden Erkenntnis oder wie auch immer.

Um auf dem Gebiet der intuitiven Kommunikation mit Tieren weiterzukommen, brauchst du dich weder mit Übungen auszukennen, wie ich sie in diesem Buch vorstelle, noch musst du über ausgewiesene mediale Fähigkeiten verfügen. Denn die intuitive Kommunikation ist nicht mehr und nicht weniger als intuitiv, instinktiv und ganz natürlich. Diese Fähigkeit können wir uns alle aneignen. Doch genau daran scheitern die meisten. Denn es ist ja nicht anders als beim Rollschuhlaufen oder Trompetespielen. Talent allein genügt nicht, man muss schon auch Arbeit investieren, um die Dinge wirklich zu lernen. Und genau hier kommt dieses Buch ins Spiel. Bei mir fängt alles damit an, dass du deine ganz spezielle intuitive Begabung wahrnimmst und ausbaust. Anschließend verbindest du dein Talent mit Techniken der Tierkommunikation.

Viele Klienten und Klientinnen suchen mich auf, weil sie ihr Tier besser verstehen und tiefgründiger mit ihm kommunizieren wollen, sei es, um ein Verhaltensproblem zu lösen oder um eine engere Beziehung herstellen zu können. Dieses Bedürfnis nach Verbundenheit beschränkt sich nicht unbedingt auf unsere zahmen Hausgenossen, sondern kann sich auch auf die wilden Tiere erstrecken, mit denen wir unseren Lebensraum teilen. Alles ist möglich – und kann uns eine neue, ganzheitlichere Lebensweise und einen erweiterten Erlebnishorizont verschaffen. Bei mir jedenfalls war es mit Sicherheit so.

Meine Geschichte

Soweit ich zurückdenken kann, fühle ich mich Tieren eng verbunden. Und alles fing mit Collie Cory an. In meiner frühesten Kindheit lebte Cory bei den Weiss' in einem Vorwort von Chicago, im Haus direkt hinter dem meiner Eltern. Mr. Weiss war ein lebhafter, eher kleiner Mann in den Siebzigern mit rosigen Wangen, blitzenden Augen und einem strahlenden Lächeln.

Er trug eine Ballonmütze, eine Bomberjacke der Chicago Bears, hatte ständig eine Zigarre im Mund und Cory an seiner Seite. Schon als ich noch nicht mal laufen konnte, fühlte ich mich zu den beiden hingezogen. Wann immer ich Cory auf dem Hof sah, hat mir mein Dad erzählt, habe ich meine pummeligen Ärmchen in seine Richtung ausgestreckt und wollte Kontakt mit ihm aufnehmen. Irgendwann freundete sich mein Vater mit Mr. Weiss an und nahm mich oft mit, wenn er die Familie besuchte. Ich erinnere mich noch gut an Cory – er war stark, weise und geduldig. Und ich fühlte mich bei ihm in Sicherheit.

Cory war es dann auch, der mir half, mich aufzurichten und laufen zu lernen. Beim Aufstehen hielt ich mich an ihm fest und er war da, als ich meine ersten Schritte machte. Sprechen konnte ich zu der Zeit noch nicht, aber das war auch nicht nötig. Wir kommunizierten energetisch miteinander und ich spürte, dass mir Cory Sicherheit und Orientierungshilfe gab. Ich war fasziniert von ihm, verehrte ihn geradezu und wusste instinktiv eines ganz genau: dass er meinen Weg hinaus in die Welt mit seiner ruhigen, ausgeglichenen Energie unterstützte.

Ich bin (mit einem Abstand von acht Jahren) das jüngste von sechs Kindern – drei Jungen und drei Mädchen – einer irisch-katholischen Familie. Als ich hinzukam, waren sowohl meine Geschwister als auch meine Eltern also schon älter. Und es hatte sich bereits eine starke familiäre Dynamik herausgebildet, von der ich lernen, die ich beobachten konnte und in der mir alle auf ihre spezifische Art und Weise als Lehrkraft dienten.

Aufgrund unserer katholischen Erziehung waren wir angehalten, unsere Verbundenheit mit einer höheren Macht und Dingen außerhalb der normalen Wahrnehmung zu ehren. Wir lernten zu beten, mit unseren Engeln und Heiligen (ich wurde nach dem heiligen Michael benannt) zu kommunizieren und sowohl auf unser Denken als auch auf die Wortwahl zu achten. In meiner

Familie versammelten wir uns abends alle am Esstisch und diskutierten über unsere mystischen, paranormalen Erfahrungen – wir nahmen Energien wahr, hatten Ahnungen, Träume, Erfahrungen mit verstorbenen Angehörigen, hörten auf dem Dachboden das Rumoren von Geistern und empfingen die verschiedensten »Vibes«. Die Gespräche darüber haben immer viel Spaß gemacht, waren aber zugleich auch sehr ernst. Wir alle liebten es, das Reich des Mystischen und Unbekannten zu erkunden, und konnten es kaum abwarten, der Family unsere Erfahrungen auf diesem Gebiet mitzuteilen, weil wir wussten, dass die anderen sie feiern würden und etwas mit ihnen anfangen konnten. Diese Aufgeschlossenheit allem gegenüber, was mit Energie, Gespür, Spiritualität und dem Leben nach dem Tod zusammenhing, schuf eine Atmosphäre, in der ich meine Intuition ungebremst auskundschaften konnte.

Ich war immer ein sensibles, mitfühlendes Kind. Später hat meine Mutter mir erzählt, ich wäre wie ein Schwamm gewesen, der alles aus seinem Umfeld aufnahm und emotional darauf reagierte. Ich hätte ständig wortlos alles gescannt, meine Umgebung nicht nur beobachtet, sondern geradezu in mich aufgesogen.

Durch die Erfahrung meiner engen Beziehung mit Collie Cory bettelte ich meinen Dad immerzu an, mir einen eigenen Hund zu schenken. Als ich neun war, gab er schließlich nach. Und so kam ein Irish-Terrier-Welpe zu uns nach Hause, weil wir ja, wie mein Vater sagte, »zu 100 Prozent irisch« waren. Corky war ein Ire wie aus dem Bilderbuch: willensstark, ungestüm, stur und klug genug, um zu wissen, dass er nicht gehorchen musste. Im Training dachte er gar nicht daran, die Kommandos zu befolgen. Mein Dad bestand darauf, dass wir Corky erziehen, war aber gleichzeitig ein viel beschäftigter Rechtsanwalt mit langen Arbeitstagen. Und ich hatte zu der Zeit mit Schule, Freunden, Sport und anderen Freizeitaktivitäten auch viel zu tun. So war Corky die meiste Zeit draußen in seinem Zwinger oder auf engem Raum im Haus eingesperrt. (Wenn er allein war, konnte man ihm nie so recht trauen.) Er war weder kastriert, noch wurde er je stubenrein. Ich ging mehrmals am Tag mit ihm raus, spürte aber, dass das nicht genügte. Ich erkannte Corkys Ungestüm und merkte, dass er mehr Beschäftigung brauchte, wusste aber nicht, wie ich ihm diese hätte bieten können. Meinen Eltern sagte ich, dass Corky mehr Führung bräuchte, dass wir Unterstützung benötigten und dass der Hund einfach missverstanden wurde. Aber meine Eltern hatten mit anderen Dingen so viel um die Ohren, dass Corkys emotionales Wohlbefinden bei ihnen nicht die oberste Priorität genoss. Und so kümmerten sich zwar alle immer liebevoll um ihn, doch ich hatte in seinen ganzen 15 Lebensjahren stets das Gefühl, dass er mehr verdient hatte, als wir ihm gaben.

Die Erfahrungen meiner Familie mit Corky, dieses Zusammenleben mit einem schwierigen Hund und die Einsicht, dass nicht alle dieselben Vorstellungen davon hatten, lösten in mir etwas aus: den Wunsch, Leute wie meine Eltern dabei zu unterstützen, dass sie die Dinge auch aus der Perspektive des Hundes betrachten konnten, und Fellnasen wie Corky zu einem erfüllteren, ausgeglicheneren Leben zu verhelfen. Zudem wurde mir immer klarer bewusst, wie oft ich mich intuitiv auf Tiere und Menschen einstellte. Dabei spürte ich auch die Kommunikationsschwierigkeiten, die behoben werden mussten, damit die beiden Spezies einander besser verstehen konnten.

Schon in der Kindheit wurde mir darüber hinaus klar, dass ich nicht nur mit Hunden in der Lage war zu kommunizieren, sondern auch mit anderen Tieren, und dass ich mich dabei nicht einmal in deren Nähe befinden musste. Als ich zehn oder elf war, habe ich in mehreren aufeinanderfolgenden Nächten von einer Katze geträumt, die eingeschlossen hinter einer Fensterscheibe saß und Hilfe brauchte. Ich erzählte Dad von diesem wiederkehrenden Traum und teilte ihm auch meine Befürchtung mit, dass irgendwo in der Nähe wohl eine Katze gefangen sei. Er hörte mir durchaus zu, fand aber, dass wir nicht groß was machen konnten, außer Augen und Ohren offen zu halten.

Als wenige Tage später überall in der Nachbarschaft Flyer auftauchten, in denen nach einer vermissten Katze gesucht wurde, waren mein Dad und ich sofort alarmiert. Das war das Tier aus meinen Träumen! Ich wusste es einfach. Beim Gassigehen mit Corky passten wir jetzt ganz genau auf und guckten uns um. Und tatsächlich: Eines Tages hörten wir aus der Garage eines Nachbarn, von dem wir wussten, dass er keine Katze hatte, ein lautes Miauen. Also riefen wir die Telefonnummer an, die auf den Flyern stand, und sagten den Leuten, dass wir hier ungewöhnliche Geräusche gehört hätten. Die Dosenöffner der Katze baten den Besitzer des Hauses, in seiner Garage nachzusehen, und dort fanden sie das Tierchen. Wie sich herausstellte, war die Zugehfrau sauer gewesen, weil der Kater ihren Vorgarten als Klo benutzte, und hatte ihn deshalb in die Garage gesperrt. Der Hausbesitzer wusste nichts davon. Er war schon sehr alt und fast taub, konnte kaum mehr gehen und zeigte sich geschockt, als er den Kater in seiner Garage entdeckte. Dem ging es gut und er konnte sofort wieder in die Obhut seiner Familie gegeben werden. Für mich war dieses Erlebnis ein wichtiger Schritt auf dem Weg, meine intuitiven Fähigkeiten zu erkennen.

In den Jahren auf der Highschool bildete ich meine Intuition weiter aus und erfuhr mehr über Persönlichkeitsentwicklung, Metaphysik und Spiritualität. Da sich auch meine Geschwister für diese Themen interessierten, hatten wir ganze Regale voll mit Büchern über Astrologie, Tarot, Meditation, außersinnliche Wahrnehmung, frühere Leben, außerkörperliche Erfahrungen, Reiki und energetisches Heilen, über Heilige, Engel, Geistführer, das Gesetz der Anziehung, Manifestation und so weiter. Meine Schwestern suchten Medien und intuitive Berater auf, nahmen die Sitzungen auf Kassette auf und spielten sie mir später vor. Ich liebte diese Aufnahmen vor allem, weil sie mich in meinen Erfahrungen bestätigten.

Als ich mich mit 17 auf die Aufnahmeprüfung fürs College vorbereitete und sehr gestresst war, hatte ich schon in allerlei esoterischen Disziplinen dilettiert. Zu der Zeit wandte ich mich einer ernsthaften spirituellen Praxis zu. Im Zimmer einer meiner Schwestern hatte ich eine Audiokassette mit geführten Meditationen gefunden. Sie stammte von Shakti Gawain und trug den Titel *Creative Visualization*. Versuchsweise habe ich sie mir angehört. Und damit fing alles an. Für mich erwiesen sich diese Fantasiereisen als eine Art Wunderkur zum Abbau von Stress und Verspannungen. Sie entzündeten meine lebenslange Begeisterung fürs Meditieren. Und machten mir darüber hinaus klar, dass meine Sensitivität eine große Stärke von mir war, die ich weiterentwickeln und nutzen konnte, um Menschen zu helfen.

Ich ging dann nach Boulder, um Umwelt- und Naturschutz zu studieren. Das Leben im schönen Colorado – Sonne, Berge, Schnee und frische Luft – förderte die Entwicklung meiner intuitiven Fähigkeiten nur noch mehr. Zur selben Zeit wurde mir auch die Bedeutung immer klarer, die Gesundheit und Ausgeglichenheit für meine Fähigkeit hatten, Dinge aufzunehmen und weiterzugeben, also ein guter Kommunikator zu sein und mir selbst und anderen Gutes zu tun. Deshalb befasste ich mich eingehend mit Ernährung und achtete zunehmend auf die Energie von Lebensmitteln. Denn wie ich feststellte, dämpften einige von ihnen meine Intuition, während andere sie eher erweiterten. Auch fing ich an, regelmäßig Sport zu machen, denn sobald ich nicht so aktiv war, fühlte ich mich blockiert und energetisch geschwächt.

Aus Spaß begann ich damit, Leuten die Karten zu legen. Dafür schien ich ein Händchen zu haben, jedenfalls kamen immer mehr, die meinen tarotgestützten intuitiven Rat suchten. Ein Freund von mir sagte mal: »Was hat es mit dir eigentlich auf sich? Wo du auch hingehst, immer bist du ein Magnet für die Menschen. Sogar Leute, die dich kaum fünf Minuten kennen, vertrauen dir ihre Lebensgeschichte und intimste Geheimnisse an.« Auch mir war schon aufgefallen, dass sich Menschen zu mir hingezogen fühlten, und nach einiger Zeit begann ich, darin meine Begabung zu erkennen. Die Gelegenheit, Menschen zu helfen, indem ich ihnen zuhörte und für sie da war. Sobald ich das für mich akzeptiert hatte, begann sich mein Horizont noch mehr zu erweitern.

Da ich nach dem Examen keinen auch nur halbwegs lukrativen Job im Umweltschutz fand, verlegte ich mich auf ein Gebiet, in dem zwei meiner Schwestern Fuß gefasst hatten: den Anzeigenverkauf. Karrieretechnisch sah dabei alles ganz gut aus, tief in meinem Inneren aber hatte ich das Gefühl, dass irgendetwas schieflief. Dass ich mich nicht auf dem für mich richtigen Weg befand. Das Anzeigengeschäft war eine ganz eigene, knüppelharte Welt – und die schlug mir ordentlich auf Herz und Seele. Also schaffte ich mir nebenbei größtmögliches Wissen über Intuition und Energie drauf. Ich besuchte zahllose Workshops und erwarb ein Zertifikat nach dem anderen. Dabei entwickelte ich mich stetig weiter, versuchte herauszufinden, was etwas in mir zum Klingen brachte und was nicht. Genau zu der Zeit trat auch die Hündin Cooper in mein Leben.

Eines bildschönen Frühlingssonntags machte ich nach einem späten Frühstück einen Spaziergang und da war sie: im Schaufenster eines Chicagoer Ladens, in dem gerade eine Tier-Adoptionsmesse stattfand. Cooper war ein Collie-Deutscher-Schäferhund-Mix und gerade mal siebeneinhalb Wochen alt. Obwohl ich an diesem Tag keineswegs vorgehabt hatte, mir einen Hund zuzulegen, war es im Handumdrehen um mich geschehen. Denn ich wusste sofort, dass das Universum uns zusammengeführt hatte. Cooper war meine Seelenverwandte. Und hat mein Leben ein für alle Mal auf den Kopf gestellt.

Cooper war eine sehr sensible Hündin. Sie mochte keine Fremden, war überaus reaktionsschnell und verfügte über einen stark ausgebildeten Rudelinstinkt – selbst auf belebten Straßen. Ich habe oft gesagt, dass sich Cooper wie eine Katze aufführte: Alles musste nach ihrem Kopf gehen. Verschmust war sie nur, wenn sie es sein wollte, und stets zu ihren eigenen Bedingungen. Sie konnte eine echte Herausforderung sein, war aber auch unglaublich liebevoll. Unsere Verbundenheit ging weit über Liebe hinaus und auch über meine Versuche, ihr Verhalten zu analysieren. Ich hatte ein instinktives Gespür für sie und sie, so war mein sicherer Eindruck, nahm mich auf genau dieselbe Weise wahr. Wir konnten einander wortlos anschauen und dabei sehr effektiv kommunizieren. Die Leute um uns herum waren immer völlig perplex, wenn sie Zeugen unserer Verbundenheit waren. Cooper habe ich es zu verdanken, dass ich zunehmend selbstbewusst wurde, was das Vertrauen in meine Fähigkeit anging, das Denken und Fühlen der Tiere zu verstehen.

Von Cooper lernte ich auch, wie wichtig die Wahrnehmung meiner Energie für mich ist. Die Hündin war außerordentlich einfühlsam und verspannte sich sofort, wenn sie bei mir auch nur die kleinsten Zeichen von Anspannung spürte. War ich emotional, wurde sie unruhig. Ließ ich mich ablenken, reagierte sie mit Verunsicherung. Damit spiegelte sie mir meine energetische Unausgeglichenheit und führte mir vor Augen, dass ich die Balance verloren hatte. Für mich war das insofern ein großes Geschenk, als sie mich auf diese Weise dazu brachte, ruhiger zu werden und mir meine Projektionen bewusst zu machen – also zu tun, was ich predigte, und mehr in der Gegenwart zu sein. Ich begann, die Meditationstechniken, die ich gelernt hatte, mit ihr und an ihr zu üben, und entwickelte eigene Versionen davon, die unsere Kommunikation stärkten und intensivierten. Auf ihre ganz eigene Art demonstrierte mir Cooper die Macht der Meditation. Denn je konsequenter ich sie praktizierte, desto enger wurde unsere Verbindung, unsere Beziehung. So gab Cooper mir täglich Gelegenheit, die Erfolge der Meditation an der Verbesserung sowohl meiner Energie als auch ihres daraus resultierenden Verhaltens abzulesen.

Durch Mund-zu-Mund-Propaganda wurden immer mehr Menschen auf mich aufmerksam, die Hilfe brauchten und sich für eine alternative Spiritualität interessierten. Sie wünschten sich Unterstützung, jemanden, der ihnen zuhörte, und intuitive Orientierungshilfen für ihre persönliche Lebensreise. Ich legte ihnen die Karten und beriet sie. Mit der Zeit ergab sich daraus eine erfolgreiche Nebenbeschäftigung. Die ich allerdings bestmöglich geheim hielt, um mein Hauptgeschäft, den Anzeigenverkauf, nicht zu gefährden.

Doch auch Stammkunden, die um meine Liebe zu Tieren und meine Verbundenheit sowie Erfahrungen mit ihnen wussten, fingen bald an, mich um Hilfe im Kontakt mit ihrem Liebling zu bitten. So begann ich, ihnen die Karten zu legen, und gab mein Bestes, um den Menschen dabei zu helfen, das Denken und Fühlen ihres Tierchens zu verstehen. Dabei kam ich mir oft wie ein Therapeut vor, der die Leerstellen in der Kommunikation zwischen den Arten zu füllen versuchte. Viele kamen wegen des Verhaltens ihres Hundes zu mir. Dann stimmte ich mich auf das Tier ein und sagte seinem Menschen meistens so etwas wie: »Dies und jenes sagt beziehungsweise empfindet dein Hund. In Wirklichkeit aber braucht er nichts anderes als Training.« Mit der Zeit dämmerte mir dann, dass ich die Leute eigentlich gar nicht unbedingt zu jemand anderem schicken musste, sondern selbst Hundetraining und tierpsychologische Beratung mit anbieten konnte.

Also begann ich, mich umfassend mit dem Verhalten von Tieren zu beschäftigen. Ich besuchte das Animal Behavior College und ließ mich zum zertifizierten Hundetrainer und -psychologen ausbilden. Zusammen mit anderen dort arbeitete ich an der Verbesserung meines Verhaltens gegenüber Hunden und beschäftigte mich mit den verschiedenen Möglichkeiten, Verhaltensschwierigkeiten zu beheben. Ich spürte, dass sich das Fundament meiner Arbeit stabilisierte und ich meinen Klientinnen und Klienten und ihren Tieren immer mehr zu bieten hatte. Sobald ich mich traute, auf meine innere Stimme zu hören, und begann, all den Zeichen um mich herum Beachtung zu schenken, wurde mir zunehmend klar, dass ich auf dem richtigen Weg war. Mein Nebenjob entwickelte sich weiterhin prächtig, während das Hauptgeschäft, der Anzeigenverkauf, anfing zu schwächeln. Trotzdem war ich mir nicht sicher, ob ich schon bereit war, das Risiko einzugehen und zu kündigen. Dann aber wurde die Firma, für die ich arbeitete, von einem Konzern aufgekauft und ich entlassen. Hallo – kann einem das Universum ein noch deutlicheres Signal senden? Nun fühlte ich mich stark genug, den Moment zu nutzen und zu tun, was ich mir wünschte.

Meine innere Führung veranlasste mich, nach dem als »Hundeflüsterer« bekannten Cesar Millan zu recherchieren. Wie ich erfuhr, hatte er auf einer Ranch in Südkalifornien sein Dog Psychology Center errichtet, gar nicht weit von meinem Wohnort entfernt. Spontan meldete ich mich zu einem Workshop bei ihm an – und der wurde für mich zu einem weiteren Wendepunkt. Cesars energetische Verbundenheit mit Tieren sowie seine Fähigkeit, Hunden und Halterfamilien bei der Behebung von Verhaltensproblemen zu helfen, konnte ich unmittelbar nachempfinden. Nach dem Workshop fing ich an den Wochenenden als Freiwilliger am Dog Psychology Center an, war in Kursen und längeren Workshops als Assistent tätig und wurde schließlich selbst Trainer. Nach einiger Zeit wurde ich mit der Leitung der Abteilung Meditation in Cesar's-Way-Trainingsprogramm betraut, einem fünftägigen Seminar zum Thema Hundeverhalten und -erziehung, das von Leuten aus aller Welt besucht wurde. Zur Unterstützung der Teilnehmenden entwickelte ich einen Lehrplan für Achtsamkeit, Meditation, Energie, Manifestation und persönliche Entwicklung, damit sie lernen konnten, im Verhältnis zu ihrem Tier gelassene Ruhe zu bewahren.

Bei meiner Arbeit als Tierkommunikator, Verhaltens- und intuitiver Coach komme ich seither überall auf der Welt mit Tausenden von Menschen und Tieren in Kontakt. Und dabei ist mir klar geworden, was die Menschen wollen und brauchen: ein achtsameres und wundervolleres Zusammenleben mit ihren Tieren. Die Leute, mit denen ich spreche, wünschen sich, gewissermaßen in den Kopf ihres Lieblings eindringen zu können, um zu verstehen, was er denkt und fühlt. Sie wollen erfahren, was sie tun müssen, um das Tier bestmöglich zu unterstützen und ihre Verbundenheit, ihr Zusammensein mit ihm zu intensivieren. Sie brauchen Hilfe dabei, ihr Denken und Fühlen ins Gleichgewicht zu bringen, weil sie wissen, dass dies nicht ohne Wirkung auf ihr geliebtes Tier bleibt. Darüber hinaus möchten sie auch nach dem Tod mit ihm verbunden bleiben oder mehr in Einklang mit der Natur und den wild lebenden Tieren kommen. Die Grundlage einer solchen Praxis besteht in der aktiven, konsequenten Kommunikation mit Tieren – und die wiederum bereitet uns eine derart große Freude, wie wir sie uns nie hätten erträumen können.

Viele Faktoren haben dazu geführt, dass wir uns heute sowohl persönlich als auch global in einem enormen Ungleichgewicht befinden. In der Corona-Zeit haben sich viele – mehr als je zuvor – ein Haustier angeschafft, um Gesellschaft zu haben, mussten aber bald feststellen, dass sie gar nicht wussten, wie sie sich richtig um es kümmern sollten. Zu der Zeit war alles sehr emotionsgeladen. Als Folgen der Pandemie beeinträchtigten Traumata, Stress, Angst und Traurigkeit die Beziehung zu den Tieren und die Fürsorge für sie noch zusätzlich. Das hat zu einem unnötigen Anstieg von Verhaltensproblemen geführt. Viele Menschen waren quasi ans Haus gefesselt, weil sie ihr Tier nicht allein lassen konnten. Zahllose Haustiere kamen ins Tierheim.

Davon ganz abgesehen, befindet sich unser Planet in den Fängen der Umweltkrise. In unserem Kampf gegen den Klimawandel und eine Entwaldung, die wichtige Habitate zerstört, geht es auch um das Leben von Wildtieren. Gleichzeitig steigt das Interesse an einer von den organisierten Religionsgemeinschaften unabhängigen Spiritualität. Die Menschen interessieren sich für Intuition, Energie und andere Ideen und Konzepte jenseits des traditionellen Denkens und der herkömmlichen Wahrnehmungsmodalitäten. Diese Offenheit hat vielen auch die Erkenntnis beschert, dass es mehr gibt, als wir sehen können. Und mit diesem »Mehr« wollen sie sich unbedingt verbinden.

Es gibt zahlreiche wunderbare Bücher und Sendungen über Tierkommunikation. Oder auch über Achtsamkeit und Meditation. In anderen Büchern geht es um das Verhalten und Training von Tieren, um Manifestation, Energie und Persönlichkeitsentwicklung. Aber ich habe kein einziges finden können, das all diese Themen zu einem kohärenten, ganzheitlichen, facettenreichen System zusammenfasst und unser Wissen über Tiere sowie über die Kommunikation mit und die Beziehung zu ihnen vermehrt. Nachdem ich diese Lücke erkannt hatte, stellte ich meine Kenntnisse auf all diesen Gebieten zu einem Video zusammen, das 2021 veröffentlicht wurde und den Titel *Intuitive Animal Communication Learning and Development* trägt. Dieser Kurs stellt die Grundlage des vorliegenden Buches dar.

Wie du mit diesem Buch arbeiten kannst

In diesem Buch führe ich alle für meine Arbeit charakteristischen Prozesse, Tools und Techniken zusammen. Damit will ich dir helfen, das Denken und Fühlen deines Haustieres besser zu verstehen, damit du es wirksamer unterstützen kannst. Auch ist mir viel daran gelegen, dass ihr beide ruhiger, ausgeglichener, zufriedener werdet und euch gemeinsam ein freudvolles Leben aufbauen könnt.

Das Buch besteht aus drei Teilen. Im ersten Teil greifen wir zuerst nach der eigenen Sauerstoffmaske und finden heraus, warum es so wichtig ist, ruhig, selbstsicher und ausgeglichen zu sein, bevor wir in die Interaktion mit Tieren einsteigen. In diesem Zusammenhang erfährst du einiges übers Journaling (Tagebuchschreiben) und über Achtsamkeit, wirst verschiedene meditative Techniken kennenlernen, die den Geist zur Ruhe bringen und dir den Zugang zu deiner inneren Führung ermöglichen. Außerdem wirst du dich in der Wahrnehmung und Interpretation von Energie üben können.

Der zweite Teil ist ganz der Kommunikation mit Tieren gewidmet. Und obwohl ich natürlich weiß, dass dich dieses Thema mehr interessiert als alles andere, möchte ich dich bitten: Lies auch die Seiten davor! Denn für deinen späteren Erfolg sind die Informationen und Übungen im ersten Teil des Buches von ganz entscheidender Bedeutung. Im zweiten Teil befassen wir uns zunächst mit der Frage, was eigentlich genau unter intuitiver Tierkommunikation zu verstehen ist. Wir fassen Zeichen und Symbole in einer Art innerer Datenbank zusammen und erarbeiten uns die Grundlagen der Kommunikation. Anschließend wenden wir uns speziellen Techniken zu, unter anderem der Kommunikation auf die Ferne (also ohne direkten Kontakt), mit verstorbenen oder vermissten sowie mit Wild- und Haustieren.

Im dritten Teil wenden wir das Erlernte praktisch an und begeben uns in die Welt hinaus. An dem Punkt wirst du dir schon deine eigenen Abläufe erarbeitet haben und kannst beginnen, die Tierkommunikation in deinen Alltag zu integrieren – sodass sie dir in Fleisch und Blut übergeht wie der Austausch mit anderen Menschen (na ja, jedenfalls meistens). An dieser Stelle diskutieren wir auch über Commitment, also konsequentes Engagement, über energetische Grenzen, den Umgang mit Erwartungen und Hoffnungen, über die Stärkung deiner Beziehung zu Tieren und die Idee der Mitgestaltung.

Die Übungen in den verschiedenen Kapiteln dienen zwar hauptsächlich der Verbesserung deiner Fähigkeiten zur Kommunikation mit den Tieren, werden sich aber auch positiv auf dein persönliches Wachstum und deine zwischenmenschlichen Beziehungen auswirken. Aber jede Person ist anders und nicht alle können mit einer bestimmten Technik gleich viel anfangen. Vielleicht empfindest du einige Übungen eine Zeit lang als nützlich, suchst dann aber die Abwechslung und versuchst es mit etwas Neuem. Aber für welche Methoden du dich auch entscheidest: Lass dir Zeit, dich an sie zu gewöhnen, denn Erfolge stellen sich nur mit Beharrlichkeit ein. Auch findest du in jedem Kapitel Vorschläge für dein Journal: schriftliche Übungen, die dich bei der Verarbeitung der erhaltenen Informationen unterstützen sollen. Ja, der Weg, den ich dir vorschlage, hat viel mit Engagement zu tun – aber mit einem Engagement, das Spaß und Freude macht.

Unter meiner Anleitung kannst du dir die Kommunikation mit Tieren zu eigen machen, aber auch lernen, ganz bewusst in der Gegenwart zu leben. Und du kannst jede Menge Liebe, Freude, Mitgefühl, Dankbarkeit, Verbundenheit und Unterstützung finden – für dich, für deine Mitmenschen, für Tiere und den Planeten, der unser aller Zuhause ist.

Lass uns also zu unserer gemeinsamen Reise aufbrechen!

TEIL EINS

ENERGIE UND INTUITION – DIE GRUNDLAGEN

DIE MACHT DES AUGENBLICKS

Bevor wir anfangen können, an der Intensivierung unserer Kommunikation und Verbundenheit mit Tieren zu arbeiten und unsere Beziehung zu ihnen zu verbessern, müssen wir zunächst lernen, unsere eigene Energie und Intuition sowie unseren Zugang zur Welt möglichst umfassend zu begreifen.

Wir Menschen sind tendenziell sehr verkopft und fokussieren uns oft ganz auf Vergangenheit oder Zukunft. Dabei handelt es sich um einen in alten Zeiten fürs Überleben entscheidenden Schutzmechanismus – schließlich programmierte er uns auf Vor- und Umsicht. Allerdings bleiben wir nur allzu oft in dieser Art Denken verhaftet, treffen aufgrund früherer Erfahrungen Entscheidungen, die auf Angst beruhen, oder sind so auf unsere Ziele fokussiert, auf Dinge, die geschehen könnten oder auch nicht, dass es uns schwerfällt, überhaupt noch zu handeln. Und weil Aufmerksamkeit und Awareness uns oft vorauseilen oder hinter uns zurückbleiben, verpassen wir natürlich alles, was in der Gegenwart geschieht, lassen uns die vielen Geschenke, Optionen und Gelegenheiten entgehen, die uns nur im Jetzt zugänglich sind.

Nur solange wir ganz präsent sind, können wir die energetischen Feinheiten, die ganzen schönen Details erkennen und wertschätzen, die uns jeder Moment zu bieten hat. Der Zauber einer rosafarbenen Rosenblüte zum Beispiel entgeht dir, wenn du beim abendlichen Winterspaziergang mit dem Hund die ganze Zeit über auf dein Smartphone starrst. Dabei bräuchtest du nur deine Sinne zu aktivieren, um alles Schöne um dich herum wahrnehmen zu können. Und das wiederum kann dich auf ganz neue Art und sehr tiefgreifend inspirieren.

Unsere volle Präsenz bildet die Basis jeder Beziehung zu einem Tier. Tiere leben immer im Augenblick – das entspricht einfach ihrer Natur. Kein Hund zählt die Knochen, die er im vergangenen Monat gekaut hat, oder sorgt sich wegen des Eichhörnchens, das nächsten Freitag vielleicht das Grundstück entert. Der Hund beachtet, spürt und reagiert auf alles, was *im Jetzt* geschieht. Weil Tiere sehr empfänglich für Energien sind, nehmen sie zu jedem Zeitpunkt auch die von uns Menschen wahr. Begegnen wir einem Tier in der Energie der Geschehnisse von gestern oder letzter Woche, kann es sein, dass wir es gründlich verwirren und die Kommunikation mit ihm darunter leidet. Oder umgekehrt: Solange wir nur unser Endziel im Auge haben, begegnen wir dem Tier nicht auf Augenhöhe – also in seiner Zeit: dem gegenwärtigen Augenblick, und das kann eigentlich nur schiefgehen.

Wenn wir es schaffen, die Kraft des gegenwärtigen Moments mehr zu spüren und sie auch zu schätzen lernen, erweitern wir unser Bewusstsein und vergrößern das Verständnis, das wir von der Welt, unserem unmittelbaren Umfeld und besonders den Tieren haben. Die Natur gibt uns immer Zeichen, Symbole und Botschaften, doch wir müssen auf unsere innere Führung hören und *den Entschluss fassen*, sie wahrnehmen zu wollen. In dem Maße, in dem wir uns mehr Zeit nehmen, um innezuhalten und den Moment wirklich zu spüren, uns auf ihn einzulassen, auf ihn zu reagieren und ihn wirklich auszukosten, erreichen wir eine neue Qualität von Ruhe und Zuversicht.

In diesem Kapitel erkunden wir bewährte Möglichkeiten, uns auf den gegenwärtigen Moment einzustimmen, zum Beispiel

Tagebuchschreiben, Meditation, Erdung und Atemarbeit. All diese Techniken unterstützen dich nicht nur in der Kommunikation mit Tieren, sondern fördern darüber hinaus auch dein Wohlbefinden.

Journaling – (mehr als) Tagebuch schreiben

Mit 16 bekam ich plötzlich das Bedürfnis, in engeren Kontakt mit der Natur zu kommen, mich einer großen Herausforderung zu stellen und etwas für mich vollkommen Neues zu tun. Also bat ich meine Eltern, mich bei Outward Bound anmelden zu dürfen, einer Organisation, die erlebnispädagogische Expeditionen in abgelegene Landstriche überall auf der Welt anbietet. Ich entschied mich für eine Kanu-Expedition in den kanadischen Boundary Waters, 22 Tage Low-Impact-Camping (also ein Camping, das möglichst keine Spuren in der Natur hinterlässt). Meine Eltern taten sich zwar schwer mit der Vorstellung, mich die ganze Zeit über nicht kontaktieren zu können, respektierten aber meinen Wunsch, mich unter besonderen Bedingungen auszuprobieren oder zu beweisen. Sie sahen in dem Trip schließlich auch eine gute Gelegenheit für mich, neue Erfahrungen zu machen und mich weiterzuentwickeln. Aber ich hatte ja keine Ahnung, worauf ich mich da einließ.

Meine Mutter brachte mich zum Airport und ich flog nach International Falls, Minnesota, wo ich meine Reisegruppe treffen sollte. Wohlbemerkt: Es war noch die Zeit vor Internet und Handys. In einem Van fuhren wir zu zwölft (zwei Betreuer und zehn Jugendliche) über die Grenze nach Kanada in eine einsame Location mitten in der Wildnis. Dort wurden wir abgesetzt – nur mit Rucksäcken, die unsere Klamotten, Zelte, Lebensmittel und wasserfeste Landkarten enthielten. Das Ganze wurde – mental, emotional und nicht zuletzt körperlich – sehr viel schwieriger als gedacht. Auch hatte ich nicht damit gerechnet, mich täglich mit einem Sieben-Meter-Kanu auf der Schulter von einem See zum nächsten quälen zu müssen. Aber ich habe mich dann doch recht schnell daran gewöhnt.

Einer der vielen Benefits der Tour war die Chance, in der Natur zu sein. Dass ich dem Stadtleben und den typischen Belastungen der Highschoolzeit vorübergehend den Rücken kehren konnte, erleichterte es mir, mich mit der Energie der Erde zu verbinden. Ich tauchte drei ganze Wochen lang ab – und in die Kraft des Augenblicks ein.

Etwa zur Halbzeit der Expedition wurden wir Camper einzeln in abgelegene Teile des Waldes gebracht. Sinn der Übung: Wir sollten drei Tage lang allein verbringen – und das bei reduzierten Lebensmittelrationen. Bei uns allen kam täglich einer der Verantwortlichen vorbei, um nach dem Rechten zu sehen, dabei durfte aber kein Wort gesprochen werden. Zu Beginn unseres Abenteuers hatte jeder ein Notizbuch erhalten und meines wurde für mich zu einer Art Ventil, das die Aufrechterhaltung meines mentalen und emotionalen Gleichgewichts sicherte. Ich machte mir täglich Notizen und hielt dabei Ängste, Zweifel, Sorgen genauso wenig zurück wie meine Hoffnungen und Erfolge.

In den drei Tagen der Einsamkeit hatte ich nichts anderes zu tun, als rumzusitzen und präsent zu sein. Zunächst war mir das sowohl mental als auch körperlich unangenehm. Mein Geist, der eine solche Ruhe und Stille nicht gewöhnt war, raste. Ich tigerte umher, ging auf und ab und hatte nicht die geringste Ahnung, was ich mit mir anfangen sollte. Doch nach einigen Stunden griff ich zu meinem Journal, setzte mich hin und ergab mich dem Moment. Den Rest der Zeit über nahm ich die Natur mit allen Sinnen wahr und auf. Es fühlte sich an, als würde mich die natürliche

Umwelt veranlassen, langsamer zu machen und ganz in meinen Erfahrungen aufzugehen. Derweil schrieb ich alles auf. Und je mehr ich schrieb, desto ruhiger und ausgeglichener fühlte ich mich. Allmählich nahm ich alle Energien wahr, die mich umgaben, und spürte sie intensiv. Noch nie zuvor hatte ich mir die Zeit genommen, mein Tempo zu drosseln und so eingehend auf alles um mich zu achten. Und die Natur beschenkte mich reichlich!

Als ich so allein dasaß, konnte ich Vertreter von allerlei Tierarten beobachten, die in der Wildnis heimisch waren – Elche und anderes Wild, Biber, Otter, jenseits des Sees einen Wolf, viele Vögel und Weißkopfseeadler, sogar einen Schwarzbären. Die Betreuer hatten uns größte Vorsicht vor den Tieren eingeschärft, vor allem sollten wir uns vor den Bären hüten. Sie hatten uns aber auch beigebracht, was im Fall der Fälle zu tun sein würde.

Am zweiten Morgen in der Einsamkeit verließ in einer Entfernung von vielleicht 200 Metern ein Bär den dichten Baumbestand. Meine erste Reaktion: Panik. *Ich bin doch nur ein Stadtkind … ganz allein im Lebensraum dieses Riesen. Was mach ich denn jetzt?* Weil ich aber die ganze Zeit über Tagebuch geschrieben und mich so intensiv in mein natürliches Umfeld versenkt hatte, wurde ich von einer Woge der Ruhe erfasst. Um mich von ihnen zu befreien, notierte ich mir zunächst all meine Ängste und Notfallszenarien. Danach empfand ich ein tiefes Bedürfnis, mich energetisch intuitiv auf den Bären einzustimmen. Daraufhin bekam ich das Gefühl, dass mich der Bär zwar durchaus wahrgenommen hatte, sein Hauptaugenmerk aber weiterhin auf der Suche nach seiner üblichen – nicht menschlichen – Nahrung lag. Ich spürte auch, dass er meine Angst registrierte und dass sie ihn mir gegenüber eher skeptischer stimmte. Als Reaktion darauf verlagerte ich meinen energetischen Fokus, stellte mich auf das Empfinden von Respekt, auf Verständnis und ruhiges Selbstvertrauen ein. Ich sah mich im Boden verwurzelt wie ein alter, starker Baum, der die Frequenz und das Licht ausstrahlte, die von entspannten, respektvoll gesetzten Grenzen ausgehen. All das schrieb ich mir auch auf. Schließlich spürte ich, dass der Bär meine neue Energie registrierte, und nahm auch die Botschaft, die er mir daraufhin schickte, intuitiv wahr: »Alles gut, ich gehe gleich wieder. Aber ich sehe und spüre dich. Du respektierst mich und ich respektiere dich.« Der Bär ging seiner Wege, und obwohl ich ihn nie wiedersehen sollte, werde ich die Begegnung mit ihm nie vergessen. Irgendetwas in mir hatte sich durch sie verändert. Es war fast so, als hätte ich eine spirituelle Prüfung bestanden.

Ich konnte es kaum erwarten, den anderen von meinen Erfahrungen zu berichten, doch lagen ja immer noch anderthalb Tage Einsamkeit vor mir. Das stellte mich vor eine neuerliche Herausforderung beziehungsweise Übung: Ich musste mich von der Zukunft abwenden und weiterhin im Hier und Jetzt bleiben, im gegenwärtigen Augenblick.

Die Interaktion mit anderen Lebewesen, sogar mit Insekten oder auch den Bäumen, bot mir noch eine Menge anderer Benefits. Und mein Tagebuch sorgte dafür, dass ich meine Erlebnisse nicht nur schriftlich festhielt, sondern auch alles, was ich beobachtete und fühlte, in Worte fasste und mit allen Sinnen erforschte.

Da die Expedition so voller Herausforderungen, Durchbrüche und Learnings war, habe ich von den drei Tagen in der Einsamkeit vieles vergessen. Und erst als ich mir Jahre später mein Tagebuch noch einmal angesehen habe, ist mir so richtig zu Bewusstsein gekommen, wie nachdrücklich sich diese drei Wochen in der Wildnis auf meinen gesamten weiteren Lebensweg ausgewirkt haben.

Ich erzähle diese Geschichte, um dir eine der für mich wichtigsten Praktiken ans Herz zu legen, die dir helfen, dich zu erden und im gegenwärtigen Moment zu sein – das Journaling, also das Tagebuchschreiben. Nach der Outward-Bound-Expedition wurde mir mit einem Mal klar, wie hilfreich es ist, ein solches Ventil zu haben, und die Journaling-Praxis habe ich bis zum heutigen Tag nicht an den Nagel gehängt.

Das regelmäßige Schreiben erwies – und erweist – sich auch für die Kontaktaufnahme und Kommunikation mit Tieren als wirksames Tool. Uns Menschen schwirren ständig so viele Gedanken durch den Kopf und das Journaling bietet die Gelegenheit, sie auf der Stelle beim Schopf zu packen. Wann immer ich mich auf ein Tier einstelle, habe ich ein Tagebuch in der Nähe liegen, in das ich alles schreibe, was mir in den Sinn kommt. Oft gucke ich dann irgendwann später noch mal hinein und bin überrascht, weil ich mich so genau gar nicht mehr an alles erinnert habe. Deshalb sorgt das Journaling nicht nur dafür, dass du in der Gegenwart bleibst, sondern kann dir auch als greifbare Gedächtnisstütze dienen, als Souvenir von einem Moment zum nächsten.

Ich schlage vor, dass du dir als Begleiter zu diesem Buch ein solches Journal anschaffst – ein Tage- oder Notizbuch. In ihm kannst du dann all deine Gedanken, Gefühle, Beobachtungen und Erfahrungen festhalten. Darüber hinaus trägt das Schreiben zu deiner Verankerung in der Gegenwart bei. Es hilft dir, einen Gang runterzuschalten und alle Sinne zu aktivieren. Du bist dir der vielen Energie vielleicht gar nicht bewusst, die sich in dir angestaut hat. Womöglich manifestiert sie sich darin, dass sich deine Gedanken im Kreis drehen, du verspannt, gestresst oder überempfindlich bist. Ein Tagebuch eignet sich perfekt dafür, diese ganze Energie abzulassen und sie wie in einem geistigen Mülleimer zu entsorgen. Anschließend bist du frei genug, um so präsent sein zu können wie nie zuvor. Dem Journaling haftet etwas sehr Meditatives an, weil es den Geist beruhigt und die Bewusstseinsströme zum Fließen bringt.

Geeignet ist dafür eigentlich alles Mögliche, angefangen bei einem einfachen Notizblock mit Spiralbindung. Achte nur darauf, dass du nicht allzu viel über die Anschaffung grübelst, die du zu tätigen gedenkst, sondern lieber bald tatsächlich mit dem Schreiben anfängst. Ein teures ledergebundenes Diarium ist natürlich großartig. Solltest du aber Angst haben, es zu verunstalten, weil du dich verschreiben könntest oder so, wirst du es nie benutzen. Ich weiß, wie es ist, ewig auf der Suche nach dem perfekten Tagebuch zu sein. Das führt aber nur dazu, dass du gar nicht erst anfängst mit dem Schreiben. Also entscheide dich schnell und leg dann einfach gleich los.

Freewriting

Alle Kapitel in diesem Buch enden mit einem Abschnitt, der die Überschrift »Journaling – Überlegungen für dein Tagebuch« trägt und dich dazu anhalten soll, dir durch die Beantwortung gezielter Fragen über die Erfahrungen, die du jüngst gemacht hast, Rechenschaft abzulegen und sie auszuwerten. Darüber hinaus möchte ich dir vorschlagen, dass du dir regelmäßig Zeit zum Freewriting nimmst und etwa drei Seiten täglich aufs Papier bringst.

Freewriting ist genau das, wonach es sich anhört: freies Schreiben, ohne Stichpunkte oder bestimmte Erwartungen an das Ergebnis. Praktisch bedeutet es: Stift ansetzen und unablässig schreiben, bis die dritte Seite voll ist. Schreib alles auf, was dir in den Sinn kommt – außer dir wird den Text nie jemand lesen. Er ist ausschließlich für deine Augen bestimmt. Verwende keinen Gedanken auf Handschrift, Zeichensetzung oder Grammatik. Lass einfach los. Du könntest zum Beispiel auch den Satz »Ich weiß nicht, was ich schreiben soll« so lange immer wieder aufs Papier bannen, bis sich dir etwas anderes aufdrängt. Oder aber du notierst, was dich ärgert, wer dich quält, was dich abends nicht einschlafen lässt. Auch eine Idee: Du schreibst alles auf, was dich glücklich macht, wofür du dankbar bist, was du liebst. Ich selbst arbeite gern in »Zweierpacks«, lasse erst meinen Frust und meine Sorgen raus und päppele mich gleich danach wieder auf, indem ich aufschreibe, was ich als Nächstes gern alles manifestieren möchte. Aber egal, letzten Endes geht es nicht darum, was du schreibst, sondern allein um den Prozess des Schreibens selbst.

Ich empfehle meistens, zum Freewriting nach Möglichkeit den frühen Morgen zu nutzen. Denn unmittelbar nach dem Aufwachen ist unsere Energie immer am klarsten und besonders ausgeglichen. Zu der Tageszeit sind wir ausgeruht, haben uns aber noch nicht ganz von der Traumwelt entfernt und in diesem Zustand finden viele leichter Zugang zu ihrem Unbewussten. Meiner Erfahrung nach ist die Tageszeit im Grunde aber so lange egal, wie du deine drei Seiten täglich aufs Papier bringst.

Regelmäßig praktiziert, öffnet das Freewriting mit der Zeit einen Kanal, der dich mit deiner inneren Führung verbindet. Es setzt die Wahrnehmung subtiler Energien ebenso frei wie die Kreativität und bewirkt, dass deine Intuition voll präsent und zugänglich wird. Nimm dir fest vor, einen Monat lang täglich drei Seiten deines Journals zu füllen, und schau einfach, was passiert.

Viele Menschen, die einige Tage lang konsequent schreiben und dabei bislang blockierte Gedanken, Gefühle und Emotionen freisetzen, bemerken, dass sich ihr Leben verändert. Manche bekommen plötzlich kreative, praktisch umsetzbare Ideen. Bei anderen machen sich produktive Synchronizitäten bemerkbar, wieder anderen eröffnen sich unerwartete Chancen. Und wie sieht es bei dir aus? Du könntest dich etwa zur rechten Zeit am richtigen Ort befinden, bessere Entscheidungen treffen, ausgeglichener und zufriedener werden. Du wirst sehen: Diese Art zu schreiben, ist ein sehr effektives Training!

Es wird dir guttun – und sich auch auf die Tiere in deinem Leben positiv auswirken. Durch das tägliche Loslassen klären sich deine Energien so, dass du der ruhigen, selbstbewussten Führungsperson immer ähnlicher wirst, die dein Tier braucht. Wenn du so an der Kommunikation mit ihm arbeitest, verfügst du über die nötige Präsenz, um lieben, in Kontakt treten und dein höchstes Potenzial ausschöpfen zu können.

Meditieren

Bei meinem Outward-Bound-Abenteuer habe ich auch erstmals die Kraft der Meditation und ihre wohltuenden Wirkungen intensiv empfunden. Die Leiter der Expedition verwendeten das Wort Meditation gar nicht. Sie schlugen uns lediglich vor, dass wir uns irgendwo ruhig hinsetzen – inmitten der Bäume oder am Wasser –, uns auf unseren Atem fokussieren und die Beschaulichkeit der Natur genießen. Ich nahm die Empfehlung an, schloss die Augen, atmete tief ein und aus und war einfach nur präsent. Solltest du dich je mit speziellen Techniken der inneren Versenkung herumgeschlagen haben, wird es dich freuen, zu erfahren, dass auch so ein informelles Einfach-still-Dasitzen schon als Meditation durchgeht.

In der Wildnis, weitab von den Lichtern der Stadt und der Energie der Menschen und Technologien, ist es mir total leichtgefallen, nur dazusitzen und meinen Geist zu beruhigen. Wir taten es täglich. Und mit jedem Mal fiel es mir leichter. Bald schon hat mich das Meditieren nicht mehr nur beruhigt, allmählich nahm ich auch die Energie der Bäume, des Wassers, der Erde und der Tiere wahr. Das Rauschen und Plappern meines Geistes, das an den gleichzeitigen Empfang verschiedener Fernsehprogramme erinnerte, legte sich. Dank der Meditation konnte ich alle anderen Sender abstellen, um mich ganz auf den einen friedvollen, ausgewogenen und flexiblen Kanal zu konzentrieren, der der höheren Kommunikation und Energie gewidmet ist.

Bei der Heimkehr nach drei Wochen erwartete mich ein Kulturschock: Alles war so laut und schnell. Meine Rettung: Tagebuchschreiben und Meditieren. Beides half mir, in der ruhigen, klaren Energie zu bleiben, die ich in der Natur kennengelernt hatte. Und es stellte auch eine gute Grundlage für meine intuitive Arbeit und die Tierkommunikation dar. Ich habe es mir zur Gewohnheit gemacht, regelmäßig innerlich zur Ruhe zu kommen und mich sowohl auf mein Frettchen einzustimmen, Rocky, als auch auf Corky, den Irish Terrier. Nachdem ich einige Minuten lang still mit den beiden zusammengesessen und geatmet hatte, nahm ich mein Tagebuch zur Hand und notierte mir alles, was sich mir aufdrängte – ohne Ziel und ohne jede Erwartung. Dadurch verstärkte sich meine Fähigkeit der Wahrnehmung subtiler Energien allmählich.

Meiner Erfahrung nach ist eine konsequente Meditationspraxis der Schlüssel zur effektiven, unzweideutigen Tierkommunikation. Denn sie stellt quasi die Grundlage dar. Dabei gibt sie dir aber noch andere wichtige Kompetenzen, als da wären: beschleunigte Persönlichkeitsentwicklung, die Fähigkeit zur Wahrnehmung von Energien, verbesserte Intuition sowie körperliches, geistiges und seelisches Wohlsein. Sobald wir energetisch zur Ruhe kommen, öffnen wir uns für unsere innere Führung – und können auch effektiver mit Tieren kommunizieren, weil der Geist nicht voller Gedanken ist, die uns sonst immer wieder aus der Gegenwart herausholen. Wir versuchen dann nicht mehr,

Erlebtes zu analysieren und auszuwerten, sondern *erleben* es einfach. Das Meditieren entfernt also nicht nur das Rauschen aus unseren energetischen Verbindungen, sondern unterstützt uns auch so bei der Verankerung in den eigenen Gedanken, Gefühlen und Emotionen, dass wir uns der äußeren Einflüsse bewusst werden, die auf uns einwirken. Konsequentes Meditieren intensiviert deine Fähigkeit zur Wahrnehmung subtiler Energien und stärkt zugleich die Urteilsfähigkeit. Auf diese Weise lernst du, alles auszublenden, was dir nicht dienlich ist, und kannst deine Aufmerksamkeit stattdessen ganz nach Belieben auf ein Objekt deiner Wahl richten.

Die moderne Welt belohnt greifbare Erfolge. Mit der Konsequenz, dass wir uns oft in einer Endlosschleife befinden und permanent versuchen, Neues hervorzubringen, um bloß nicht an Relevanz zu verlieren. Und das ist so was von ermüdend! Auch haben wir uns daran gewöhnt, permanent überstimuliert zu werden und den Kopf voller widerstreitender Gedanken und kraftraubender Gefühle zu haben. Deshalb ist es ja auch kein Wunder, dass viele Leute schon nach wenigen Minuten der Bewegungslosigkeit in Stille ganz nervös werden. Mit einem solchen Mindset verschwendest du die Meditationssession jedoch auf das innerliche Durchgehen von To-do-Listen und das Bedauern, deine Zeit so unproduktiv zu vertrödeln. Wie sich aber bei mir und meinen Klientinnen und Klienten immer wieder bestätigt, könnte nichts weiter von der Wahrheit entfernt sein. Bereits fünfminütiges Meditieren täglich stattet dich mit einem Mehr an produktiver Energie aus. Mit einem klaren, fokussierten Geist kriegst du die Dinge viel besser geregelt und bildest zudem genügend Resilienz aus, um auch in stressigen Situationen ruhig und ausgeglichen bleiben zu können.

Meditationstechniken

Meditationstechniken gibt es viele und nicht alle sind für jeden Menschen geeignet. Für den Fall, dass du schon eine Reihe verschiedener Sitzmeditationen ausprobiert hast und dich damit immer noch schwertust, gibt es eine Menge anderer Möglichkeiten, von den Benefits des Meditierens zu profitieren. Zum Beispiel:

- *Bodyscan* – eine Meditation im Sitzen oder Liegen, bei der du deine Aufmerksamkeit nacheinander auf alle Körperpartien richtest, alle Spannungen, Empfindungen und Ablenkungen loslässt.
- *Atemarbeit* – alle Übungen, bei denen du deine Atmung bewusst steuerst.
- *Chanten* – das oft wiederholte harmonische Rezitieren eines Mantras.
- *Geführte Meditation* – von einer Stimme (einer im Raum anwesenden Person oder aus der akustischen Konserve) geleitete Meditation. (Für diese Art des Meditierens empfehlen sich auch viele tolle Apps verschiedener Anbieter.)
- *Journaling*, insbesondere Freewriting – der Prozess der schriftlichen Aufzeichnung persönlicher Gedanken, Erfahrungen, Erkenntnisse und Emotionen. Meistens wird dafür ein Notiz- oder Tagebuch verwendet, in das man seine Überlegungen, den Tag, Gefühle und Ideen betreffend, aufschreibt.
- *Achtsamkeit* – die beständige Fokussierung auf die Aufgabe oder Aktivität, mit der wir gerade befasst sind. Die Achtsamkeitsmeditation verträgt sich praktisch mit jeder anderen Tätigkeit – Gassigehen, Malen, Gartenarbeit, Geschirrspülen – und verlangt wirklich nicht mehr von uns als die beständige Fokussierung auf die Aufgabe oder Aktivität, mit der wir uns gerade beschäftigen.

- *Yoga* – eine Form der Meditation in Bewegung, bei der du dich auf deine Tiefenatmung konzentrierst, während du den Körper langsam dehnst und bestimmte Stellungen hältst.

Diese Techniken sind deshalb so einfach und wirksam, weil es bei ihnen nicht darum geht, den Geist zu leeren und an nichts zu denken. Stattdessen richtest du dabei deine gesamte Aufmerksamkeit auf ein einziges Objekt – sei es dein Körper, eine leere Seite im Notizbuch, spezielle Worte, die Atmung oder was auch immer. Das dient dazu, dich im gegenwärtigen Moment zu verankern. Die Fokussierung auf etwas Bestimmtes beruhigt den Geist und enthebt uns der Notwendigkeit, unsere Aufmerksamkeit zu splitten, was sehr stressig sein kann. Das ist auch der Grund, warum Menschen zum Einschlafen gern auch heute noch die guten alten Schäfchen zählen. Im Bett zu liegen und sich wieder und wieder vorzustellen, wie eines der Tierchen nach dem anderen ein Hindernis überwindet, wirkt einfach entspannend.

Aber auch wenn die genannten Techniken durchaus nützlich sind, möchte ich dir doch empfehlen, dich eingehend mit einer Form der Sitzmeditation vertraut zu machen. Vielleicht beginnst du damit, dass du dich deinen täglichen Verrichtungen mit größerer Achtsamkeit widmest. Sobald du dann das Gefühl hast, schon etwas klarer und zentrierter geworden zu sein, wendest du dich der erdenden und zentrierenden Meditation zu. Und wie zu Beginn jeder Meditationspraxis rate ich dir auch in diesem Fall, dass du eine klare Absicht formulierst und an deinem Vorhaben festhältst. Entscheide dich also für eine Art des Meditierens und verpflichte dich darauf, sie mindestens eine Woche lang täglich zu praktizieren. Halte dir die entsprechenden Zeiten am besten vorab frei und notiere sie dir in deinem Kalender. Und da die beste Übung natürlich immer die ist, die man auch tatsächlich durchführt, fängst du vielleicht mit einer kurzen – eventuell nur fünfminütigen – Sitzung an. Auf diese Weise kommst du schnell rein. Wobei ich allerdings sagen muss, dass meiner Erfahrung nach eine tägliche Meditation von 10 bis 20 Minuten Länge optimal ist, um in den Genuss ihrer wohltuenden Wirkung zu kommen. Dabei geht es weder darum, von A nach B zu gelangen, noch darum, irgendein bestimmtes Ergebnis zu erzielen. Das Einzige, worum es bei der Meditation geht, ist die Praxis selbst. Es ist also ganz ähnlich wie beim Zähneputzen oder Duschen – es einmal zu tun, reicht nicht fürs ganze Leben. Füg das Meditieren also am besten deiner täglichen Selfcare-Routine hinzu.

Immer noch nicht überzeugt? Nun, das tägliche Meditieren befreit dich zwar nicht vom Stress und dem üblichen Auf und Ab des Lebens. Es ermöglicht dir aber, schneller und effektiver auf die Herausforderungen des Alltags zu reagieren, und sorgt dafür, dass du aus schwierigen Situationen ausgeglichener, zentrierter und unbeschadeter hervorgehst.

Ein Beispiel: Kürzlich kam ich beim Gassigehen mit meinen drei Australian Shepherds an einem Haus vorbei, in dem ein Deutscher Schäferhund wohnt, der »seine« Grundstücksgrenze jederzeit lautstark bellend verteidigt. Da wir das schon gewohnt waren, gingen wir ungerührt vorbei. Doch an diesem Tag schoss der Schäferhund plötzlich durch das Tor und jagte uns nach. Als wir uns umdrehten, rannte er laut bellend und extrem aufgebracht auf uns zu. Im selben Moment machte ich mich groß, zog meine Hunde hinter mich, schnippte mit den Fingern und schleuderte dem auf uns zurasenden Hund Energie entgegen, indem ich ihm entschieden meine offene Handfläche entgegenhielt und autoritativ »Stopp!« rief. In Erwartung meiner Befehle machten meine Hunde Sitz. Der Schäferhund blieb sofort stehen, drehte sich um und rannte zu seinem Menschen zurück, der gerade sein Grundstück verließ und keine Ahnung hatte, was überhaupt Sache war.

Aufgrund meiner täglichen Meditationspraxis war ich in der Lage, instinktiv schnell, entschlossen und mit ruhigem Selbstvertrauen zu reagieren. Der zornig heranstürmende Hund spürte meine starke geerdete Energie und Entschiedenheit nicht weniger als meine drei, die mir den Raum gaben, die Situation zu klären und sie zu beschützen. Nun muss eine schwierige Situation nicht unbedingt so extrem sein und mit einem aggressiven Vierbeiner zu tun haben. Wenn du aber regelmäßig meditierst, lässt du dich von der bösen E-Mail, einem ärgerlichen Gespräch oder dem Gerangel um einen Parkplatz nicht länger aufwühlen.

Eines muss ich schon sagen: Als wir unseren Spaziergang nach dem Zwischenfall fortsetzten, war mein Gang um einiges selbstbewusster als sonst. Die Tiere schauten mich glücklich und stolz an und ich konnte ihnen mit voller Überzeugung antworten: »Ja, genau, dem hab ich's gezeigt! Wir sind schon klasse, wir drei! Und wie gut wir uns verstehen …«

Erdende und zentrierende Meditation

Du empfindest dich als zerstreut, unausgeglichen, durcheinander, abgelenkt oder auch ängstlich, unsicher oder verwirrt? Dann könntest du ein bisschen Zentrierung brauchen. Und was unsere Tiere betrifft: Ihnen vermittelt unsere mangelnde Erdung energetisch diffuse Signale. Sie verwirrt sie, erschwert ihnen die Verbindung mit uns oder macht ihnen sogar Angst. Deshalb stellt die folgende Übung eine gute Möglichkeit zum Einstieg in deine tägliche Meditationspraxis dar. (Und wenn du schon nicht täglich meditierst, dann vielleicht einige Male pro Woche?) Sobald wir im zweiten Teil dieses Buches anfangen, mit Tieren zu arbeiten, starten wir jede Sitzung mit dieser erdenden Meditation.

Und je öfter du sie praktizierst, desto leichter kannst du dich zentrieren und entspannen.

1. Nimm bequem auf einem Stuhl oder dem Boden Platz. Schließ die Augen und atme ein paarmal tief durch die Nase ein, durch den Mund aus. Während du weiter tief und langsam atmest, spürst du, wie sich dein Körper mit jedem Atemzug mehr entspannt, und kommst allmählich bei dir an. Spüre die Erde unter dir, die dich zu jeder Zeit stützt, beschützt und stabilisiert.
2. Stell dir eine Schnur vor, die am unteren Ende deiner Wirbelsäule befestigt ist und dich mit dem Mittelpunkt der Erde verbindet.
3. Stell dir weiter vor, dass von ganz weit oben im Himmel eine wunderschöne weißgoldene Lichtsäule auf dich herabscheint. Das Licht fällt durch deinen Scheitel und die Schultern, erfasst deinen gesamten Oberkörper, die Arme, es fließt durch deine Handflächen, Fingerspitzen, durch Beine und Füße. Die Lichtsäule scheint durch dich hindurch und um dich herum, sie badet dich in Helligkeit. Spüre, wie das sanfte und doch so kraftvolle Licht dich beruhigt und zentriert.
4. Während du dich im Schein der zentrierenden Lichtsäule aalst und spürst, wie die Energie des Planeten dich stützt, fokussierst du dich einige Minuten lang auf deine Atmung.
5. Falls du eine intensivere Form der Meditation praktizierst oder diese hier als Einstieg in die Tierkommunikation nutzt, geh jetzt dazu über.
6. Sobald du dazu bereit bist, stell dir vor, dass sich die Lichtsäule ganz allmählich wieder in den Himmel zurückzieht. Auch die Schnur, die dich mit dem Mittelpunkt des Planeten verbindet, löst sich von dir ab und verschwindet sukzessive im Erdboden, wo ihre Energie recycelt wird. Spüre allmählich wieder deinen Köper im Raum, wackel ein wenig mit den Zehen, entspann die

Beine, setz dich anders hin, lockere deine Rückenmuskulatur, dehne den Brustkorb, bewege Schultern, Arme, Hände und Finger. Dreh den Kopf von einer Seite zur anderen. Lockere deinen Kiefer, während du noch einmal tief ein- und ausatmest. Sobald du bereit bist, öffnest du die Augen und kommst in deine natürliche Umgebung zurück.

Hier sind noch ein paar Tipps, die dir vielleicht hilfreich sind, wenn du gerade erst mit dem Meditieren anfängst oder auf der Suche nach neuen Impulsen bist.

- Versuch es mal mit meditativer Musik oder Klängen aus der Natur, wie du sie auf Tonträgern oder bei den einschlägigen Streamingdiensten findest. Ein ruhiger Tonteppich kann dich, deine Energie und dein Bewusstsein bei der Einleitung eines meditativen Zustandes unterstützen, insbesondere, wenn es jedes Mal derselbe ist. Sobald die ersten Töne erklingen, gelangst du viel leichter in die innere Versenkung.
- Wahrscheinlich wirst du irgendwie abgelenkt werden – vom Brummen des Kühlschranks, dem fernen Bellen eines Hundes, dem Laubbläser vor dem Haus oder dem Surren eines Ventilators, das dir bisher nie aufgefallen ist. Versuch aber am besten nicht, diese Geräusche auszublenden, sondern lass sie lieber zu und fokussier dich auf sie, während du tief ein- und ausatmest. Denn du weißt ja: Alles, wogegen wir uns wehren, bleibt. Doch sobald du der Ablenkung nachgibst, sie zulässt und als Chance zur Fokussierung nutzt, zerstreust du jeglichen Widerstand und Frust und lässt zugleich all deine anderen Gedanken und Gefühle von der Leine.
- In dem Moment, in dem du dich bei der Meditation anfängst zu entspannen, können sich körperliche Empfindungen ein-

stellen, zum Beispiel ein Jucken oder auch Schmerzen. Nimm sie einfach wahr und lass sie zu. Vielleicht stellst du dir auch vor, dass du deine Empfindung in eine Art Seifenblase packst und sie davonschweben siehst, während du dich wieder ganz auf die Gegenwart zurückbesinnst.

Atemarbeit

Wann immer wir allzu verkopft sind, grübeln, gestresst oder besorgt sind, neigen wir unbewusst dazu, viel zu flach zu atmen. Wie ich es auch in meiner Praxis täglich beobachte, beeinträchtigt uns das energetisch, verwässert die Signale, die wir geben, und beschneidet unsere Fähigkeit, sowohl mit unserer Intuition als auch mit den Tieren in Verbindung zu treten.

Das Atmen ist für uns so natürlich, dass wir seine tiefgreifende heilende und beruhigende Wirkung einfach für selbstverständlich halten. Doch auf irgendeine Weise wissen wir schon um seine Bedeutung, denn wenn jemand die Nerven verliert, fordern wir die Person als Erstes auf, »einmal tief durchzuatmen«. Doch brauchen wir nicht erst in Panik zu geraten, um mit der Atemarbeit oder mit bewussten Atemübungen beginnen zu können, die uns Klarheit verschaffen, und die Beziehung zu verbessern, die wir zu unseren Tieren, anderen Menschen und uns selbst haben.

Ich selbst habe schon oft bemerkt, dass meine Atmung nicht besonders gut war. Doch dann habe ich einmal tief Luft geholt und … *Wow! Genau das hab ich gebraucht. Mir geht es ja schon so viel besser.* Manchmal, wenn ich mit meinen Hunden in der belebten Stadt unterwegs bin, ziehen sie plötzlich wie aus heiterem Himmel an der Leine. *Was ist denn los?*, denke ich dann.

Warum benehmen sie sich bloß so? Sie wissen doch, dass sie das nicht sollen. Dann gehe ich kurz in mich und stelle fest, dass ich ganz flach atme. Ich hole tief Luft und atme nach einer Weile tief und ausgiebig wieder aus. Auf der Stelle hören die Hunde auf zu ziehen. Des Rätsels Lösung: Sie haben meine Anspannung wahrgenommen. Und das bewusste Atmen hat mich sofort in die Tiefe, Klarheit und Wahrhaftigkeit des gegenwärtigen Moments zurückgebracht.

Immer, wenn ich meine Klienten in die Meditationspraxis einführe, spreche ich zuerst über die Bedeutung einer ausgeglichenen Atmung. Auf diese Weise ist die Atemarbeit von vornherein integriert. Im Übrigen brauchst du dich auch gar nicht extrem ins Meditieren vertiefen, um wieder in die Spur zu kommen. Atemarbeit kannst du jederzeit und überall machen.

Achtsames Atmen

Achtsam ist jede Atmung, bei der du dein Ein- und Ausatmen beobachtest und steuerst. Hier zum Einstieg eine ganz einfache Technik:

1. Fokussier dich zunächst auf deinen Atem. Du atmest tief durch die Nase ein und zählst dabei bis vier.
2. Während du kurz die Luft anhältst, zählst du bis zwei.
3. Schließlich atmest du kontrolliert und langsam durch den Mund aus, während du bis vier zählst.

Welches Tempo und welcher Rhythmus beim Zählen für dich optimal sind, musst du selbst herausfinden. Wichtig ist nur, dass du langsam atmest und keinesfalls hyperventilierst. Auch kannst du entscheiden, wie oft du den Atemzyklus wiederholen möchtest –

zehnmal oder öfter? Das Gute an dieser Übung ist, dass du sie überall und jederzeit durchführen kannst – gern auch mit geöffneten Augen. Zum Beispiel beim Spielen mit deiner Katze, unter der Dusche, während du dein Baby stillst und sogar vor einem wichtigen Meeting oder währenddessen.

Das achtsame Atmen hebt deine Energie und Schwingungsfrequenz auf eine höhere Ebene, von der aus du alles klarer siehst und besser verstehst. In diesem Zustand ziehst du auch andere unterstützende Energien und Schwingungen an, wodurch sich die positive Wirkung noch verstärkt.

Es scheint so simpel, aber dieser Prozess ist tatsächlich außerordentlich heilsam. Und je öfter du im Laufe des Tages übst, desto leichter fällt es dir, die jeweilige Qualität deiner Atmung abzuschätzen und nach Bedarf zu verbessern. Du kannst dir gern auch auf dem Handy einen Alarm einstellen, der dich jede Stunde einmal an die Atemarbeit erinnert – oder auch überhaupt nur ans Atmen. Je mehr du dich deinem inneren Ruhezentrum annäherst, desto mehr Verständnis entwickelst du auch für die Bedürfnisse deines Tieres und kannst sie bestmöglich bedienen.

Im Hier und Jetzt leben

Dass wir uns – wie gesagt – mit den eigentlichen Kommunikationstechniken erst vom zweiten Teil an befassen, heißt natürlich nicht, dass du nicht schon jetzt anfangen könntest, dich um eine stärkere, energetisch eindeutigere Beziehung zu deinem Tier zu bemühen. Wenn ich zum Beispiel mit den Hunden unterwegs bin, erde ich mich immer im Mittelpunkt unseres Planeten und achte auf alles, was ich empfinde: auf die Luft auf der Haut und in den Atemwegen, die drei Leinen in meiner Hand, den Flow unseres gemeinsamen Gehens, das schöne Fell und die Bewegungen der Hunde. Ich spüre, worauf sie achten, stelle mir vor, wie sie ihre Umwelt wahrnehmen, was sie riechen, schmecken, berühren und hören. Auch achte ich darauf, was ich selbst sehe, höre und energetisch wahrnehme, nicht nur als Individuum, sondern auch als Angehöriger eines Rudels, das den gegenwärtigen Augenblick bestmöglich auskostet.

Selbst wenn ich nur zu Hause bin und mit einem meiner Hunde oder einer der Katzen kuschele, bemühe ich mich darum, präsent zu sein und unsere gemeinsame Zeit wertzuschätzen, sei es beim Streicheln, Massieren oder Küsschengeben. Dann bade ich in der Freude unseres momentanen Zusammenseins, genieße die Verbundenheit und feiere sie von ganzem Herzen, mit jeder Zelle meines Körpers.

Weil sie immer in der Gegenwart leben, sind Tiere auf diesem Gebiet unsere besten Lehrmeister. Wenn meine Katze Peanut auf der sonnendurchfluteten Fensterbank liegt, ist sie in ihrem Erleben der wärmenden Strahlen vollkommen präsent. Sie denkt dann nicht ans Fernsehprogramm, das sie sich später vom Sofa aus anschauen kann. Und genauso wenig quält sie sich mit der Erinnerung an den Besuch beim Tierarzt letzte Woche herum, den sie – gelinde gesagt – nicht so supi fand. Tierarztbesuche sind zwar mitunter recht stressig für sie, aber sobald sie vorbei und wir wieder zu Hause sind, verlässt sie sofort ihren Transportkorb, um ihrer gewohnten Alltagsroutine nachzugehen und auf alles zu reagieren, was ihr der Moment so zu bieten hat.

Die energetisch bewusste Begegnung mit Tieren auf Augenhöhe kann die Laune verbessern, neue Ideen und Inspirationen hervorbringen und den Weg zu einer ungehinderten Kommunikation mit ihnen frei machen. Aber davon, dass du dich energetisch reinigst, profitiert auch das Tier selbst, weil es dadurch ruhiger wird und ganz es selbst sein kann, ohne irgendwie abgelenkt zu werden. Ich denke immer noch gern an einen bestimmten, nur aus Liebe und Kuscheln bestehenden Moment mit meiner Hündin Cooper kurz vor ihrem Tod mit 15 Jahren. Ich nahm mir ganz bewusst vor, diese Minuten der Liebe mit allen Sinnen zu genießen, sie wirklich dankbar und wertschätzend anzunehmen. Und bis zum heutigen Tag erinnere ich mich lebhaft an diesen Moment. Wenn ich ihn mir vor Augen rufe, ist es, als würde ich ihn noch einmal erleben. Ich spüre Cooper immer noch von Herzen und mit allen Sinnen an meiner Seite. Das war ein Geschenk für Cooper, denn ich weiß, dass sie die Tiefe unseres gegenseitigen Verständnisses genoss und meine Liebe spürte. Aber auch für mich war es ein Geschenk, weil ich mich seither gestärkt und gesegnet fühle. Bis zum heutigen Tag.

Vielleicht erkennst du das Muster: Bei all diesen vorbereitenden Übungen geht es darum, dich ins Jetzt zu bringen, in den gegenwärtigen Moment. Damit sind wir ein Leben lang beschäftigt, wieder und wieder, wann immer wir beschließen, innezuhalten und aufmerksam zu sein. Versuch im Verlauf des Tages – insbesondere aber im Beisein deines Tieres –, wirklich präsent zu sein, indem du dich erdest, bewusst atmest und dein gesamtes Sensorium aktivierst. Du und dein Tier, deine Tiere: Ihr habt dieses Geschenk verdient, Tag für Tag, Moment für Moment.

Journaling, Meditieren, Erdung und achtsames Atmen verhelfen dir zu einer soliden Grundlage, von der aus du alles, was im Jetzt geschieht, genau spüren, hören und erleben kannst. Und seien wir doch mal ehrlich: Ist die Gegenwart nicht das Einzige, was wir wirklich haben? Im nächsten Kapitel vertiefen wir diesen Gedanken, indem wir uns auf die Themen Achtsamkeit und Absicht konzentrieren.

Journaling – Überlegungen für dein Tagebuch

1. Was denkst du übers Meditieren? Hast du Widerstände dagegen – und wenn ja, welche? Fass deine Skepsis in Worte und schreib sie auf, um sie bewusst zur Kenntnis zu nehmen und dich später von ihnen befreien zu können.
2. Stell dir vor, du könntest in der allerbesten Weise meditieren. Wie würde sich das anfühlen? Welche Benefits hätte es? Stell dir deine Fortschritte vor und beschreibe die Erfahrungen in deinem Tagebuch.
3. Welche anderen Möglichkeiten der Erdung und Zentrierung gibt es noch? Benenne Techniken abseits der in diesem Kapitel besprochenen Meditation und nimm dir fest vor, sie auszuprobieren, um herauszufinden, welche für dich am besten funktioniert.
4. Wie fühlst du dich, wenn du deine Atmung beobachtest und bewusst verlangsamst? Was verändert sich bei dir dabei mental, emotional und körperlich? Wie kannst du das achtsame Atmen in deinen Alltag integrieren?

ABSICHT UND ACHTSAMKEIT

In meiner Kindheit in Chicago nahm mich mein Dad regelmäßig zu lokalen Hundeausstellungen mit, und als ich zehn war, bot sich uns die Gelegenheit, Barbara Woodhouse kennenzulernen, eine berühmte Hundetrainerin und Autorin des Buchbestsellers *No Bad Dogs: The Woodhouse Way*. Sie war Britin, damals in ihren Siebzigern, und recht eigen. Ihr Ruhm beeindruckte mich tief und besonders die Verbesserung des Verhaltens der Hunde und damit auch des familiären Klimas inspirierten mich. Als sie mir während der Veranstaltung anbot, eine Weile mit ihren Scottish Terriern zu arbeiten, sagte ich sofort begeistert zu. Sie beobachtete mich beim Leinentraining und bei der Interaktion mit ihren Hunden und sagte schließlich: »Junge, du hast es echt drauf! An dir ist etwas ganz besonders und eines Tages wirst du vielen Menschen und ihren Tieren helfen können. Denk an meine Worte und nimm sie dir zu Herzen!«

In dem Moment fühlte ich mich wie von einer Königlichen Hoheit oder guten Fee gesegnet und empfand das dringende Bedürfnis, die Talente zu pflegen, die Barbara Woodhouse in mir sah. Sie spiegelte mir etwas, was ich selbst auch empfand und für richtig hielt, obwohl ich es noch nicht auf den Punkt bringen konnte. Indem und während ich sie beobachtete, konnte ich mir gut vorstellen, wie es sein müsste, Menschen und ihren Tieren helfen zu dürfen. Das Samenkorn war ausgebracht und nun begann ich, meine Gedanken, Gefühle und Hoffnungen in Bezug auf die Arbeit mit Tieren ins Universum zu schicken, obwohl ich nicht wusste, wie oder wann etwas daraus würde werden können.

Nachdem ich mich viele Jahre später in meinem neuen Job etabliert hatte und auf die Vergangenheit zurückblickte, fiel mir auf, dass ich mit den Dingen, die ich als Kind instinktiv getan hatte, eine Absicht gefasst habe. Jetzt weiß ich, dass ich auf meinem Weg immer geführt wurde, und erkenne auch die ganzen Synchronizitäten, die zusammenkamen, um mich zu unterstützen. Auch wenn mich das Leben mitunter in Richtungen geführt hat, die zunächst wie Nebengleise wirkten, hatte doch jede meiner Erfahrungen einen Sinn und stellte einen Baustein auf dem Weg zur Manifestation meiner Absicht dar.

Die Macht der Intention

Viele machen sich gar nicht klar, wie groß ihre Macht ist, sich die eigene Wirklichkeit zu erschaffen. Denn durchs Leben zu laufen und lediglich passiv auf alles zu reagieren, ist easy. Doch ohne klare Vorstellung von den eigenen Zielen auf das Umfeld einzugehen und nicht zu wissen, wie wir unsere besonderen Talente zu unserem höchsten Wohl und dem der anderen einsetzen können – mit einer solche Haltung gerät man leicht in Situationen, in die keiner kommen möchte. Und dann steht man vor der Frage: *Wie konnte es nur dazu kommen?*

Aber du bist in der Lage, deine Träume zu verwirklichen. Und alles fängt mit Absichten an, mit Intentionen. Absichten, die zu wertvollen positiven Resultaten führen, setzen sich aus zwei Hauptkomponenten zusammen:

1. *Die Benennung deiner Werte und Ziele:* Eine klare Vorstellung dessen, was du dir auf jedem Gebiet deines Lebens wünschst, ist deshalb so entscheidend, weil die Energie der Absicht folgt, wie ja auch oft gesagt wird. Je detaillierter du dir deinen Traum ausmalst, desto wirkungsvoller ziehst du seine Verwirklichung in dein Leben.
2. *Absichtsvolles Handeln:* Nicht das bloße Reagieren auf alles, was dir im Leben begegnet, befähigt dich zu geradlinigem Handeln, sondern die klare Definition deiner Ziele. Natürlich kann es sein, dass bereits das reine Benennen deiner Intention hilft, sie zu manifestieren. Viel leichter und schneller geht es aber, wenn du dich voll auf sie einlässt, dich mit ihrem Erfolg verbindest, sie detailliert ausarbeitest und Schritt für Schritt realisierst.

Unsere Gedanken und Empfindungen bringen Dinge hervor. Und Erfahrungen. Sobald wir eine klare Absicht gefasst haben und uns mit dem Gefühl verbinden, wie es wohl wäre, unseren Traum, unsere Wünsche zu realisieren, teilen wir dem Universum mit, was wir wollen, und erzeugen den Schwung des Kreierens und der Manifestation. In diesen Momenten strahlen wir eine Frequenz in die Welt und das Universum ab – und das Universum antwortet, indem es uns mit Energien und Erfahrungen versorgt, die unseren Erwartungen entsprechen. Dann kommt alles darauf an, dass wir bereit sind und zupacken. Denn dass du zu erkennen lernst, wann das Universum dir helfen will, und aktiv darauf reagierst, ist genauso wichtig wie das Fassen klarer Intentionen. Andernfalls lässt du gute Gelegenheiten ungenutzt.

Wichtig ist auch, dass du dir klarmachst: Absichten funktionieren in beiden Richtungen. Das heißt: Wenn wir unsere Gedanken, Gefühle und Emotionen auf irgendetwas »Negatives«

fokussieren, können wir damit fehlgeleitete Intentionen erzeugen und unabsichtlich die Energien und Erfahrungen anziehen, die mit diesen negativen Schwingungen verbunden sind. Angenommen, du hast dich mit jemandem gestritten und kannst partout nicht aufhören, über die Auseinandersetzung nachzugrübeln. Später stößt du dir schmerzhaft den Kopf an und musst zu allem Überfluss feststellen, dass du ein Knöllchen für Falschparken bekommen hast. Schließlich stellt sich das Gefühl ein, dass du auf keinen grünen Zweig mehr kommen kannst – ganz nach dem Motto »Ein Unglück kommt selten allein«.

Solange wir uns auf Negatives fokussieren, ziehen wir damit sehr leicht weitere negative Energien an. Doch die gute Nachricht lautet: Dieses Muster können wir ganz einfach durchbrechen, indem wir unsere Aufmerksamkeit auf positive Gedanken, Gefühle und Emotionen richten. Und um es ganz klar zu sagen: Schlimme Dinge passieren und das Empfinden negativer Emotionen ist Bestandteil des menschlichen Erfahrungskosmos. Es spricht absolut nichts dagegen, irritiert, apathisch, depressiv und wie auch immer zu sein. Entscheidend ist in diesem Zusammenhang nur, dass du dir bewusst bist, wo dein Fokus liegt. Sobald dir klar wird, dass du traurig bist, weil jemand anderes den Job bekommen hat, auf den du dich beworben hast, oder sauer, weil dein Partner wieder einmal vergessen hat, den Geschirrspüler einzuräumen, kannst du deinen Kurs korrigieren, indem du dich auf Positives besinnst. Dass du die Stelle nicht bekommen hast, bedeutet vielleicht, dass du eine findest, bei der der Weg zur Arbeit nicht so weit ist. Oder du hörst deinen Lieblingspodcast, während du die Küche sauber machst und dabei auch die Spülmaschine einräumst.

Sobald dir auffällt, dass du auf Negatives fokussiert bist, kannst du dir klarmachen, dass es sich dabei lediglich um das eine Ende des Spektrums handelt. Dann kannst du dir das gegenteilige

Gefühl vorstellen und deine Aufmerksamkeit entsprechend verlagern. Das ist natürlich leichter gesagt als getan. Aber wann immer du feststellst, dass du dich auf das Negative fokussierst, bietet sich dir die Gelegenheit, dich auf Positives zu verlegen. Visualisiere das positive Ende des Spektrums, stell es dir vor und versuch es zu spüren. Fokussier dich auf Dinge, die sich gut anfühlen. Atme ein paarmal tief ein und aus. Je länger du in der positiven Energie sein kannst, desto leichter fällt es dir, deine Negativität zu zerstreuen.

Während du dieses Buch liest oder durcharbeitest, möchte ich vorschlagen, dass du dir Klarheit über die Absichten verschaffst, die du mit deinem Lernerfolg und dem persönlichen Wachstum verknüpfst. Denn es ist enorm wichtig, dass du genau weißt, was du erschaffen oder verändern möchtest. Was dein Tier angeht, könnten dies zum Beispiel sein: konsequente Kommunikation, Lösung von Verhaltensproblemen, das Entdecken möglicher neuer gemeinsamer Aktivitäten oder neuer Tricks und Aufgaben für das Tier.

Stell dir dein Leben vor, wie es sein wird, sobald du dich ganz locker und voller Selbstvertrauen intuitiv mit deinem Vierbeiner verständigen kannst. Auch wenn du noch keine tiefgründigen Erfahrungen dieser Art hast machen können, darfst du dir erlauben, kreativ zu sein und sie dir so detailliert wie nur möglich vorzustellen. Lass deine Zweifel, Ängste oder Urteile los und stimm dich ganz auf deine Intentionen ein, denn sie sind die Segel, die du hissen wirst, die Segel, die den Wind einfangen und dich deinem Ziel näher bringen.

Schreib über deine Absichten

Nimm dein Tagebuch zur Hand und notier dir einige deiner Absichten. Unabhängig davon, ob sie sich nun gerade um die Tierkommunikation drehen oder nicht, haben wir ja alle Wünsche und Ziele, die wir gern manifestieren möchten. Notier dir so präzise wie nur irgend möglich die Vision jener Zukunft, in der du dein Ziel erreicht haben wirst. Wie sieht dein Erfolg aus? Wie fühlst du dich? Und wie geht es den anderen? Lass dir von deiner Vorstellungskraft das Traumszenario erschaffen, in dem du deine Wünsche manifestierst und hautnah spürst, wie sich der Erfolg anfühlt.

Dein Tagebuch eignet sich auch gut für Notizen, die du dann machst, wenn du die erwünschten Resultate der von dir gefassten Absichten erreicht hast. Je intensiver du dir deiner Erfolge bewusst wirst und sie feierst, desto leichter verstehst du die Macht der Intention und umso größer wird das Vertrauen, das du in den Prozess des Manifestierens setzen kannst.

Energie und energetische Schwingungen

Die Quantenphysik geht davon aus, dass alles aus Energie erzeugenden Partikeln besteht, die ständig in Bewegung sind, und bestimmte Schwingungen erzeugt, die ich als *energetische Schwingungen* bezeichne. Also ist Energie überall und in allem – in Menschen, Pflanzen, Bäumen, Tieren, Steinen, in von Menschen hergestellten Gegenständen und sogar in Gedanken, Gefühlen und Emotionen. Und die jeweilige Geschwindigkeit, in der etwas vibriert, nennen wir *Frequenz*.

Hochfrequente Schwingungen werden im Allgemeinen mit

positiven Eigenschaften und Gefühlen assoziiert – Liebe, Freude, Versöhnlichkeit, Mitgefühl, Friedfertigkeit. Von ihnen geht eine leichte, luftige Strahlung aus. Niederfrequente Schwingungen dagegen haben etwas Schweres, Zähes an sich und werden mit Gefühlen wie Hass, Angst, Gier, Krankheit und Depression assoziiert. Denk kurz an einen Telegrafenmast aus Metall, dessen Schwingungsenergie aller Wahrscheinlichkeit nach dicht und langsam sein dürfte, während die Energie einer Eiche frei schwingend und sogar pulsierend wirken kann, geradezu ausdrucksstark.

Weil die Welt, in der wir leben, so geschäftig ist, nehmen die Menschen Energien und energetische Schwingungen nur selten bewusst wahr. Und im Allgemeinen nehmen sie sich auch nicht vor, die eigene Energie sowie all die Vibrationen, von denen sie umgeben sind, bewusst zu erfassen. Die Welt, in der wir leben, verlangt von uns, dass wir stets geschäftig bleiben und produktiv sind. Und obwohl uns die Technologie von den subtilen Frequenzen ablenkt, sind sie doch immer da. Hast du jemals einen Raum betreten, in dem sich irgendetwas falsch angefühlt hat? Vielleicht war dir so, als wäre dir etwas auf den Magen geschlagen, und du wolltest sofort wieder rausgehen. Oder hast du je am Strand gesessen, die Wellen beobachtet und einfach das Gefühl gehabt, dass dir ein Riesengewicht von den Schultern genommen würde? Das sind Beispiele für die Wahrnehmung von Energie und Schwingungen.

Erkenne deine Energie

Manchmal ist uns gar nicht klar, welche Energie und energetischen Schwingungen wir in Situationen einbringen. Denn oft verleugnen wir unsere Gefühle aus Furcht, die Akzeptanz unserer wahren Empfindungen könnte uns aus dem Gleichgewicht bringen oder eine Schwäche offenbaren, uns selbst oder anderen. Aber die Wahrnehmung deiner Gefühle ist Teil deines Am-Leben-Seins, und je intensiver du deine Gefühle wahrnimmst und wertschätzt, desto besser kannst du sie steuern.

Ein Beispiel: Daniel suchte mich auf, weil seine zwei Katzen, von denen eine erst kürzlich in seinen Haushalt gekommen war, ständig miteinander kämpften und er nicht wusste, was er dagegen tun konnte. Von mir wünschte er sich, dass ich den beiden mitteilte, wenn sie sich nicht endlich vertrügen, würde für eine der beiden ein neues Zuhause gesucht werden müssen. Von Anfang an spürte ich Daniels Anspannung. »Wie fühlen Sie sich gerade?«, fragte ich ihn. Und überlaut antwortete er: »Ich? Mir geht's gut. Mir geht's bestens. Die – die sind das Problem.« Nach kurzem Innehalten fügte er zögernd hinzu: »Oder geht's mir vielleicht doch nicht so gut?«

Eigentlich hielt er sich für ruhig und gelassen, doch sobald er auch nur eine Sekunde lang auf sein Gefühl achtete, merkte er, dass das gar nicht stimmte. Nachdem er einige Male tief durchgeatmet hatte, gab er zu, wie sehr ihn die Situation mit den Katzen frustrierte und dass er zudem im Job unter starkem Stress stand. Und da er so viel Arbeit hatte, schaffte er es nicht ins Fitnessstudio, wo er sich sonst so effektiv auspowern konnte, dass er sich hinterher ganz entspannt und ausgeglichen fühlte. Sobald er sich seine wahre Verfassung eingestanden hatte – zugab, dass er frustriert war, unsicher und verspannt –, empfand er große Erleichterung. Allein das Wissen um seinen energetischen Zustand half ihm schon, zu erkennen, was er für sich tun musste, damit seine Katzen Frieden miteinander schließen konnten.

Als ich mich auf seine Samtpfoten einstimmte, spürte ich, dass sie durchaus Interesse aneinander hatten, aber Zeit brauchten, um einander besser kennenzulernen und sich auf ein Zusammenleben einstellen zu können. Dass sie zudem Daniels Anspannung spürten, erleichterte ihnen den Annäherungsprozess nicht gerade. Daniel gewöhnte sich an, täglich innezuhalten und sich seiner Energie gewahr zu werden. Wann immer er sich nicht so gut oder unausgeglichen fühlte, konzentrierte er sich auf seine Wunschverfassung und programmierte sich energetisch positiver. Auf diese Weise löste er seine Anspannung, um sie nicht unbewusst auf die Katzen zu übertragen. Auch begann er, täglich zu meditieren, und fasste kontinuierlich die feste Absicht, sich in allen Bereichen seines Lebens gut zu fühlen.

Schon bald konnte er eine Veränderung im Verhalten seiner Katzen und in ihrem Umgang miteinander beobachten. Er brachte jetzt größere Geduld auf, wollte nicht mehr mit dem Kopf durch die Wand, sondern machte sich bewusst, dass sich das Verhältnis der Katzen zueinander mit der Zeit verbessern würde, wenn es auch nicht an allen Tagen gleich sein würde. Die Tiere ihrerseits fühlten sich weniger unter Druck, weil die Energie, mit der Daniel auf sie zuging, nicht mehr so dicht und zudringlich war. Zusätzlich zur positiven Entwicklung zu Hause verbesserte sich auch Daniels Arbeitsleben. Seinen Kollegen gegenüber verhielt er sich nicht mehr so defensiv-aggressiv und hatte sogar das Gefühl, produktiver zu werden. Zu all diesen guten Entwicklungen kam es, weil er sich seiner energetischen Schwingungen bewusster geworden war und lernte, seine Vibrationsfrequenz zu erhöhen und sich damit mehr auf Freude und Harmonie zu programmieren.

Wie gesagt: Der erste Schritt besteht darin, Tempo rauszunehmen und im Hier und Jetzt zu sein, das eigene Erleben detailliert zur Kenntnis zu nehmen. Die Absicht, präsent zu sein, aktiviert das Bewusstsein. Sie animiert es, energetische Schwingungen zu erkennen und auf sie zu reagieren.

Während ich diesen Absatz hier geschrieben habe, legte mir Luca, mein jüngster Hund, eine Pfote ans Bein, um meine

Aufmerksamkeit zu erregen. Nun hätte ich ihn ignorieren können, weil ich dieses Kapitel beenden wollte und ja auch meinen Abgabetermin einhalten muss. Zugleich sah ich aber auch, dass Lucas Betteln mir eine Gelegenheit gab, meine Arbeit kurz zu unterbrechen und mich dem Hund zu widmen, ein bisschen mit ihm zu kuscheln. Also ließ ich mich auf den Moment ein und entschied mich für die Pause mit Luca. In dieser kurzen Auszeit, in der ich ganz in der Gegenwart gelebt habe, erhöhte sich meine Schwingungsfrequenz – und zwar aufgrund meiner Liebe zu Luca, weil er mir so viel Freude machte und weil ich ihn einfach so toll fand. So gab mir mein Freund neue Energie und Inspirationen fürs spätere Weiterschreiben.

E, R, L, K

Ein Konzept, das ich gern mit meinen Kunden teile, ist das E, R, L, K (auf Englisch eleganter: die vier R – für *Relax*, *Reflect*, *Release* und *Return*). E, R, L, K hilft dir, zur Ruhe zu kommen, dich im gegenwärtigen Moment zu erden und auf deine Energie einzustimmen. Du kannst kurz meditieren, nur ein paar Minuten lang, aber natürlich wirken auch längere Sitzungen ausgesprochen wohltuend.

- *Entspann dich:* Schließ einen Moment lang die Augen und fokussier dich auf dein langsames tiefes Ein- und Ausatmen. Mach deinen Kopf frei und komm im gegenwärtigen Moment an.
- *Reflektiere:* Beobachte deine Energie im gegenwärtigen Moment: Wie fühlst du dich körperlich und was schwirrt dir im Kopf herum? Nimm alles zur Kenntnis, was hochkommt, nimm es einfach wahr, sieh darin das, was es ist, und gestatte dir zu fühlen, was du fühlst.

- *Lass los:* Jetzt ist es an der Zeit, alles loszulassen, was hochkommt und nicht deinem höchsten Wohl dient. Stell dir vor, du würdest diese Energie in eine Wolke oder Seifenblase geben. Schau dann, wie sie ganz sanft in der Atmosphäre dahinschwebt, wie sie weiter und weiter davondriftet. Sollten bei dir mehrere Energien hochgekommen sein, die du loslassen möchtest, wiederholst du diesen Prozess und fokussierst dich dabei weiterhin auf dein langsames Atmen.
- *Komm zurück:* Lenke, sobald du so weit bist, deine Aufmerksamkeit wieder auf dich und deinen Körper im gegenwärtigen Moment. Wie fühlst du dich? Leichter? Entspannter? Öffne die Augen und komm in deine reale Umgebung zurück.

Stell dich auf andere Energien ein

Nicht nur die Wahrnehmung der eigenen Energie ist wichtig, sondern auch die der uns umgebenden Schwingungen. Zur Illustration möchte ich dir von Melinda erzählen, einer Kundin von mir, die als Spielkameraden für ihre Söhne im Alter von sechs und acht Jahren einen Hund aus der Rettung adoptieren wollte.

Im Tierheim ging sie die Gänge mit den Zwingern entlang, aus denen das Gebell und Winseln der Hunde ertönte, die sich verzweifelt nach Befreiung sehnten, nach einem neuen Zuhause. So kam sie auch an einem zwei Jahre alten Husky mit dem Namen Blue vorbei. Er jaulte und machte winzige Sprünge. Sein Anblick brach Melinda schier das Herz. Blue war so schön und sie hatte das Gefühl, dass sie ihn einfach adoptieren musste. Sie beobachtete ihn außerhalb des Zwingers einen Moment lang beim Herumtollen, erlebte ihn als energiegeladen und verspielt und dachte, dass er gut zu ihren Söhnen passen würde. Auch hatte sie das

Gefühl, Blue könnte sie angelächelt haben, weil sein Mäulchen offen stand und ihm die Zunge heraushing.

Doch sobald der Hund bei ihr zu Hause war, hatte sie das Gefühl, einen großen Fehler gemacht zu haben. Als ihre beiden Jungs anfingen herumzutoben und mit ihm spielen wollten, zwickte Blue sie, versuchte sie zur Ruhe zu bringen und Ordnung zu schaffen. Die Energie der Kinder war einfach zu viel für ihn. Außerdem hatte er noch nicht gelernt, ein Ventil für seine Energie zu finden. Deshalb stresste das Rumrennen und -springen mit den beiden Jungen den Hund nur noch mehr. In dieser Situation traf Melinda die schwere Entscheidung, Blue ins Tierheim zurückzubringen. Die Kinder waren am Boden zerstört.

Daraufhin wendete sich Melinda an mich, denn sie hatte zwar das Gefühl, dass sie einen Familienhund brauchten, wusste aber nicht, wie sie den für sie richtigen finden sollte. Vor allem, wenn es um die Adoption eines Tieres aus der Rettung geht, kommen die Leute mit vielen Fragen und Bedenken. Sie freuen sich, sind aber auch nervös, weil sie nicht genau wissen, was sie eigentlich im Einzelnen suchen. Hauptsächlich fokussieren sie sich auf Aussehen und Verhalten des Tieres und ziehen gegebenenfalls noch Hintergrundinformationen hinzu, die vom Heim oder der Adoptionsstelle bereitgestellt werden.

Ist dir vielleicht schon aufgefallen, was in diesem Szenario fehlt? Ganz richtig: die Energie, die die Leute momentan einbringen. Und noch etwas wäre hinzuzufügen, nämlich die Energie der anderen.

Zunächst schätzte Melinda ihre eigene Energie ab, danach trainierte sie unter meiner Anleitung, sich auf die Energie der unter ihrem Dach lebenden Angehörigen einzustimmen. So gelangte sie zu einem besseren Verständnis des Energieflusses, der bei ihr zu Hause herrschte. Dann erklärte ich ihr, dass sie sich von dem Bedürfnis verabschieden musste, einen Hund zu »retten«, und sich stattdessen lieber auf die Energie des potenziellen neuen Familienmitglieds einstimmen sollte – jenseits dessen, was sie sah und hörte –, um die bestmögliche Wahl treffen zu können.

Nachdem Melinda die Techniken in diesem Buch einige Monate lang durchgearbeitet hatte, fühlte sie sich in der Lage, dem Tierheim einen weiteren Besuch abzustatten. Bald darauf adoptierte sie Lily, eine Labradormischlingsdame, und die ganze Familie war überglücklich. Als Melinda aufgetaucht war, lag Lily friedlich auf ihrem Bettchen im Zwinger und wedelte mit dem Schwanz. Melinda sah, dass Lily nicht hektisch auf- und auf sie zusprang, sondern liegen blieb und bloß fröhlich mit dem Schwanz wedelte. Daraufhin stimmte sie sich mit allen Sinnen auf Lily ein und nahm eine sehr ausgeglichene, locker-lässige Energie an ihr wahr. Melinda gefiel auch, dass die Hündin erst an ihren Füßen schnupperte, bevor sie ihr mit freundlichem Blick ins Gesicht schaute. Als Zeichen dafür, dass sie am Bauch gestreichelt werden wollte, legte sich Lily dann auf den Rücken. Dieses Verhalten stand in einem Riesenkontrast zu Blues nervösem Springen, Bellen und Sabbern bei ihrer ersten Begegnung. Als Melinda Lily nach Hause brachte und sie ihren Söhnen vorstellte, achtete sie darauf, dass die Begrüßung ruhig und harmonisch vonstattenging. Außerdem teilte sie das bei mir Gelernte mit der Familie, sodass alle auf dem gleichen Level waren. Als die Jungen in den Garten liefen und draußen herumrannten, schloss sich Lily ihnen an, fing die Bällchen, die ihr zugeworfen wurden, und ließ sich liebend gern knuddeln. Energetisch war sie die bestmögliche Wahl für diese Familie.

Nun möchtest du vielleicht gar nicht sofort einen Hund zu dir nehmen und fragst dich deshalb, was du wohl mit Melindas Geschichte anfangen kannst. Und ich sage dir nur: eine Menge! Denk bloß daran, dass jede, jeder und alles eigene energetische Schwingungen hat – beginnend bei der Kerze auf deinem Nachttischchen über das Rotkehlchen vor dem Fenster, den Felsen, auf dem du so gern sitzt, bis hin zu der Person, die sich zwei Spuren neben dir durch den Straßenverkehr quält. Und das heißt nichts anderes, als dass es endlos viele Gelegenheiten gibt – zahllose Objekte, auf die du dich einstimmen und deren Energie du bewusst wahrnehmen kannst. Zum Einstieg bieten sich die folgenden Übungsschritte an. Wie bei allen Übungen im ersten Teil dieses Buches kommt es auch bei ihnen vor allem aufs *Üben* an. Denn es ist ganz ähnlich wie mit dem Aufbau eines Muskels: Am Anfang kann das Spüren, Interpretieren und Begreifen noch schwierig sein, doch je öfter du es tust, desto leichter fällt es dir, dich auf andere Energien und energetische Schwingungen einzustimmen. Je öfter du übst, desto kräftiger wird der Muskel. Das Interesse an den Alltagsdingen bei dir zu Hause oder an der Natur in deinem Umfeld stärkt nicht nur deine Fähigkeit zum Erspüren von Energie, sondern erweitert auch dein Verständnis der zahllosen einzigartigen Wunder, die die Welt bereithält – wodurch sich wiederum deine eigene Schwingung noch erhöht.

Darüber hinaus ist das bewusste Einstimmen auf energetische Schwingungen entscheidend für die Fähigkeit, intuitiv mit Tieren zu kommunizieren. Wie ich schon erwähnt habe, nehmen sie energetische Schwingungen sehr intensiv wahr. Vielleicht hast du schon einmal beobachtet, dass ein Tier auf verschiedene Menschen oder Räume nicht in der gleichen Art und Weise reagiert. Viele meiner Klientinnen und Klienten berichten, ihr Hund komme generell sehr gut mit Menschen klar; anders reagiere er nur, wenn XY auftauche.

Ganz sicher haben Tiere so etwas wie ihre eigene Sprache – die aber entspricht nicht dem, was wir Menschen gemeinhin darunter verstehen. Vielmehr handelt es sich um eine Art energetische Sprache: Die Tiere stimmen sich immerzu auf die Energie ein, von der sie umgeben sind. Sie spüren, was sich im Inneren der Menschen oder anderen Tieren in ihrer Nähe abspielt, und werten es aus. Diese Art der Kommunikation hilft ihnen, ihre Welt zu verstehen und in ihr klarzukommen. Und aus ihr beziehen sie auch die Informationen darüber, wie sie in verschiedenen Lebenslagen am besten reagieren.

Die Wahrnehmung energetischer Schwingungen

An dieser Stelle möchte ich dich einladen, die Wahrnehmung der energetischen Schwingungen all dessen, was dich umgibt, zu erlernen.

1. Richte deine Aufmerksamkeit voller Wissbegier auf dein Umfeld und versuch, dich in es einzufühlen. Nimm alle Energie von allem mit allen Sinnen wahr.
2. Schau dich jetzt um und entscheide dich für etwas Belebtes oder Unbelebtes, auf das du dich einstimmen und dessen Schwingung du spüren möchtest. Besonders intensive Erfahrungen kannst du draußen machen, in der Natur, wo in all den Bäumen, Pflanzen, Mineralien und nicht zuletzt im Erdboden so viel Leben steckt.
3. Betrachte das Objekt, für das du dich entschieden hast, mit geschlossenen Augen. Bei mir handelt es sich momentan um eine Orchidee auf einem Tischchen an der gegenüberliegenden Wand. Ich mache die Augen zu, stimme mich auf die Orchidee ein und spüre, wie sie das Wasser aufnimmt, das ich ihr zuvor gegeben habe. Dort, wo der Stiel der Pflanze aus der Erde emporragt, nehme ich Kühle und Feuchtigkeit wahr. Auch stelle ich mir vor, wie die Nährstoffe in die grünen Blätter gelangen. Ich spüre, wie diese sich ganz, ganz langsam ausdehnen. Und wie winzige Blütenknospen zu sprießen

beginnen. Das aus einem bedeckten Himmel ins Zimmer fallende Licht küsst die Blätter und gibt ihnen ein wenig zusätzliche Wärme.

Bei keinem dieser drei Schritte brauchst du dich längere Zeit aufzuhalten. Doch hast du erst einmal angefangen, deine Umwelt voller Interesse zu scannen und dich in die ersten Objekte einzufühlen, wirst du merken, dass sich deine Eindrücke immer schneller einstellen. Du kannst dich auf alles einstimmen – auf deinen Schreibtisch, einen Felsen, ein Auto, einen Menschen, ein Tier. Wichtig ist dabei nur, dass du dich wohlfühlst und kein bestimmtes Ziel verfolgst. Denn es geht lediglich darum, präsent zu sein, zu spüren und besagten Muskel zu stärken.

Du musst bei dieser Übung zwar nicht unbedingt die Augen schließen, trotzdem empfehle ich es dir, weil dadurch deine anderen Sinnesorgane aktiviert werden. Wenn wir mit geschlossenen Augen trainieren, verbessert sich unsere Fähigkeit, schnell auf alles zu reagieren und Entscheidungen zu treffen, die nicht nur uns selbst, sondern auch anderen dienlicher sind. Weil wir dann instinktiv handeln, auch ohne den logischen Verstand Dinge einfach wissen und entsprechend reagieren.

Vor einigen Jahren machte ich mit meinen Hunden Dasher und Harlow den üblichen Spaziergang durch unser Viertel. Mit einem Mal spürte ich in mir das Summen von Schwingungen und hatte den sicheren Eindruck, dass ich sie von außen hatte, von irgendwoher in meinem Umfeld. Es fühlte sich irgendwie warm an und es war mir so, als würde gleich etwas explodieren. Ich checkte die Umgebung, um herauszufinden, was es damit auf sich hatte, mir ist aber nichts aufgefallen. Alles war ruhig und friedlich, abgesehen von der verbliebenen summenden Wärme.

Wir näherten uns einigen Palmen, die an einer Ecke der Straße standen. Meine Hunde mochten dieses Fleckchen (schließlich hingen hier immer ein paar streunende Katzen rum). Doch ohne zu wissen, warum eigentlich, entschied ich mich an dem Tag nicht für die Palmen, sondern überquerte die Straße. Plötzlich fiel ein gigantisches Bienennest aus einem der Bäume und schlug krachend auf dem Bürgersteig auf. Wo wir sonst immer langgingen, schwirrten jetzt Tausende von Bienen umher. Wären wir auf unserem üblichen Weg geblieben, wäre das Nest womöglich auf unseren Köpfen gelandet. So aber wurde glücklicherweise nicht einmal jemand gestochen.

Weil ich mich auf meine Umgebung eingestimmt hatte, nahm meine Intuition die Energie wahr und brachte mich dazu, eine andere Route zu wählen. Ich habe rein instinktiv gehandelt. Weil alles so schnell ging, hätte ich meinen Verstand auch gar nicht einschalten können. Und weil ich meine intuitive und energetische Muskulatur trainierte, war ich in der Lage, meine Umgebung zu erspüren, und konnte entsprechend reagieren. Die Hunde haben sich mir angeschlossen. Obwohl sie genauso gut nicht auf mich hätten hören, in Panik geraten oder sich in den Fluchtmodus begeben können. Weil aber ich ruhig blieb, konnten auch sie Ruhe bewahren.

Die Einstimmung auf Lebewesen und unbelebte Objekte gehört zwar zu den nützlichsten Fähigkeiten, die du dir überhaupt aneignen kannst, sie ist jedoch nur ein Anfang. Die folgende Übung verstärkt dein Vermögen, dich instinktiv auf die Umgebung einzustimmen – und dich auch jenseits der wichtigsten Sinneswahrnehmungen in sie einzufühlen. Diese Übung bringt dich aus deinem alles intellektualisierenden und beurteilenden Kopf heraus und versetzt dich in einen Zustand, in dem du die Schwingungen der Dinge in ihrer reinsten Form spüren kannst.

Und weil du bald alles um dich herum wahrnimmst – auch jenseits des »gewöhnlich« Sicht-, Hör- und Anfassbaren –, verbessert diese Übung auch die Fähigkeit, dein Tier zu verstehen und mit ihm zu kommunizieren. Das heißt: Du wirst seine Energie und die Schwingungen, die von ihm ausgehen, fühlen können. Fühlen, was es möchte, braucht und sogar auch, was es gleich tun oder nicht tun wird. Bald wirst du den Eindruck gewinnen, dass sich nicht nur deine medialen Fähigkeiten verbessern, sondern auch dein Wissen um die ebenso feinstofflichen wie tiefgreifenden energetischen Frequenzen.

Die Energie erkunden

In Erweiterung der Wahrnehmungsübung, die hier im Buch beschrieben ist, kannst du deine Fähigkeiten verbessern, indem du übst, die Fühler deiner Wahrnehmung auch über die unmittelbare Umgebung hinaus auszustrecken.

1. Setz oder stell dich irgendwo in deiner Wohnung hin. Schließ die Augen und stell dir vor, was vor dir ist. Was empfindest du? Zum Beispiel könnte auf einem Tisch ein Glas Wasser stehen. Nimm mit geschlossenen Augen alle Einzelheiten des Glases wahr: Farbe, Form, Beschaffenheit, eventuelle Spiegelungen oder Bewegungen an der Wasseroberfläche. Fühl dich in jedes Detail ein. Nimm dann auch andere Dinge um dich herum möglichst detailliert wahr.
2. Erweitere dein Bewusstsein dann über deine unmittelbare Umgebung hinaus – in ein anderes Zimmer oder was immer sich eben jenseits der vor dir liegenden Wand befinden mag. Nimm alle Einzelheiten wahr und achte auch darauf, wie du dich fühlst.
3. Anschließend dehnst du dein Bewusstsein noch weiter aus, womöglich bis zum Hinterhof oder auf die Straße, und kund-

schaftest die jeweilige Örtlichkeit gedanklich aus. Nimm auch alles wahr, was du fühlst.

4. Du kannst dein Bewusstsein immer weiter ausdehnen, etwa auf deinen Wohnort, und dabei alles wahrnehmen, auch deine Gefühle, oder sogar auf Destinationen jenseits von Orts-, Regional- oder Staatsgrenzen, Küstenlinien ... wahrnehmend und fühlend ... bis tief hinein ins Universum ... nur mithilfe deiner Sinnesorgane und deines Vorstellungsvermögens.

Wie genau du diese Übung angehst, kannst du selbst entscheiden. Die Richtung, in der du dein Bewusstsein wandern lässt, ist also nicht von Bedeutung. Du kannst es genauso gut nach vorn wie nach hinten, links, rechts, oben oder unten ausdehnen. Wichtig ist nur, dass du beim Hinspüren, Fühlen, Erkunden und Wahrnehmen die Augen geschlossen hältst.

Eindeutige Absichten zu haben, bedeutet, dass du deine Aufmerksamkeit gezielt lenkst und dir deiner Gefühle bewusst bist. Wenn du ein Gefühl für etwas entwickeln möchtest, was du künftig gern erschaffen würdest, dann übe dich darin, es so wahrzunehmen, als geschehe alles im jetzigen Moment, und lass dich zu einem Handeln inspirieren, das zur Realisierung deines Wunsches beiträgt. Die Fokussierung auf deine Absichten hilft dir nicht nur, dich mit der Energie und den energetischen Schwingungen zu verbinden, die du in die Welt hinausschickst, sondern auch dabei, sie zu verändern. Und dadurch verändern sich mit der Zeit auch die Erfahrungen, die du machst, sodass du nach und nach die Gefühle und Erlebnisse in dein Leben ziehst, die du dir wünschst. Im nächsten Kapitel befassen wir uns intensiver mit der Frage, wie Geist, Herz, Seele und Intuition zusammenwirken können, um uns bei der Tierkommunikation zu unterstützen.

Journaling –
Überlegungen für dein Tagebuch

1. Welche Bedeutung hat das Wort *Absicht* für dich? Wie und womit fütterst du deine Intentionen? Wie stellst du dir ein absichtsvoll geführtes Leben vor?
2. Denk an die größten Träume und Ziele zurück, die du als Kind hattest. Wie haben sich deine Vorsätze im Laufe des Lebens verändert? Und inwiefern sind sie sich gleich geblieben?
3. Wie würdest du deine Energie beschreiben? Beantworte diese Frage, indem du alle Sinne hinzuziehst: Wie fühlt sich deine Energie an, wie sieht sie aus, wie schmeckt und riecht sie, wie hört sie sich an?
4. Denk an einen Moment in deinem Leben, in dem du von der Energie eines Ortes, Raumes, Menschen oder Tieres beeinflusst wurdest. Welches Gefühl hat dir diese Energie vermittelt? Wie hast du auf sie reagiert? Inwiefern ähneln sich die energetischen Schwingungen von Dingen – und wodurch unterscheiden sie sich?

ZUR VERBINDUNG VON GEIST, HERZ, SEELE UND INTUITION

In Coopers 15. Lebensjahr bekam ich plötzlich das Gefühl, ich sollte mir noch einen weiteren Hund anschaffen. Am Anfang dachte ich zwar noch, dass das vielleicht keine so gute Idee sein könnte, weil Cooper ja schon älter und ziemlich empfindlich war, was die Gesellschaft anderer Fellnasen anging. Meine Intuition drängte mich jedoch in die entgegengesetzte Richtung. Also stellte ich mich intuitiv auf Cooper ein und fragte sie, was sie von der Idee hielt. Und ihre Reaktion? Eine Spur Interesse, ein wenig Neugier, verbunden mit einem gewissen Einverständnis à la »Von mir aus … warum nicht? Jemand Neues, Interessantes … hab ich kein Problem mit«. Ich hatte das Gefühl, die Gesellschaft eines jüngeren Hundes würde ihr guttun, ihre Laune heben und sie aktiv halten. Schließlich hörte ich auf meine Intuition und suchte online nach einem passenden Gefährten für Cooper. Ich besuchte Adoptionsmessen und jedes Tierheim im Großraum Los Angeles. Diese Suche, bei der ich zahllose Hunde kennenlernte, wurde bald zum Dreh- und Angelpunkt meines Lebens. Ganz so, als wäre ich ein Magnet, der andere Magnete anzog. Und wenn ein Hund nicht diese anziehende Wirkung hatte, spürte ich es sofort.

Bei einer Veranstaltung zur Tierrettung, die die Best Friends Animal Society auf dem Parkplatz einer großen Tierbedarfshandlung abhielt, lernte ich einen Hund kennen, der mir ein ausgesprochen gutes Gefühl gab, trotzdem war ich unsicher. Also fuhr ich erst einmal nach Hause. Am Nachmittag empfand ich plötzlich den Impuls, die Best-Friends-Zentrale aufzusuchen, um mir den Hund noch einmal anzusehen. Da ich nicht wusste, wo ich hinmusste, schlug ich die Adresse nach und stellte fest, dass sie eine halbe Stunde weit von meinem Zuhause entfernt war. Geschlossen würde dort um 18 Uhr – in 60 Minuten. Mein Kopf sagte mir, es sei zu spät, um noch hinzufahren, ich solle einfach warten, bis sie wieder aufmachten. Mein Bauch aber meinte: Setz dich sofort in den Wagen und ab geht's! Also fuhr ich. Ich schaute mir das schöne Gelände mit den vielen Zwingern und noch mehr Hunden an. Den Hund von vorhin aber sah ich nirgends. Als ich mich bei einer Mitarbeiterin von Best Friends erkundigte, erfuhr ich, dass die Hunde von der Veranstaltung noch nicht wieder zurück seien.

Als ich ihr von Cooper erzählte und davon, dass ich einen Kumpel oder eine Kumpeline für sie suchte, hatte sie eine Idee: Es gab da eine zwei Jahre alte Rednose-Pitbull-Mischlingsdame, die gerade aus dem Tierheim von Süd-Los-Angeles gekommen und offiziell noch nicht zur Adoption freigegeben war, weil die tierärztliche Untersuchung noch ausstand.

Sobald ich die Hündin sah, geschah etwas mit mir. Meine Laune verbesserte sich auf der Stelle. Sie lag ganz ruhig auf dem Boden, bevor sie langsam aufstand und mit einem Funkeln in ihren hellbraunen Augen auf mich zukam. Erst wedelte sie mit dem Schwanz, dann legte sie sich auf den Rücken, sodass ich ihr den Bauch streicheln konnte. Das war sie! Ich spürte es sofort und wusste nun auch, warum es mich so kurz vor Geschäftsschluss noch in die Best Friends Animal Society gezogen hatte.

Intuitiv wusste ich, dass diese Hündin eine Geschichte hatte. Also googelte ich ihren Namen, die Rasse sowie das Tierheim, aus dem sie gekommen war, und stieß auf eine Facebook-Seite mit Hunderten von Followern, die Spenden sammelten, um die Hündin zu retten. Allem Anschein nach war sie tatsächlich im South-Central-Tierheim geboren und von dort aus auch adoptiert worden. Mit zwei Jahren hatte ihr Retter sie jedoch zurückgebracht, weil sie zum »Ausbüxen« neigte. In der Best Friends Animal Society war sie jetzt seit zwei Monaten. Einen Tag bevor sie eingeschläfert werden sollte, hatten sie sie aus jenem Tierheim geholt.

Als die Tierstation am nächsten Morgen wieder öffnete, stand ich schon mit Cooper zusammen vor der Tür. Als Erstes sollten die beiden sich kennenlernen. Und siehe da: Sie verstanden sich richtig gut. Cooper war zunächst indifferent, aber dann leckte ihr die Pitpulldame übers Gesicht – was unter Hunden einer Respektsbekundung gleichkommt und Cooper sofort für sie einnahm. Ich spürte, dass die beiden perfekt zusammenpassten, unterschrieb die Adoptionspapiere und gab der Neuen den Namen Harlow.

Ich erzähle dir diese Geschichte, um das Zusammenwirken von Geist, Herz, Seele und Intuition im Umgang mit der Welt zu illustrieren. Jeder dieser Aspekte ist uns im Leben auf seine ganz spezielle Art und Weise dienlich, doch mitunter kann uns der eine oder andere auch vom leichten, klaren Vorankommen abbringen. Hätte ich zum Beispiel auf meinen Kopf gehört – auf den Gedanken, dass es zu spät war, um an dem Tag noch ins Tierheim zu fahren –, wäre ich Harlow vielleicht nie begegnet. Stattdessen bin ich meiner Intuition gefolgt, obwohl ich gar nicht so genau wusste, warum. Dann habe ich mich ganz auf Harlows Seele konzentriert und auf mein Herz gehört, als es mir sagte, dass sie die richtige Wahl sein würde.

Mit dem Wissen um die Art und Weise, in der wir über diese vier Aspekte unserer selbst mit der Umwelt interagieren, finden wir leichter heraus, was uns dienlich ist und was nicht. So können wir bessere Entscheidungen treffen und an Ausgeglichenheit gewinnen. Lass uns jetzt Kopf beziehungsweise Geist sowie Herz, Seele und Intuition einmal genauer betrachten, um zu lernen, wie wir bewusst auf sie hören können.

Geist

Für uns Menschen spielt der Geist – Kopf, Verstand – eine ebenso große wie vielseitige Rolle. Er ist das Zentrum unseres Bewusstseins, Denkens, Verstehens, Fühlens, Glaubens und Erfahrens. Die Quelle unserer Wahrnehmungs-, Argumentations- und Entscheidungsfähigkeit. Äußere Stimuli nehmen wir zwar mithilfe unserer Sinne auf – durch Sehen, Hören, Berühren, Riechen und Schmecken –, doch erst der Geist ermöglicht es uns, diese Stimuli auch zu erkennen und zu interpretieren. Ihm verdanken wir, dass wir denken, analysieren und Informationen verarbeiten können. Darüber hinaus hilft uns der Verstand bei der Meinungs- und Urteilsbildung genauso wie bei der Lösung von Problemen. Auch ist der Geist Speicher von und Verbindungsglied zu unseren Erinnerungen, Emotionen, Fantasien und zur Kreativität.

Affen und Kobolde

Ganz klar: Der Geist sorgt für unser Überleben. Und manchmal fühlt es sich sogar so an, als wäre er immer der Boss, stünde ständig am Steuer unserer Existenz. Manchmal aber übertreibt er es auch, zum Beispiel, wenn wir allzu viel grübeln oder uns in etwas hineinsteigern. Das kann unseren Interessen zuwiderlaufen und uns ausbremsen – wenn wir uns etwa mit Geschichten und Annahmen beschäftigen, die nicht das Geringste mit der Wirklichkeit zu tun haben.

Vielleicht ist dir beim Training des Im-Moment-Seins aufgefallen, dass sich trotz aller gegenteiliger Bemühungen deinerseits der Geist permanent in Spekulationen über die Zukunft ergeht, grübelnd in der Vergangenheit grast oder wieder und wieder ewig alte Geschichten abspult. In der Ausdrucksweise der Buddhisten entstammt dieses unaufhörliche innere Geplapper unserem *Affengeist*. Ist dieser Affengeist bei einer Person aktiv, rasen ihre Gedanken wie wild umher, springen von einem Gedanken zum nächsten – ähnlich wie Affen von Ast zu Ast. Nun ermöglicht es uns diese geistige Umtriebigkeit zwar, aus unseren Entscheidungen und deren Folgen zu lernen. Aber für den Menschen, der du heute bist, wäre eine früher einmal gefasste Entscheidung womöglich richtiggehend falsch. Außerdem kann ein Bombardement mit allzu vielen Gedanken stressen, stören, uns überfordern und daran hindern, eine gute Wahl zu treffen – oder überhaupt etwas zu entscheiden.

Zur Beschwichtigung des Affengeistes kommt es vor allem darauf an, dass du dir seiner bewusst wirst. Dann kannst du eine kurze Pause machen, atmen oder eine Meditation wie die gleich folgende einlegen. Tägliches Meditieren trainiert dein Vermögen, den Affengeist wahrzunehmen und ihn zu händeln. Warum? Weil dein Fokus dabei immer im gegenwärtigen Augenblick verbleibt oder zumindest stets dorthin zurückkehrt.

Verlangsame die Uhr

In Momenten, in denen du viel zu viel denkst, dich gestresst fühlst oder ängstlich bist, kannst du mithilfe dieser Übung deinen Affengeist zur Ruhe bringen. Die ganzen überflüssigen Gedanken, die dich letztlich doch nur stören, zerstreuen sich, sobald du dich auf ein bestimmtes Objekt fokussierst und dabei einem langsamen Atemmuster folgst.

1. Such dir ein ruhiges, bequemes Plätzchen, an dem du sitzen oder liegen, dich entspannen und ohne irgendwelche Ablenkungen zehn Minuten lang fokussieren kannst. Schließ die Augen und atme langsam ein paarmal tief ein und aus.
2. Stell dir in Augenhöhe eine Uhr vor und nimm das ständige Ticken ihres Sekundenzeigers deutlich wahr.
3. Konzentriere dich auf den Sekundenzeiger und beobachte, wie er auf dem Ziffernblatt der Uhr zwei Runden dreht. Währenddessen atmest du weiterhin langsam durch die Nase ein und durch den Mund aus.
4. Sobald der Sekundenzeiger erneut die Zwölf passiert, siehst, hörst und spürst du seine Bewegungen in halber Geschwindigkeit. Statt »tick tock tick tock« hörst du jetzt »tick ... tock ... tick ... tock«.
5. Folge dem Sekundenzeiger in diesem geringeren Tempo nun dreimal im Kreis herum.
6. Verlangsame anschließend die Geschwindigkeit des Sekundenzählers ein weiteres Mal. Und beobachte ihn bei drei weiteren Rotationen.
7. Sobald du bereit bist, kannst du die Augen allmählich öffnen, dir deiner Umgebung bewusst werden und langsam zurückkommen.

Läuft der Geist auf Hochtouren, schaltet sich oft auch unser *innerer Saboteur* ein. Dieser Begriff bezeichnet die selbstzerstörerischen Gedanken, Gefühle und Verhaltensmuster, die das Erreichen unserer Ziele behindern und jegliche Erfolgsorientierung unterminieren. Besagter innerer Saboteur nährt sich aus allen negativen Erlebnissen, die wir haben, doch seine Reaktionen beruhen auf früheren Erfahrungen. Und so wichtig es ist, nicht auf die heiße Herdplatte zu fassen, hätte es doch eine dramatische Verringerung unseres Erlebnishorizonts zur Folge, würden wir daraus eine Angst vor der Berührung von allem ableiten, was schwarz oder rot ist.

Was im Umgang mit dem inneren Saboteur am meisten hilft, ist, sich ein Gesicht und eine Persönlichkeit für ihn einfallen zu lassen und ihn anzusprechen. Meinen nenne ich gern Kobold. Dieser Kobold poppt besonders oft auf, wenn man etwas ausprobieren, eine neue Fähigkeit erwerben oder sich in einem anderen Licht zeigen möchte. In solchen Situationen ist es der Kobold, der dir zuflüstert: »Tu's nicht – was, wenn es schiefgeht? Du wirst scheitern und alle lachen über dich!« Der Kobold wurde irgendwann in der Vergangenheit geboren, in einem Moment, in dem du versagt hast oder verletzt wurdest. Er hat die Aufgabe, sich um dich zu kümmern und es dich wissen zu lassen, wenn es riskant ist, vorzupreschen und eine mutige Entscheidung zu treffen. Seine Absichten sind also gut. Er ist um deine Sicherheit bemüht und warnt: Solltest du über das Gewohnte und Bequeme hinausgehen wollen, besteht die Gefahr, dass dir etwas zustößt. Doch all das beruht auf Dingen, die dir früher einmal passiert sind, und hat nichts mit deiner heutigen Situation und Persönlichkeit zu tun.

Die Geschichte von Ben und Starlight ist ein gutes Beispiel dafür. Ben hat Pferde schon immer geliebt und sich bereits als Kind ein eigenes gewünscht. Als er mit neun zum ersten Mal geritten ist, war er begeistert – bis das Pferd wegen der Fehlzündung eines Autos scheute. Ben wurde abgeworfen und brach sich einen Arm. Zwar erholte er sich wieder, aber kam doch nie über diese Erfahrung hinweg. Er hatte sich so gefreut, endlich in den Sattel steigen zu dürfen … und dann war es so böse ausgegangen. Seitdem hat er sich in der Gegenwart von Pferden nie mehr wohlgefühlt, obwohl er die Tiere weiterhin liebte, und musste tagtäglich an den damaligen Vorfall denken. Obwohl er vom Kopf her natürlich genau wusste, dass das Pferd ihn nur wegen des plötzlichen Geräuschs abgeworfen hatte, fragte er sich noch oft, was er falsch gemacht hatte, dass es dazu kommen konnte. Wenn alles gut gegangen wäre, dachte Ben bei sich, hätte das Reiten in seinem Leben eine große Rolle spielen können. Sein Kopf – sein Affengeist – war ständig mit der damaligen Erfahrung beschäftigt. Bis zu seinem 30. Geburtstag, als er den Impuls empfand, als Mittel seiner Heilung ein Pferd namens Starlight zu adoptieren.

Aber die alte Kamelle aus seiner Kindheit ließ sich nicht so leicht abschütteln. Ein leises Stimmchen versuchte ihm einzureden, die Anschaffung des Pferdes wäre eine ganz schlechte Idee – vom Reiten ganz zu schweigen. Er könnte sich verletzen. Oder was, wenn er dem Tier wehtat? Ben wurde den Kobold beim besten Willen nicht los, er quälte sich schrecklich mit ihm rum. Zu allem Überfluss zog sich Starlight sofort zurück, sobald Ben ein paar Schritte auf ihn zu machte.

Schließlich suchte Ben mich auf und bat um Hilfe. Kaum hatte ich mich mit Starlight verbunden, spürte ich auch schon, dass das Pferd durchaus die Bereitschaft besaß, Ben auf sich reiten zu lassen, dass dessen Energie aber viel zu stark und unausgeglichen war, als dass Starlight ihn so nah an sich heranlassen wollte. Ich sagte Ben, er müsse seine Vergangenheit und die ganzen alten Geschichten loslassen. Es war ein neuer Tag, ein neuer Augenblick.

Wollte er wirklich eine Beziehung zu Starlight herstellen, musste er den Kopf frei bekommen und zu der Person stehen, die er an dem Tag war. In der Gegenwart.

Zur Beruhigung seines Kobolds empfahl ich Ben die folgende Meditation, die ihm helfen sollte, sich von seiner Vergangenheit zu befreien und die selbstsichere, selbstbewusste Person zu sein, die er eigentlich war. Ben machte es sich zur Gewohnheit, täglich zu meditieren, um seinen Geist zu beruhigen und seine limitierenden Überzeugungen abzulegen. Schon einen Monat später konnte er Starlight besteigen und mit ihm ausreiten! Aber nicht nur das. Dank seiner zunehmenden Meditationspraxis konnte er allmählich eine intuitive energetische Beziehung zu Starlight aufbauen. Das war ein echter Durchbruch für sie beide. Und sie konnten glücklich in den Sonnenuntergang reiten …

Wichtig ist also, dass wir es bewusst wahrnehmen, wenn wir allzu verkopft sind und alte Geschichten uns davon abhalten, den gegenwärtigen Moment in all seinen Facetten auszukosten. Sobald wir jegliche limitierenden Überzeugungen als solche *er*kennen und uns zu ihnen *be*kennen, werfen wir Licht auf die Schatten unserer Psyche und leiten einen Prozess ihrer Verarbeitung ein. In dem dadurch entstehenden Freiraum können wir offen für alles sein, was uns erwartet.

Die innere Stimme beruhigen

Diese locker strukturierte Übung kannst du für dich allein oder auch als Teil einer ausgiebigeren Sitzmeditation durchführen – ganz nach Bedarf. Wann immer du merkst, dass dein Affengeist über die Stränge schlägt und deine Kobolde das Ruder übernehmen, nimmst du dir etwas Zeit für eine Analyse deiner Situation, damit du deine Angst, statt sie wegzudrücken, loslassen kannst.

1. Such dir ein ruhiges, bequemes Plätzchen, an dem du dich im Sitzen oder Liegen etwa zehn Minuten lang ungestört und entspannt fokussieren kannst. Schließ die Augen und atme ein paarmal tief ein und aus.
2. Stell dir vor, du sitzt an einem Tisch. Stimm dich auf deinen Kobold ein, auf jene innere Stimme von dir, die dich unruhig macht und davon abhält, eine Entscheidung zu treffen. Wie sieht er aus, dein Kobold? Schau ihn dir an und spüre ihn, wie auch immer er sich dir präsentieren mag.
3. Lade ihn ein, dir gegenüber am Tisch Platz zu nehmen. Lass ihn seine Bedenken äußern und dir mögliche ungünstige Folgen deiner Wahl aufzeigen. Hör ihm zu und teil ihm dann mit, dass du nicht mehr derselbe Mensch bist wie früher und dass seine Orientierungshilfen und Vorschläge deshalb auch nicht mehr dem höchsten Wohl deines jetzigen Ichs dienlich sind. Teile ihm mit, dass du ihn magst und schätzt. Vielleicht stellst du dir sogar vor, dass du ihn voller Dankbarkeit in den Arm nimmst.
4. Gib deinem Kobold einen neuen Job, und zwar den Auftrag, dich so zu unterstützen, wie du jetzt bist. So könnte er etwa, statt wie bisher Alarm zu schlagen, dein Helfer sein und neue Chancen für dich auskundschaften, die dein Leben noch freudvoller und erfolgreicher machen. Du musst ihn einfach nur »umprogrammieren« und ihm eine neue Verantwortung zuweisen, die in deinem Sinne ist. Dann bedankst du dich und überlässt ihn seiner neuen Aufgabe.
5. Sobald du bereit bist, schlägst du die Augen wieder auf, kommst zu dir und in deine Wirklichkeit zurück.

Der Geist der Tiere (und der menschliche)

Unsere Tiere haben sowohl ein Hirn als auch Nervenverbindungen, die es ihnen ermöglichen, ihre Umgebung wahrzunehmen, sie zu begreifen und auf sie zu reagieren. Im Hinblick auf ihr Bewusstsein und Selbstbewusstsein jedoch unterscheiden sie sich von uns. Und so kopfgesteuert wie wir sind sie auch nicht.

Verhalten und Handeln von Tieren werden von Instinkten und erlernten Verhaltensweisen gelenkt und beruhen weniger auf bewussten Entscheidungen. Dass Eichhörnchen Nester bauen und Futter für den Nachwuchs heranschaffen, liegt an ihrem Instinkt, der sich auf dem Wege der Evolution über viele, viele Generationen herausgebildet hat. Mit einer gezielten Wahl hat dieses Verhalten nichts zu tun. Hinzu kommt, dass manche Tiere zwar über gewisse kognitive Fähigkeiten verfügen, also etwa Probleme lösen (wie der Tintenfisch, der ein Einmachglas öffnet) oder kommunizieren können (die Katze, die an der Tür miaut, um rausgelassen zu werden), sich diese jedoch erheblich von der menschlichen Intelligenz und unserem Bewusstsein unterscheiden. Wir sind zu einem abstrakten Denken fähig, das über unsere sinnlichen Wahrnehmungen hinausgeht. (Ich möchte hier nur an so komplizierte Systeme wie Mathematik, Philosophie oder auch Kunst erinnern.) Zu dieser Art Denken sind die meisten Tiere nicht in der Lage. Auch verfügen Menschen über eine andere Art der Selbstwahrnehmung, das heißt, wir sind uns unserer Existenz bewusst, können zudem unsere Gedanken und Emotionen reflektieren. Tiere dagegen sind sich ihrer selbst nur insofern bewusst, als sie mitbekommen, wie sich ihre Präsenz und Energie auf andere auswirkt. Jedoch analysieren sie weder ihr eigenes Verhalten, noch beurteilen sie sich.

Ein so verkopftes Leben, wie wir Menschen es führen, kann ganz schön anstrengend sein. Außerdem lenkt es uns von den

Wahrnehmungen unserer anderen – intuitiveren – Sinne ab. Was sich wiederum auf unsere Kommunikation mit Tieren auswirkt. Doch die gute Nachricht lautet: Informationen aus der Umgebung nehmen wir selbst dann wahr, wenn wir gar nicht aktiv auf sie achten.

Je mehr wir aus dem Kopf herauskommen und die alten Geschichten und Annahmen loslassen, desto leichter fällt uns die Einstimmung auf unsere Intuition und die feinstofflichen Energien. Genau das aber ist die Ebene, auf der die Tiere leben. Und wenn wir uns der so weit wie möglich annähern, gelingt auch die Verbindung mit ihnen immer besser. Denn dann begegnen wir ihnen energetisch auf ein und derselben Ebene, nicht verkopft, sondern ganz in der Gegenwart.

Der Bodyscan

Den Körper zu scannen, heißt, sich einen Moment Zeit zu nehmen, um im Geist alle Körperteile nacheinander durchzugehen und zu schauen, wie es jedem einzelnen geht. Diese Übung bringt dich aus dem Kopf heraus und in den Körper, für den es immer nur die Gegenwart gibt. Auch zur Lösung bislang unbewusster Verspannungen wird sie gern angewendet. Solltest du Schwierigkeiten mit dem Einschlafen haben, kannst du den Bodyscan im Bett durchführen, das hilft! Aber die Übung funktioniert natürlich auch tagsüber oder als Teil einer längeren Meditation. Für den Anfang kannst du sie wie folgt durchführen:

1. Such dir ein ruhiges, bequemes Plätzchen, an dem du dich im Sitzen oder Liegen ungestört etwa zehn Minuten lang entspannen und fokussieren kannst. Schließ die Augen und atme ein paarmal tief ein und aus.

2. Nun beginnst du, deine Aufmerksamkeit langsam von oben nach unten auf einen Körperteil nach dem anderen zu richten. Dabei kannst du dich an der gleich folgenden Liste orientieren. An jeder Station dieser Reise achtest du auf alle Empfindungen, die du dort möglicherweise hast. Vielleicht spürst du an der betreffenden Stelle eine gewisse Wärme, ein leichtes Kribbeln, Verspannungen oder nimmst ein sonst irgendwie unangenehmes Gefühl wahr. Beobachte diese Empfindungen, ohne sie zu bewerten oder zu analysieren, und dann verabschiedest du dich von ihnen. Deine Atmung bleibt dabei die ganze Zeit über langsam und gleichmäßig.

- Scheitel
- Stirn
- Augenbraue
- Augen
- Wangen
- Kinn
- Hals und Nacken
- Schultern
- Arme
- Hände
- Brust
- Bauch
- unterer Rücken
- Hüften
- Oberschenkel
- Knie
- Waden
- Füße
- Atme ein paarmal tief ein und aus und achte darauf, wie sich dein Körper im Ganzen anfühlt. Entspann dich und lass eventuell noch verbliebene Anspannungen oder Anzeichen von Stress los.
- Sobald du dazu bereit bist, öffnest du langsam die Augen, nimmst deine Umgebung bewusst wahr und kehrst wieder in dein Alltagsbewusstsein zurück.

Herz

Während der Kopf das Zentrum des Intellekts ist, steht im Mittelpunkt unserer Emotionen das Herz. Und dieses ist bei Weitem nicht nur ein Körperorgan, sondern auch ein starkes Energiezentrum, das unsere Gedanken, Gefühle und Verhaltensweisen entscheidend prägt. Denn letztlich ist es das Herz, das es uns ermöglicht, Liebe, Mitgefühl, Freude und andere mit unserem spirituellen Wachstum und Erwachen verbundene positive Emotionen zu empfinden. In manchen spirituellen Traditionen, zum Beispiel im Hinduismus, Buddhismus und Sufismus, gilt das Herz auch als Zugang zu einem höheren Bewusstsein und größerer spiritueller Verbundenheit. Darüber hinaus gibt es Übungen, die sich auf die Öffnung und Aktivierung des Herzchakras fokussieren, eines der sieben Energiezentren im menschlichen Körper. Das Herzchakra wird mit Liebe, Mitgefühl und emotionaler Ausgeglichenheit in Verbindung gebracht und ist zudem als wichtiges Einfallstor für spirituelles Wachstum und Erleuchtung bekannt. Indem wir unser Herz weit öffnen, können wir die Energie des Universums beziehungsweise des göttlichen Bewusstseins empfangen, das alle Lebewesen miteinander verbindet.

Die Emotionen stellen einen Großteil des menschlichen Erlebens dar und spielen auch eine entscheidende Rolle für unsere Interpretation der Umwelt und die Art und Weise, wie wir auf sie reagieren. Dadurch, dass sie uns mit Informationen versorgen, die wir brauchen, um Entscheidungen treffen zu können, bestimmen die Emotionen unser Verhalten im Grunde sogar. Nehmen wir an, du hast etwas gegessen, nach dessen Genuss du glücklich und zufrieden bist. Du wirst dieses Nahrungsmittel deshalb künftig öfter zu dir nehmen. Emotionen stellen aber auch einen wichtigen Bestandteil der sozialen Kommunikation dar: weil sie uns nämlich Gefühlsäußerungen ermöglichen und uns mit anderen in Verbindung bringen, sodass wir Beziehungen zu ihnen aufbauen können.

Ob wir uns dessen bewusst sind oder nicht: Emotional reagieren wir unablässig auf unsere Umwelt. Nachrichtenmeldungen, Stress am Arbeitsplatz, familiäre Dramen, ein überraschender Glücksfall, gesundheitliche Probleme und noch vieles mehr können uns in eine richtiggehende Achterbahn der Gefühle versetzen. Warum sich das so verhält? Nun, ähnlich wie es bei unserem inneren Saboteur der Fall ist, sollen auch die Emotionen dazu beitragen, dass wir jede Lebenssituation im Hinblick auf unsere Sicherheit bewerten, sodass wir – für unser Überleben – schnell reagieren können, ohne größer darüber nachdenken zu müssen. Unsere Wahrnehmung wird also insofern von unseren Emotionen beeinflusst, als diese uns Sachverhalte wichtiger oder unwichtiger, ansprechender oder bedrohlicher erscheinen lassen, als es unter anderen Umständen der Fall wäre. Ein ängstlicherer Mensch nimmt eine bestimmte Situation womöglich als viel gefährlicher oder schwieriger wahr als jemand, der völlig entspannt ist. Daher rechnet er eher mit einem negativen Ausgang und ist wahrscheinlich insgesamt vorsichtiger.

Emotionen können sogar unsere körperlichen Empfindungen beeinflussen – und umgekehrt. Wenn du dich zum Beispiel gestresst fühlst, kannst du es mit körperlichen Symptomen wie Kopfschmerz, muskulären Verspannungen oder Verdauungsschwierigkeiten zu tun bekommen. Und wenn du Schmerzen hast, können die sich auf deine Stimmung und dein emotionales Wohlbefinden auswirken. Sie stellen damit mögliche Trigger dar, die dich darauf aufmerksam machen, dass etwas mit dir nicht in Ordnung ist. Und dann kannst du etwas dagegen unternehmen.

Für die Evolution war dieser Zusammenhang bestimmt von großer Bedeutung, er kann aber auch gegen uns arbeiten. Denn wir werden von allem Möglichen getriggert, was wir sehen oder erleben. Der Geist seinerseits nimmt jeden beliebigen Ball auf, den die Emotionen ihm zuspielen, und macht sich damit auf und davon. Was dazu führen kann, dass wir uns in unseren Emotionen verlieren, schließlich erschöpft sind und aus dem Gleichgewicht geraten, unfähig, angemessen auf die gegebene Situation zu reagieren. In einer Unterhaltung sendet schon die geringste Unstimmigkeit sofort Alarmsignale ans Gehirn, das daraufhin die Emotionen anheizt und vielleicht Herzrasen oder vermehrte Schweißbildung auslöst. Emotionale Reaktionen können Reue und Grübeleien hervorbringen, die unsere Scham-, Frust- und Schuldgefühle intensivieren. Andererseits kommt es aber auch vor, dass Menschen, die ein Trauma erlitten haben oder unter einem Burn-out leiden, völlig unemotional werden oder den Zugang zu ihren Gefühlen verlieren. Das stellt einen Schutzmechanismus dar, bei dem Körper und Bewusstsein jegliche emotionale Reaktion blockieren.

Das alles bedeutet nichts anderes als: Emotionen sind Träger von Energie. Und die Energie, die in emotional sehr aufgepeitschten Situationen von uns ausgeht, wird von anderen Lebewesen – Menschen wie Tieren – wahrgenommen. Meine Mutter sagt oft, dass sie immer genau spürt, wann ich aufgebracht bin, selbst wenn ich ein fröhliches Gesicht mache. Aber umgekehrt ist es genauso: Wenn ich mich so richtig, richtig freue, nehmen die anderen das auch wahr und sagen Dinge zu mir wie: »Du hast eine tolle Energie. Am liebsten wäre ich ständig in deiner Nähe, weil du mir einfach so ein super Gefühl gibst!«

Das Wichtigste, was es über unsere Emotionen zu wissen gibt, ist, dass sie mit allen Wassern gewaschen sind und wir den Umgang mit ihnen so trainieren können, dass nicht sie es sind, die in unserem Alltag die Regie führen. Dafür müssen wir lernen, sie rechtzeitig wahrzunehmen und zu steuern. Zu diesem Zweck ist es sinnvoll, die Übungen aus den ersten Kapiteln dieses Buches auch weiterhin nicht zu vernachlässigen. Denn je besser du dich energetisch auf deine eigenen Emotionen einstimmst und zur Ruhe kommst, desto besser gelingt es dir auch, dich auf die Emotionen, Gedanken und Wünsche anderer Lebewesen einzustellen, seien es Menschen oder Tiere.

Die Macht der Liebe

Ob wir uns dessen bewusst sind oder nicht: Die Basis der Tierkommunikation sind unsere Emotionen. Und zu Verwirrung kommt es bei ihnen, sobald diese emotionale Ebene in Widerspruch zu den Befehlen gerät, die wir ihnen geben. Angenommen, ein Hund flippt bei einem heftigen Gewitter aus und wir versichern ihm, es sei alles in Ordnung, er brauche sich nicht zu fürchten. Sollten wir uns dabei aber um ihn sorgen und uns von dieser Angst triggern lassen, spürt das Tier diese negativen Emotionen. Denn verbal versuchen wir ihn zwar zu beruhigen, emotional aber vermitteln wir ihm den Eindruck ängstlicher Beklommenheit. Das bringt das Tier durcheinander und verstärkt nur seine Angst.

Die erfolgreiche Kommunikation mit Tieren beruht darauf, dass wir uns in jedem Moment der Emotionen bewusst sind, die wir ihnen vermitteln. Natürlich sind wir alle nur Menschen, haben unsere emotionalen Momente und schlechten Tage. Die dürfen wir natürlich ausleben – ohne Angst haben zu müssen, unser Tier damit zu traumatisieren. Aber genau wie die Gedanken sind auch Emotionen nicht unbedingt an die aktuellen Geschehnisse gebunden. Doch solange wir uns unserer Emotionen *bewusst* sind, können wir die Verantwortung für sie übernehmen und die Absicht fassen, dem Tier Emotionen zu vermitteln, die es mehr unterstützen.

Die energetisch höchstschwingende Emotion ist die Liebe, die in unseren Herzen wohnt. Und deshalb können wir unseren Tieren besonders gut behilflich sein, wenn wir uns auf die Liebe fokussieren, sie fühlen und uns vorstellen, wie wir diese Liebe in Form von Schwingungswellen, Licht oder auch Farben aussenden.

Eine einfache Methode, aus einem emotionalen Schlamassel negativer Gefühle herauszukommen, besteht darin, sich mit der Liebe zu verbinden. Eine Übung, bei der du dich auf die Kultivierung von Liebe und Mitgefühl dir selbst und anderen gegenüber fokussierst, ist Metta, die Meditation der liebenden Güte. Sie ist auf die Reduktion von negativen Emotionen wie Zorn und Groll ausgerichtet und fördert positive wie Freude und Dankbarkeit. Die Übung entstammt dem traditionellen Buddhismus und ist im Westen populär geworden, weil sie das emotionale Wohlbefinden stärkt und stressreduzierend wirkt. Zu den zahlreichen wissenschaftlich belegten Benefits der Liebende-Güte-Meditation gehören neben der Stressreduktion eine verbesserte Emotionsregulation, verstärkte Verbundenheitsgefühle und die Verbesserung des allgemeinen Wohlbefindens.

Die Meditation der liebenden Güte

Vielleicht möchtest du diese Übung einmal ausprobieren, wenn du dich gestresst oder von negativen Emotionen überrollt fühlst. Von ihr gibt es viele Varianten, also schau dir gern auch andere an oder pass meine Version deinen Bedürfnissen an. Du kannst sie für sich allein oder als Bestandteil einer ausgiebigeren Meditationsübung durchführen.

1. Such dir ein ruhiges, bequemes Plätzchen, an dem du dich im Sitzen oder Liegen etwa zehn Minuten lang ungestört und entspannt fokussieren kannst. Schließ die Augen und atme ein paarmal tief ein und aus.
2. Richte deine Aufmerksamkeit auf dein Herzzentrum, in dem die Liebe wohnt, und stell dir vor, dass sich dein Herz ganz allmählich mit Liebe und Licht anfüllt.
3. Stell dir vor, dass die Liebe und das Licht in deinem Herzzentrum heller und heller werden, bis sie leuchten wie die Sonne. Jede Zelle deines ganzen Wesens strahlt Licht und Liebe aus, und zwar in alle Richtungen, nach vorn, hinten, oben, unten, seitwärts.
4. Fokussiere dich jetzt darauf, mithilfe dieses hellen Lichts dir selbst und anderen positive Gefühle der Liebe, Güte und des Mitgefühls zu übermitteln. Vielleicht kannst du vor deinem inneren Auge sogar sehen, wie diese liebende Energie den gesamten Planeten umfasst und sich ins Universum ausbreitet.
5. Sobald du bereit bist, öffnest du langsam die Augen und kommst in die Gegenwart zurück.

Klopfen

Manchmal ist den Leuten gar nicht klar, wie viel Emotionalität in ihnen brodelt und sie auszulaugen droht. Um mit dem Leben klarzukommen, verbuddeln wir unsere negativen Emotionen oft – aus lauter Angst, in der Konfrontation mit ihnen den Kürzeren zu ziehen. Doch wenn wir die Gelegenheit wahrnehmen, diese Emotionen anzuerkennen, sie aus dem Schatten herauszuholen und ihnen eine Stimme zu geben, befreien wir uns von ihnen und gewinnen unser inneres Gleichgewicht zurück.

Emotional Freedom Technique (EFT, Technik der emotionalen Freiheit, auch einfach als »Klopfen«, »Beklopfen« oder »Tapping« bekannt) heißt eine therapeutische Methode, die Elemente der traditionellen chinesischen Akupressur mit Erkenntnissen der modernen Psychologie verbindet, um emotionale und physische Schwierigkeiten zu lindern. Bei dieser Methode werden bestimmte als Akupunktur- oder auch Klopfpunkte bekannte Körperstellen beklopft, während sich die behandelte Person auf die Gedanken beziehungsweise Gefühle fokussiert, die sie belasten oder die ihr nicht mehr dienlich sind. Die Emotional Freedom Technique beruht auf dem Gedanken, Blockaden zu lösen und das Energiesystem des Körpers auszugleichen, um damit negative Emotionen wie Besorgnis, Angst oder Stress zu reduzieren und Heilung zu ermöglichen. EFT wird gegen eine ganze Reihe von Problemen eingesetzt, zum Beispiel Depressionen, Phobien, Traumata oder auch körperliche Beschwerden. Ich empfehle diese Technik meinen Kunden oft, damit sie sich von dem Zorn oder den Ängsten befreien können, die die Kommunikation mit und die Beziehung zu ihrem Tier belasten. Klopfen kannst du dich ganz selbstständig oder unter der Aufsicht einer ausgebildeten EFT-Fachkraft. Wenn du dich für diese Technik interessierst, empfehle ich dir die Arbeiten von Nick Ortner.

Hier ein Beispiel für eine erfolgreiche EFT-Behandlung: Linda unterhielt bei sich zu Hause eine Auffangstation, in der sich oft bis zu 20 Hunde aus Tierheimen aufhielten, in denen ihnen die baldige Euthanasie gedroht hatte. Der Anblick eines ausgesetzten Hundes ging Linda so ans Herz, dass sie ihm sofort all die Liebe geben wollte, die er nie bekommen hatte, und ihm ein schönes Leben zu ermöglichen versuchte. Viele ihrer Schützlinge hatten gesundheitliche Probleme, und da sie allein wohnte, war sie auch die einzige Person, die alle Bedürfnisse ihrer Tiere erfüllte und sich gleichzeitig um ein neues Zuhause für sie bemühte. Ihre Emotionen drängten Linda, so viele Hunde wie nur irgend möglich zu retten, die ganze Last dieses Engagements aber wirkte sich ungünstig auf ihre Beziehung zu den Hunden aus. Obwohl sie immer das Gefühl hatte, über eine besondere Begabung für die Tierkommunikation zu verfügen, bekam sie es jetzt immer öfter mit Fehlverhalten und chaotischen Begegnungen zu tun. Sie empfand Überforderung, Ablehnung und schließlich sogar ein schlechtes Gewissen wegen ihres Frusts über die Situation, in die sie sich hineinmanövriert hatte. Als sie erkannte, dass ihre Unausgeglichenheit ihre Kommunikationsfähigkeiten beeinträchtigte, bat sie mich um Hilfe. Ich empfahl ihr das Klopfen, weil ihr Stress zum großen Teil emotional bedingt war – und sie sich seit geraumer Zeit im Zustand einer unaufhörlichen Kampf-oder-Flucht-Reaktion befand.

Mit diesem Begriff bezeichnen wir eine physiologische Reaktion auf eine wahrgenommene Bedrohung oder Gefahr. Es handelt sich dabei um eine ebenso natürliche wie automatische Antwort, die den Körper darauf vorbereitet, sich der Herausforderung entweder zu stellen oder vor ihr zu fliehen. Sobald die Kampf-oder-Flucht-Reaktion ausgelöst wird, setzt der Körper Hormone wie Adrenalin und Cortisol frei, die unter anderem den Herzschlag beschleunigen sowie Blutdruck und Atemfrequenz erhöhen, damit wir schnell in die Pötte kommen und uns der Gefahrenlage erfolgreich stellen können. Kurzfristig kann diese Reaktion auch durchaus hilfreich sein. Anders ist es allerdings, wenn dieser angespannte Zustand chronisch wird. Dann nämlich wirkt er sich negativ auf Gesundheit und Wohlbefinden aus. Das Klopfen wiederum reduziert den Cortisolspiegel im Blut und stellt die Homöostase (Selbstregulierungsfähigkeit des Körpers) wieder her, sodass wir mit unseren Emotionen klarkommen und auf alle Lebenslagen rational reagieren können.

Ich begleitete Linda durch die folgende Klopfübung und schon nach wenigen Minuten verspürte sie eine erhebliche Veränderung ihrer Energie. Als wäre ihr ein schweres Gewicht von den Schultern genommen worden, atmete sie einmal tief durch und Freudentränen rannen ihr über die Wangen. Nach der Sitzung stellte sie fest, dass sich auch die Energie der Hunde verändert hatte: Sie wurden ruhiger und schlossen sich widerstandslos ihrer Führung an. Linda konnte jetzt frei von jeglichem emotionalen Wirrwarr mit ihnen kommunizieren. Ich ermunterte sie, sich mehr um sich zu kümmern und Praktiken der Selbstfürsorge in ihren Alltag zu integrieren. Schließlich beschloss sie, sich in den nächsten Wochen täglich 20 Minuten Zeit zu nehmen, um ihre negativen Gedanken, Gefühle und Emotionen zu beklopfen, und besann sich neu auf die Rettung der Hunde. Zudem hatte sie inzwischen größeres Selbstbewusstsein und das spürten auch die Tiere. Der durch das Klopfen bewirkten neuen Balance verdankte sie darüber hinaus eine größere Klarheit im Umgang mit den Hunden. Und sie half ihr, die Tiere in gute, stabile Verhältnisse zu vermitteln.

Klopfen

Beim Klopfen kann bereits eine Sitzung den Schalter umlegen. Doch mach dir keine Sorgen, wenn du nicht gleich etwas merkst. Das ist auch völlig in Ordnung. EFT bewirkt Veränderungen, bei denen das Nervensystem zurechtgerückt und Neurotransmitter umprogrammiert werden. Diese Wirkung tritt manchmal sofort ein, mitunter macht sie sich jedoch auch erst beim Aufwachen am nächsten Morgen bemerkbar. Das hängt ganz von der jeweiligen Person und von der Emotion ab, die freigesetzt wurde.

1. Nimm dein Tagebuch zur Hand und überlege, welche Gedanken, Gefühle und Emotionen du gern freisetzen würdest. Vielleicht wird dir klar, dass dein Tier auf bestimmte emotionale Zustände von dir reagiert, zum Beispiel auf Verspannungen, Sorgen oder ein schlechtes Gewissen. Nimm dir einen Moment Zeit, um deine Gefühle aufzuschreiben, auch die, die du dir nur ungern eingestehst. Sei vollkommen ehrlich! Du weißt ja: Nur du allein wirst diese Notizen je sehen. Das Schreiben aber bietet dir die große Chance, dir deiner Gefühle bewusst zu werden, um sie schließlich freizusetzen und wieder ins Gleichgewicht zu kommen. Die Zeilen, die du schreibst, stellen dein »Klopf-Skript« dar.
2. Sobald du dein Skript fertiggestellt hast, suchst du dir ein bequemes ruhiges Plätzchen, an dem du dich im Sitzen oder Liegen entspannen und, ohne gestört zu werden, zehn Minuten lang fokussieren kannst. Schließ die Augen und atme langsam ein paarmal tief ein und aus.
3. Während du die Dinge, die in deinem Skript stehen, aussprichst, beginnst du mit dem Beklopfen einiger Akupunkturpunkte auf deinem Körper (siehe Skizze). Normalerweise beginnen wir an der Außenkante der Hand, für die wir uns entschieden haben,

und geben drei Statements ab, bevor wir uns dem Scheitel zuwenden. Du kannst entweder eine Körperseite beklopfen oder jeweils einen Punkt nacheinander auf beiden Seiten.

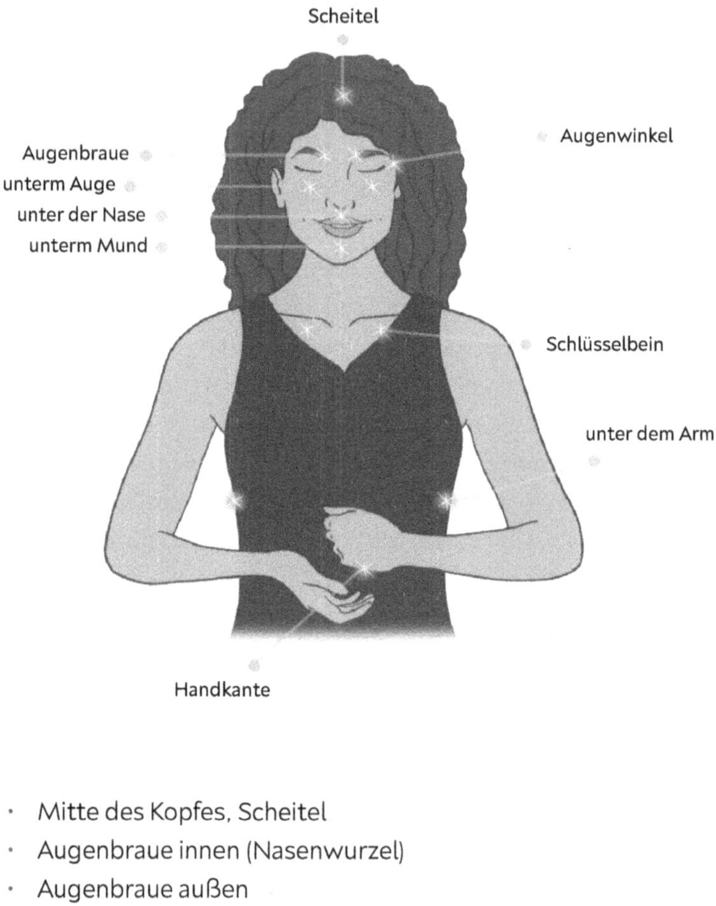

- Mitte des Kopfes, Scheitel
- Augenbraue innen (Nasenwurzel)
- Augenbraue außen
- unterm Auge
- unter der Nase
- unterm Mund (oberes Ende des Kinns)
- unterm Schlüsselbein

- unter dem Arm (unmittelbar unterhalb der Achsel)
- Handkante (auch »Karatepunkt« genannt)
- An jedem Klopfpunkt sprichst du laut eines deiner Statements aus und spürst dabei genau das, was du sagst. Dann gehst du zum nächsten Klopfpunkt über, sagst einen anderen Satz und beklopfst dich dabei. Lass es zu, wenn du plötzlich anfangen musst zu weinen oder vielleicht sogar etwas herausschreien willst. Solche Dinge gehören zu dem Prozess einfach dazu. Lindas Statements lauteten: »Ich bin angespannt, gefrustet und überfordert. Ich habe viel zu viele Hunde! Wo habe ich mich da bloß reinmanövriert? Was, wenn ich kein Zuhause für diese Hunde finde? Ich habe so ein schlechtes Gewissen! Aber allein kriege ich das alles nicht hin. Ich bin so sauer auf mich – warum musste ich mir auch so viel aufladen! Und auf die Tierheime bin ich genauso sauer. Warum schläfern die Tiere ein, die das einfach nicht verdient haben? Die brauchen doch nur ein gutes neues Zuhause. Die Armen! Ich muss sie nur ansehen und werde ganz traurig. Traurig über die ganze Welt. Warum gerade diese Hunde? Die haben doch viel Besseres verdient. Und ich fühle mich so elend, weil ich momentan einfach nicht stabil genug bin. Dabei müsste ich viel mehr für die Tierchen da sein!« Geh so nacheinander alle Klopfpunkte durch und sprich dabei jeden deiner negativen Gedanken und jedes deiner negativen Gefühle laut aus.
- Sobald du all deine negativen Gefühle in Worte gefasst hast und dich für den nächsten Schritt bereit fühlst, atmest du einmal tief durch und fängst dann mit deinen positiven Statements an. Um reinzukommen, kannst du dir zuvor schon einige in deinem Tagebuch notieren. Oder du fängst einfach an zu klopfen und sprichst dazu. Bei Linda hat sich das in etwa so angehört: »Obwohl ich diesen ganzen Stress habe und so dermaßen angespannt bin, liebe und akzeptiere ich mich so, wie ich

bin. Obwohl ich gerade nicht weiterweiß, gebe ich mein Bestes und weiß meine guten Absichten zu schätzen. Obwohl ich so sauer bin, weil so schlecht mit Tieren umgegangen wird, sehe ich doch Fortschritte und trage meinen Teil zur Lösung dieses Problems bei. Ich gebe mein Bestes. Ich habe angefangen, mich mehr um mich zu kümmern, damit ich mich bestmöglich um die Hunde kümmern kann. Ich konnte schon so vielen wunderbaren Fellnasen helfen und habe ein Händchen dafür, sie in ein schönes Zuhause zu vermitteln.« Klopf die ganze Zeit über weiter und verbinde dich mit dem schönen Gefühl, das das positive Statement in dir auslöst. Während du auf das Positive fokussiert bleibst, gehst du alle Klopfpunkte einzeln durch, bis du das Gefühl hast, es sei genug.

- Vielleicht empfindest du plötzliche Freude oder das Bedürfnis, tief durchzuatmen. Und womöglich fängst du sogar an zu lächeln. Führ dir deine geistigen, körperlichen und seelischen Veränderungen mit wertschätzender Aufmerksamkeit zu Bewusstsein. Gönn dir ein paar Minuten, in denen du etwas tiefer atmest und vielleicht sogar deinen Körper ausschüttelst, damit sich deine jetzt höher schwingenden Energien überall in dir verteilen können.

Spirit

Im Allgemeinen bezeichnet der Ausdruck *spirit* das Wesen, die Natur von etwas, also etwa den Kern zum Beispiel eines Menschen, einer Gruppe oder Kultur. Vielleicht kennst du ja auch Leute, die vor lauter Lebenskraft schier platzen? Das spürt man richtig oder sieht es sogar. Tiere bringen ihren Spirit ganz locker und frei zum Ausdruck – denk nur mal an den Hund, der voller

Enthusiasmus einem Frisbee nachjagt, oder an eine Delfinschule, wenn alle gleichzeitig aus dem Wasser auftauchen, ihre Klicklaute von sich geben, pfeifen und mit den Flossen schlagen. Hat sich je deine Stimmung in Anwesenheit eines Tieres sprunghaft gehoben? Wenn ja, dann weil du dessen Spirit miterlebt hast.

Einige Kulturen oder Glaubensgemeinschaften verstehen unter *spirit* auch eine immaterielle, körperlose Einheit beziehungsweise eine Essenz, die Dingen Leben einhaucht oder eine Manifestation des Göttlichen darstellt. Eine Seele können demnach Menschen, Tiere oder übernatürliche Wesen haben; der Ausdruck kann aber auch auf Pflanzen und andere Naturphänomene angewendet werden. Der Spirit – die Seele – eines Blumenstraußes äußert sich sowohl in seiner Schönheit und einzigartigen Kombination aus Farben, Beschaffenheiten und Düften als auch in seinem Lebenszyklus zwischen Erblühen und Verwelken. Der Begriff kann sich überdies auf eine nicht physische Essenz oder Kraft beziehen, die oft mit der Vorstellung von einem universellen Bewusstsein verbunden wird – göttlicher Funke, Lebenskraft oder Seele – und jenseits der materiellen Sphäre existiert, die Grenzen von Zeit und Raum überschreitet und sich mit allen Wesen und Dingen im Universum verbindet. Dieses metaphysische Verständnis des Begriffs *spirit* betont die allseitige Verbundenheit und Abhängigkeit aller Dinge mit- und voneinander sowie den Glauben an eine höhere, spirituelle Dimension, die die materielle Welt transzendiert.

Viele Menschen fühlen sich spirituell zutiefst mit ihren Tieren verbunden, manche sehen in ihren Vierbeinern sogar Seelenverwandte, die sie schon seit vielen Leben kennen. Andere spüren in Gegenwart von Tieren die Verbundenheit mit etwas jenseits ihrer selbst. Sie empfinden eine Art höheren Sinn. Aber wie du dich in der Beziehung zu deinem Tier oder zu deinem Spirit auch fühlst, eines stimmt auf alle Fälle: Sie gibt deinem Leben Sinn und Bedeutung.

Den Spirit nähren

Der Spirit hilft uns, ein Gefühl der Sinnhaftigkeit, der Erfüllung zu entwickeln, und verbessert die Lebensqualität. *Deinen Spirit zu nähren,* bedeutet, dich auf Aktivitäten oder Praktiken einzulassen, die deinem inneren Selbst guttun, das persönliche Wachstum fördern und insgesamt dein Wohlbefinden steigern. Dazu gehört, dass du nicht nur deine körperlichen Bedürfnisse befriedigst, sondern dich auch um deine emotionalen, mentalen und spirituellen Anliegen kümmerst. Denn wenn du deinen Spirit längere Zeit nicht pflegst, können sich Störungen des Gleichgewichts ergeben, zum Beispiel Krankheiten oder chronisch negative Emotionen. Gleiches trifft auf Tiere zu: Fehlen ihrem Spirit gesunde Ventile, kann die daraus resultierende Disbalance zu Verhaltensproblemen oder gesundheitlichen Problemen führen.

Viele vergessen heute oft, auch ihren Spirit zu nähren, weil das Leben heutzutage so busy und anstrengend ist. Da gibt es die ganzen *places to be* – angesagte Örtlichkeiten, an denen man sich unbedingt sehen lassen sollte – und die vielen Verantwortungen, denen wir gerecht werden müssen. Kein Wunder also, dass wir so gestresst sind, leicht reizbar und erschöpft! Bleibt der Spirit unbeachtet oder vernachlässigt, kann auch die Beziehung zu unseren Tieren darunter leiden, weil sie schließlich auf die Orientierungshilfe und Führung angewiesen sind, die wir ihnen geben. Und gegebenenfalls spüren sie unsere Unausgeglichenheit. Dadurch, dass du klar für dich definierst, was dich erfüllt, und deinen Spirit aktiv nährst, schaffst du Ordnung in deinen energetischen Kanälen und stärkst sie für die Kommunikation mit Tieren (und natürlich auch allen anderen Lebewesen).

Mein wichtigster Tipp hierbei lautet: Schaufel dir Zeit frei, in der du dich um deine Ventile und Leidenschaften kümmerst.

Wenn du guter Stimmung bist, hast du mehr Energie, bist motivierter und fühlst dich erfüllter. Ob du singst, kickboxt, Zeit mit Freunden und Freundinnen verbringst, tanzt, den Garten pflegst oder sonst etwas hast, was dich mit Freude und innerer Ruhe erfüllt, dann mach einfach. Und notier es dir gegebenenfalls im Kalender wie alle anderen Termine, die du wahrnimmst.

Beim Nähren deines Spirits kommt es auch auf Vielfalt an. Dazu ein Beispiel: Bei der Arbeit mit Linda gaben mir ihre Hunde schnell das Gefühl, dass sie viel zu wenig für ihren Spirit tat. Auf dem Bild, das sie mir von ihr zeigten, schien sie irgendwie im Nebel zu stehen: Rundum war sie grau und von allen Seiten kamen die Wände auf sie zu. Als ich ihr das sagte, reagierte sie zunächst zurückhaltend und antwortete nur: »Mein Spirit wird von der Arbeit mit den Hunden genährt!« Das mochte einst so gewesen sein, jetzt saugte diese Arbeit Linda aber nur noch aus. Die Pflege der Hunde strengte sie sehr an. Bei meinem Besuch hatte sie sich vier Tage nicht geduscht. Also fragte ich sie, was sie in den Zeiten vor der Eröffnung ihrer Auffangstelle immer besonders gern getan hatte. Darauf sagte sie mir, dass sie früher gern tanzen war, dafür jetzt aber weder genügend Zeit noch Energie hätte. Auch erzählte sie von einer großen Sammlung von Filmdevotionalien – kistenweise Plakate, Autogramme, Kostüme und andere Objekte, die sie Stück für Stück liebevoll bei Auktionen und Haushaltsauflösungen zusammengetragen hatte. All die schönen Dinge aber hatte sie inzwischen in ihrer Garage verstaut, weil für sie im Haus der Hunde wegen kein Platz mehr war. Und da sie das alles nicht mehr angemessen präsentieren konnte, verlor sie über kurz oder lang natürlich auch den Spaß daran.

Mir fiel auf, dass es in Lindas Haus einen Raum gab, der mit Transportboxen und anderem Hundezubehör vollgestopft war, von dem sich der Großteil nicht mehr verwenden ließ. Also schlug ich ihr vor, den ganzen Kram zu entsorgen, eventuell noch Brauchbares zu verschenken und stattdessen ihre heiß geliebten Memorabilien in dem Zimmer auszustellen. Auch ermunterte ich sie, sich Zeit zum Tanzengehen zu nehmen.

Bei unserem Folgetermin überraschte mich Linda mit der Transformation ihres früheren Abstellraums in ein »Gute-Laune-Zimmer«, wie sie es nannte. Die Wände, nun in lebendigen Farben gestrichen, bildeten jetzt einen passenden Hintergrund für Lindas Erinnerungsstücke. Hier und da luden bequeme Sitzgelegenheiten zum Meditieren und Sichumschauen ein. Zu einem Tanzkurs hatte sie sich auch angemeldet und ging überdies jedes zweite Wochenende mit Freundinnen schwofen.

Bei diesem Besuch war Lindas Energie eine vollkommen andere. Ihre Augen funkelten, die Wangen hatten sich leicht gerötet und auch ihr Gang wirkte viel schwungvoller. Ihrem Gefühl nach, erzählte sie mir, verbesserte sich die Kommunikation mit ihren Pflegehunden und es gab schon sehr viel weniger Schwierigkeiten. Und die Tiere, spürte ich, nahmen ihre Energie nicht mehr als grau wahr wie früher, sondern als knallbunte Schwingungen. Sie vermittelten mir den Eindruck, dass sie jetzt besser atmen konnten, da das Erzwungene, der Druck weggefallen waren, die die Atmosphäre im Haus zuvor geprägt hatten. Denn indem Linda ihren Spirit nährte, kam sie auch wieder mehr in ihr inneres Gleichgewicht. Davon wiederum profitierten die Hunde, weil sie jetzt eindeutiger kommunizierte und ihre Anweisungen mit größerem Selbstvertrauen erteilte.

Sieh zu, dass du die Pflege deines Spirits zu einem wichtigen Punkt auf deiner To-do-Liste machst, damit sie bei all den anderen Verpflichtungen, die du hast, nicht untergeht. Davon hängt dein Wohlbefinden ab – und um ausgeglichen und zufrieden sein zu können, sind deine Tiere auf dich angewiesen.

Intuition

Der Begriff Intuition bezieht sich auf das instinktive Wissen, auf die instinktiven Wahrnehmungen, die keiner Vernunft und rationalen Analyse bedürfen. Die Intuition drückt sich in Bauchgefühlen, Ahnungen, innerem Wissen jenseits rationaler Erklärungen aus. Sie kann vielerlei Formen annehmen und ist nicht bei allen Menschen gleich ausgeprägt. Synonym wird auch oft der Ausdruck »sechster Sinn« verwendet, denn genau wie die Fähigkeiten des Sehens, Hörens, Schmeckens und Berührens trägt auch die Intuition dazu bei, dass wir die Umwelt wahrnehmen und mit ihr interagieren können. Sie hilft uns, den Überblick zu behalten, und dient uns als Lotsin auf der Reise unseres Lebens.

Hast du schon einmal an eine alte Freundin gedacht, die dann plötzlich anrief wie aus heiterem Himmel? Mir passiert das ständig mit meiner Freundin Rachel, die ich schon kenne, seit ich fünf war. Weil sich unsere Leben in unterschiedliche Richtungen entwickelt haben, sprechen wir uns nicht mehr so oft, aber wann immer ich plötzlich an sie denken muss, ruft sie mich wenig später an. Ich sage dann immer: »Meine Güte, ich hab gerade an dich gedacht. Und, klar, da musstest du natürlich gleich anrufen …«

Andere Beispiele für derartige intuitive Erfahrungen: Wenn du mit einem Mal so etwas wie drohende Gefahr empfindest oder dich irgendwie unbehaglich fühlst und deshalb einem Unglück entgehst, etwa einem Verkehrsunfall. Vielleicht hast du auch schon einmal die Erfahrung gemacht, dass dir jemand, den du zum ersten Mal triffst, bekannt und sehr vertraut vorgekommen ist? Hattest du schon einmal ein Déjà-vu-Erlebnis? Oder erinnerst du dich, je wichtige Erkenntnisse im Traum gewonnen zu haben? Zur gelebten Intuition gehören auch Empathie und Verständnis für einen Fremden, dessen Lebensgeschichte man gar nicht kennt. Vielleicht hattest du schon einmal den Eindruck, spüren zu können, wie sich ein Tier fühlt, was es braucht oder dir mitzuteilen versucht.

Führung

Wir alle haben Zugang zu unserer Intuition, und je mehr wir sie trainieren, desto stärker und verlässlicher wird sie. Sobald du dich auf deine Intuition einlässt, wirst du dir zunehmend auch deiner inneren Führung sowie der subtilen Zeichen bewusst, die dir die Umwelt sendet. Dann wirst du fein- und mitfühlender werden und kannst sogar bessere Entscheidungen treffen.

Unsere Intuition ist immer auf die Botschaften der Umwelt gerichtet. Als ich einmal vom Einkaufen nach Hause fuhr, kam ich an einer Plakatwand vorbei, auf der die Worte »Erwägen Sie Ihre Optionen« standen. Obwohl ich die Aufforderung eigentlich nur aus dem Augenwinkel heraus gesehen hatte, empfand ich plötzlich den Impuls, nach links abzubiegen, obwohl es ein Umweg war. Als ich durch eine Wohnstraße kam, stand dort mitten auf der Fahrbahn ein kleiner weißer Pudel. Ich stieg aus, ging auf das süße Tierchen zu und rief die Telefonnummer an, die auf dem Namensschild am Halsband stand. Die Sitterin, die ranging, war total geschockt, als sie hörte, dass sich der Hund offenbar nicht mehr im Hof aufhielt. Ich fuhr ihn die sechs Blocks zurück und die Frau dankte mir überschwänglich. Auf der Fahrt nach Hause kam ich an einem Verkehrsunfall vorbei, der sich kurz zuvor ereignet hatte und dem ich – meinem Umweg sei Dank – entgangen war. Diese Erkenntnis führte mir die Macht der Intuition vor Augen und machte mich unglaublich dankbar.

Dieserart intuitive Führung kann sich überall und jederzeit einstellen. Deshalb ist es wichtig, sie irgendwie festzuhalten, wenn sie sich zeigt. Solltest du gerade weder Papier noch Stift dabeihaben, kannst du dir eine Notiz aufs Handy sprechen oder dir selbst eine Nachricht schicken. Denn du solltest nicht einfach davon ausgehen, dass du dich schon erinnern wirst. Ich bekomme oft eine Inspiration oder habe die Idee für den nächsten guten Handlungsschritt, während ich mit etwas vollkommen anderem beschäftigt bin. Deshalb schicke ich mir schnell eine kurze Nachricht. Und wenn ich dann später wieder am Handy bin, erinnere ich mich meistens gar nicht mehr daran, dass ich mir das Produkt meiner intuitiven Führung notiert habe, und weiß diese Gedächtnisstütze echt zu schätzen. Wir alle denken und fühlen ständig viel zu viel, und da können uns diese subtilen intuitiven Botschaften schon mal durch die Lappen gehen. In der Geschichte eben trat die intuitive Führung immerhin in Form riesengroßer Buchstaben auf einer Plakatwand auf, doch hätte ich mich in dem Moment über den Verkehr aufgeregt oder mir den Kopf darüber zerbrochen, was ich zum Abendessen machen sollte, hätte ich mein Bauchgefühl wahrscheinlich ignoriert. Schließlich kann man ja auch nie wissen, in welchem Moment einen die 100 000-Euro-Idee ereilen wird.

Sollte es dir schwerfallen, deine Intuition wahrzunehmen – sie zu hören oder zu spüren –, heißt das nur, dass du dich wieder neu mit ihr verbinden musst. Nimm dir also vor, der intuitiven Führung wissbegierig und aufgeschlossen zu begegnen, und bring auch deine Fantasie mit ins Spiel. Sei für alle Zeichen, Symbole und Botschaften offen und auch bereit, in deren Auffassung und Interpretation Flexibilität an den Tag zu legen. Der rationale Verstand wird möglicherweise versuchen, deine Intuition zu bagatellisieren oder zu diskreditieren. Und vielleicht denkst du auch: »Das ist alles nur Einbildung.« Deshalb rate ich dir dringend: Wann immer du das Gefühl hast, eine Botschaft empfangen zu haben, nimm sie ernst und sprich sie laut aus. Finde dann heraus, ob deine Intuition korrekt ist. Und wenn ja: Freu dich darüber. Je öfter du es erkennst, wenn deine Intuition am Werk ist, desto größere Klarheit hast du auch, wenn sich deine Führung meldet.

Die vier »Hellfähigkeiten«

Die Intuition kann auf ganz unterschiedliche Art und Weise erlebt werden. Die vier wichtigsten Modalitäten sind die sogenannten übersinnlichen Wahrnehmungen, die vier »Hellfähigkeiten«, wenn du so willst.

- *Hellsehen* – die Fähigkeit, Dinge im Geist zu sehen, die für die zwei Augen in deinem Kopf unsichtbar sind, Bilder, Farben, überhaupt Visionen. Das Bindeglied zur Intuition wird gern als *geistiges* oder auch *drittes Auge* bezeichnet.
- *Hellhören* – die Fähigkeit, Geräusche, Stimmen oder Botschaften zu vernehmen, die für das physische Gehör nicht wahrzunehmen sind.
- *Hellfühlen* – die Fähigkeit, Dinge zu fühlen oder zu spüren, die über das körperliche Wahrnehmungsvermögen hinausgehen, also etwa Emotionen, Energie oder die Präsenz von Wesenheiten.
- *Hellwissen* – die Fähigkeit, zu inneren Erkenntnissen zu gelangen, die nicht auf objektiven Beweisen oder auf Logik beruhen, also etwa plötzliche Einsichten oder intuitive Ahnungen.

Manche Menschen verfügen über eine dieser Fähigkeiten, andere über mehrere oder gar alle vier. Je besser du weißt, woher du deine Führung beziehst, und dich darüber freust, desto stärker und hilfreicher wird diese Führung mit der Zeit werden.

Der Ausbau deiner Hellfähigkeiten

Bei der näheren Erkundung dieser vier außer- beziehungsweise übersinnlichen Modalitäten können dir auf die jeweilige Fähigkeit abgestimmte Meditationsübungen helfen. Dabei stellst du dir jedes Mal einen Menschen, ein Tier, eine Situation oder einen Ort vor und stellst dich energetisch darauf ein. Für den weiteren Übungsverlauf orientierst du dich an den folgenden Anweisungen – je nach der Fähigkeit, die du trainieren möchtest.

- *Hellsehen:* Führ dir das von dir gewählte Objekt so plastisch wie nur irgend möglich vor dein geistiges Auge. Und bedien dich aller deiner Sinne, um Bilder oder optische Eindrücke zu gewinnen, etwa Farben, Formen, Texturen, Geräusche und Gerüche.
- *Hellhören:* Fokussier dich auf das von dir gewählte Objekt und auf jedes Geräusch oder Wort, das in dein geistiges Ohr dringt. Sei für alle Geräusche offen und empfangsbereit, die durchkommen, auch wenn sie zunächst noch schwach und undeutlich sind. Achte auf Klang, Tonalität und Rhythmus.
- *Hellfühlen:* Konzentriere dich ganz auf deinen Körper und nimm alle physischen Empfindungen wahr, die sich einstellen. Fokussier dich auf die Körperpartien, in denen du irgendwelche Verspannungen oder Beschwerden spürst, und versuch diese Stellen zu entspannen. Fokussiere dich dann auf das von dir gewählte Objekt und achte dabei auf alle körperlichen Empfindungen oder Regungen, die sich möglicherweise einstellen,

vielleicht Wärme, Kribbeln, eine Art Druck oder was auch immer. Achte auf alles, was hochkommt.

- *Hellwissen:* Denk an eine Frage oder Situation aus einem beliebigen Bereich deines Lebens, für die du dir eine intuitive Antwort oder Lösung wünschst. Sei offen und empfangsbereit für plötzliche Erkenntnisse oder Ideen, die durchkommen. Achte auf alle sich einstellenden Gedanken und Vorstellungen. Vertrau auf dein Bauchgefühl und erlaube dir, allen plötzlichen Ahnungen oder Ideen nachzugehen, die sich zeigen.

Nimm einfach alle Eindrücke zur Kenntnis, die du bekommst, auch wenn sie für dich in dem Moment noch keinen Sinn ergeben. Versuch, nicht zu viel über deine Impressionen nachzudenken oder sie zu analysieren. Abschließend atmest du einige Male tief ein und aus, bevor du wieder ganz in die Gegenwart zurückkommst.

Nun notierst du dir alle gewonnenen Einsichten in deinem Tagebuch. Zum besseren Verständnis all dessen, was du empfunden und erspürt hast, kannst du dir Fragen stellen. Zum Beispiel: »Welche Botschaft will mir diese Energie übermitteln?« oder »Was kann ich aus dieser Erfahrung lernen?«. Alles in allem liegt der Schlüssel zur Förderung deiner intuitiven Fähigkeiten in regelmäßigem Training und dem Vertrauen auf die innere Führung.

Kopf, Herz, Spirit und Intuition unterscheiden sich zwar, stehen aber doch in Verbindung zueinander und helfen uns alle, unsere Erfahrungen zu begreifen und auf sie zu reagieren. Je bewusster du dir dieser großen Vier bist, desto besser kannst du dich auf die Welt einstellen und ein ganzheitliches Leben führen. Im nächsten Kapitel weiten wir das noch aus: mit dem Ziel, Energien und Botschaften noch besser aufnehmen zu können.

Journaling –
Überlegungen für dein Tagebuch

1. Stell dir einmal deinen inneren Saboteur – den Kobold – ganz genau vor. Beschreibe ihn und gib ihm eine Form. Was motiviert ihn? Wovor fürchtet er sich? Wovon versucht er dich abzuhalten? Welche Aufgabe kannst du ihm zuweisen, mit der er dein heutiges Ich unterstützen kann?
2. Leg einen Tag fest, an dem du allen Emotionen nachgehst, die du hast, angefangen gleich nach dem morgendlichen Aufwachen. Sobald du spürst, dass irgendeine Emotion in dir hochkommt, schreibst du sie dir einfach auf – ohne sie zu analysieren oder zu bewerten. Was passiert, wenn du deine Emotionen erkennst?
3. Was nährt deinen Spirit? Was kannst du für ihn, aber auch für deine Ventile und den kreativen Ausdruck tun? Welche Schritte kannst du einleiten?
4. Denk an eine Gelegenheit, bei der du einmal ein ganz starkes Bauchgefühl hattest. Wie fandest du diese Erfahrung? Hast du in der Situation auf dein Bauchgefühl gehört oder es ignoriert? Und mit welchem Ergebnis?

SO WIRST DU AUFNAHMEFÄHIGER

Jetzt weißt du also, wie du die Energie, die dich umgibt, spüren kannst, und achtest wahrscheinlich auch schon darauf, welche Wirkung diese energetischen Schwingungen auf dich haben. So können etwa die aus einem Streit resultierenden Verspannungen oder etwaige Sorgen, die von Nachrichtenmeldungen ausgelöst werden, die Schwingungsfrequenz herabsetzen. Diese Energie nimmst du dann auf und sie bleibt dir erst einmal, sie dringt vielleicht auch in andere Bereiche deines Lebens ein und manifestiert sich als komisches Gefühl im Bauch oder als Rücken- beziehungsweise Nackenverspannungen. Die Frage, die sich daraus ergibt, lautet: Wie können wir steuern, was mit dieser aufgenommenen Energie passiert?

In diesem Kapitel sprechen wir darüber, wie wir Blockaden abbauen und energetisches Durcheinander beheben, zur objektiven Beobachterin, zum objektiven Beobachter werden und unsere seelisch-spirituelle Gesundheit auf der körperlichen Ebene unterstützen können. Diese Formen der energetischen Selbstfürsorge sind wichtig, weil sie helfen, ein gesundes, ausgeglichenes Energiesystem aufrechtzuerhalten, das die Grundlage unseres körperlichen, mentalen, emotionalen und intuitiven Wohlbefindens bildet. Tiere sind ja, wie wir schon wissen, sehr empfänglich für Energie und spüren es deshalb genau, wenn Gedanken, Gefühle und Emotionen uns runterziehen. Mit einem ausgeglichenen

Energiehaushalt finden wir leichter Zugang zu unserer Intuition, haben mehr Verständnis für unsere Tiere und können besser mit ihnen kommunizieren.

Blockaden abbauen und energetisches Durcheinander beheben

Um die uns umgebende Energie sowie die von ihr transportierten Informationen so gut wie möglich empfangen zu können, müssen wir überlegen, wovon unsere Energie beeinträchtigt wird, was die Rezeptoren blockieren oder verstopfen kann. Und nicht zuletzt: was die Fähigkeit torpediert, uns auf unsere Umgebung, andere Leute und speziell uns selbst einzustimmen.

Was laugt dich aus? Was macht dich fertig?

Dass unsere Energie oft negativ belastet ist, hat Gründe. Zum Beispiel den, dass uns bestimmte Leute, Orte, Dinge oder Tiere auslaugen. Sie strapazieren uns, ob wir uns ihnen bewusst aussetzen oder nicht. Warst du schon je länger in einer überfüllten Mall oder auf einer belebten Geschäftsstraße und hattest das Gefühl, keine Luft mehr zu bekommen? Oder hast du schon einmal bis zur Erschöpfung in einem Verkehrsstau gesteckt? Aufgrund des ganzen Stresses, der Ängste und des Mitgefühls der Tiere, Beschäftigten und Besucher dort kann ja selbst ein Rundgang im Tierheim schon einer emotionalen Achterbahnfahrt gleichen. Das beschränkt sich aber, wie schon angedeutet, nicht auf Orte. Die negative Energie, die uns mitunter auf Social Media entgegenschlägt, kann uns genauso kaputt machen.

Hinzu kommt, dass unser Funktionieren – auch unsere Erfolge! – zum großen Teil auf Routine beruht. Routinen stellen für uns so etwas wie einen Begleitchor dar, an dem wir uns festhalten können, und sind in gewisser Weise unverzichtbar. Denk nur mal an den üblichen Verlauf deiner Morgenstunden. Ich könnte wetten, dass es da mindestens fünf Dinge gibt, die du täglich tust: mit dem Hund rausgehen, frühstücken, Zähne putzen und so weiter. Weil aber Routinen im Grunde nichts anderes sind als feste, sich wiederholende Muster, ist die Wahrscheinlichkeit groß, dass sie zur Stagnation deiner Energie führen. Mit der Folge, dass du dich festgefahren und uninspiriert fühlst – was wiederum dein Schwingungsniveau und die Energie beeinträchtigt, mit der du anderen begegnest.

Zu guter (?) Letzt gehört auch ein unaufgeräumtes Lebensumfeld zu den weitverbreiteten Energieräubern. Auch wenn du noch so gut darin bist, ihn zu ignorieren: Psychisch stellt Müll eine schwere Belastung dar. Deshalb ist es wichtig, dass du deinen Lebens- und Arbeitsraum sauber, adrett und übersichtlich, gut organisiert gestaltest. Andernfalls kann es nämlich beispielsweise zu Schwierigkeiten in der Tierkommunikation kommen, die in Wahrheit auf den von deinem häuslichen Chaos verursachten energetischen Nebel zurückgehen, unter dem alle Beteiligten zu leiden haben.

Der erste Schritt zur Wiederherstellung des Gleichgewichts besteht also darin, dass du dir deiner Energieräuber bewusst bist. Ein praktisches Beispiel: Jenna arbeitete als tiermedizinische Fachkraft in einer gut frequentierten Tierklinik. Auf dem Höhepunkt der Coronapandemie kam die Einrichtung ins Schlingern: Mitarbeiter und Mitarbeiterinnen erkrankten, einige kündigten. Die Anzahl der Adoptionen erreichte ein Allzeithoch, was aber auch hieß, dass viel mehr Tiere veterinärmedizinische Betreuung benötigten. Zusätzlich bedeuteten die zu der Zeit erforderlichen Vorsichtsmaßnahmen, wie etwa die kontaktarme Übergabe der Tiere, mehr Arbeit für die Beschäftigten und mehr Stress für Herrchen und Frauchen. Jenna musste plötzlich auch noch Tätigkeiten außerhalb ihrer Jobbeschreibung übernehmen, zum Beispiel die Telefone bedienen und Termine vereinbaren, während sie wie sonst auch den Ärztinnen und Ärzten assistierte, Papierkram erledigte, mit den Tieren sowie Haltern und Halterinnen umging. Im einen Moment wurde sie noch in Panik angeschrien, im nächsten musste sie jemandem Trost spenden, dessen Tier gerade eingeschläfert werden sollte. Sechs Tage die Woche arbeitete sie wie im Akkord. Von morgens bis abends.

Jenna liebte ihren Beruf und vergaß auch nie, warum sie ihn einst gewählt hatte, mit der Zeit aber wurde der Druck zu viel für sie. Wenn sie spätabends nach Hause kam, war sie erschöpft, brach oft unkontrolliert in Tränen aus und begegnete ihrem Mann mit Gereiztheit. Ihre beiden Hunde legten erste Anzeichen von Trennungsangst an den Tag und knabberten an ihren Pfoten, wenn Frauchen einmal daheim war. Jennas Zuhause wurde immer unordentlicher. Sachen, die hätten aufgeräumt oder ausrangiert werden müssen, lagen einfach herum. Die Wäsche blieb ungewaschen, das Geschirr ungespült. Jeden freien Moment verbrachte Jenna mit Nachrichtenschauen am Handy, um die neusten Infos in Sachen Corona nicht zu verpassen. Und spätabends schlief sie über den letzten Horrormeldungen todmüde ein.

Dass Jenna mich um Hilfe bat, lag hauptsächlich an der Sorge, die sie sich um ihre Hunde machte; denn ihr war sehr wohl bewusst, dass es ihrer Kommunikation mit den Tieren zu der Zeit an der dringend benötigten Klarheit fehlte. Als wir uns trafen, spürte ich sofort die Menge an Fremdenergie, die sie mit sich herumtrug. Sie selbst hatte keine Ahnung, wie viele Gedanken, Gefühle und Emotionen anderer Leute sie im Laufe eines Arbeitstages aufsog. Ihre Hunde aber spürten alles und das verwirrte, stresste sie und machte ihnen Angst. So konnte es nicht weitergehen.

Dieser Fall war insofern extrem, als Jennas Leben praktisch nur aus Energieräubern bestand. In jeder Hinsicht. Die unguten Begegnungen mit Kunden und der Stress ihrer Kolleginnen laugten sie aus. Die Sorge um ihre Hunde und deren plötzliche Verhaltensprobleme zehrten zusätzlich an ihr. Die zunehmende Unordnung bei sich zu Hause quälte sie und auch, dass kaum Zeit blieb, dem Chaos auf den Leib zu rücken. Nicht zuletzt machte natürlich auch das weltweite Trauma der Pandemie Jenna kaputt.

Als Erstes empfahl ich ihr, sich täglich ein paar Minuten Zeit zu nehmen, um in ihr Tagebuch zu schreiben, sich Gedanken zu notieren und Gefühle festzuhalten. Und sich an jedem Punkt die Frage zu stellen: *Ist das überhaupt mein Gedanke, mein Gefühl?* Diese einfache Frage kann den Blickwinkel so verändern, dass wir Energien erkennen, die nicht die unseren sind.

Jenna schrieb über die Tiere, denen sie half, und darüber, was sie in der Klinik erlebte. Sie schrieb über die Menschen, die ihre geliebten Tiere brachten – über ihre Tränen, ihre Verzweiflung, ihr angespanntes Schweigen. Sie schrieb über den Stress der behandelnden Ärzte und Ärztinnen, denen sie bei operativen Eingriffen assistierte, und über den Zeitdruck, unter dem sie standen, weil schon viele neue Notfälle darauf warteten, versorgt zu werden. Allen Menschen und Tieren, die sie erwähnte, gab Jenna auch eine Stimme, indem sie aufschrieb, was sie ihrer Auffassung nach dachten, fühlten und empfanden.

Darüber hinaus schrieb sie über die Gefühle, die die Situation bei ihr selbst auslöste. Ausführlich ließ sie sich über ihren Frust aus, über Traurigkeit und Erschöpfung sowie die Anspannungen zu Hause, bei ihrem Mann und den Hunden. Wie aus ihren Notizen hervorging, ahnte sie auch, dass ihre drei Liebsten von ihrer, Jennas, Energie nicht unberührt blieben. Unter dem Druck der Wäsche- und Geschirrberge sowie des ganzen Chaos, das aufgrund ihres Zeitmangels immer schlimmer wurde, schien sie beinahe zu ersticken. Allein das Schreiben darüber raubte ihr schon beinahe den Atem. Doch beim Durchlesen ihrer Notizen erkannte sie mit einem Mal, dass nicht alles, worunter sie litt, mit ihr selbst zu tun hatte. Vielmehr lag es daran, dass sie die Energie anderer Leute aufgenommen und diese für ihre eigene gehalten hatte. Bei Jenna bewirkte das Journaling den entscheidenden Durchbruch, weil es ihr die Klarheit vermittelte, die sie brauchte, um die Blockaden und den ganzen anderen energetischen Müll zu erkennen, der aus dem Weg geräumt werden musste.

Energetische Verbindungen

Hierbei handelt es sich um unsichtbare Schnüre zwischen Menschen, Tieren, Orten, Dingen. Diese Verbindungen bestehen aus feinstofflicher Energie und sind potenzielle Träger von Emotionen, Gedanken und Absichten. Je nach Art der Beziehung, um die es geht, können diese energetischen Verbindungen sowohl positiv als auch negativ sein und nicht nur die jeweilige Beziehung beeinflussen, sondern auch unser Energieniveau, die Emotionen und das generelle Wohlbefinden. Positive Verbindungen können Gefühle der Liebe, Verbundenheit und Unterstützung fördern, uns stützen und guttun. Negative dagegen sind imstande, Gefühle der Anhaftung, Abhängigkeit und Toxizität zu erzeugen und uns energetisch auszulaugen.

Energetische Verbindungen können zwischen Individuen bestehen, die eng miteinander verbunden sind, zum Beispiel Familienangehörige, Haustiere, Liebende und sogar Kollegen oder Kolleginnen. Auch gibt es sie zwischen einem Individuum und einem Ort, etwa dem Zuhause, dem Arbeitsplatz oder Lieblingsferienziel. Und nicht zuletzt kann es auch energetische Verbindungen zwischen einem Individuum und seinen eigenen Gedanken, Überzeugungen und Emotionen geben.

Nachdem Jenna nun über ihre Blockaden Bescheid wusste, brachte ich ihr das Kappen energetischer Verbindungen bei. Sie machte diese Übung zu einem festen Bestandteil ihrer morgendlichen Meditationspraxis. Und fühlte sich sehr viel leichter und wieder mehr »sie selbst«. Sie hatte mehr Energie, wurde geduldiger und spürte genau, wann sie eine Pause brauchte. Beim Meditieren kamen ihr mit einem Mal neue Ideen, wie sie die kontaktarme Übergabe der kranken Tiere so gestalten konnte, dass es den Bedürfnissen der Kundschaft mehr entsprach. Auch gab ihr die Intuition ein, sich online über die neuen Systeme des Kunden- und Patientenmanagements zu informieren, die ihr den Papierkram würden erleichtern können. In der Folge all dieser neuen Anregungen fühlte sich Jenna sehr viel energiegeladener als früher.

Meditation zur Trennung energetischer Verbindungen

Das Lösen aller energetischen Verbindungen, die unserem höchsten Wohl nicht mehr dienlich sind, stellt einen effektiven, superhilfreichen Beitrag zur Selbstfürsorge und Wiederherstellung des inneren Gleichgewichts dar. Es gibt dafür viele verschiedene Techniken, wie zum Beispiel die Energieheilung, für den Anfang aber eignet sich die folgende Visualisierungsübung besonders gut. Die Lösung von negativen Verbindungen und die Stärkung der positiven ermöglichen uns den Aufbau gesünderer, befriedigenderer Beziehungen zu uns selbst und anderen.

- Such dir ein ruhiges, bequemes Plätzchen, an dem du dich im Sitzen oder Liegen entspannen und ohne irgendwelche Ablenkungen zehn Minuten lang fokussieren kannst. Schließ die Augen und atme langsam ein paarmal tief durch die Nase ein und durch den Mund aus.
- Stell dir deinen Körper vor und scanne ihn im Uhrzeigersinn ab. Nimm dabei jede einzelne Körperpartie sowie deren jeweilige Energie wahr, um eventuelle energetische Verbindungen zu entdecken, die von dir ausgehen.
- Stell dir jede dieser Schnüre bildlich vor, die dich mit einer Person, Situation oder Energie verbinden und die du kappen willst. Welche Farbe, Form und Beschaffenheit haben sie?
- Lass dir einen Moment Zeit, um jede Emotion wahrzunehmen, die bei der Fokussierung auf die jeweilige Verbindung hochkommt. Spüre alles, was es zu spüren gibt. Fühle, ohne Wertung und ohne Widerstand.
- Sobald du dazu bereit bist, stellst du dir vor, dass du eine Schere oder ein Schwert in der Hand hast. Du malst dir aus,

wie du deinen Körper in Gedanken durchgehst und die energetischen Verbindungen nach und nach mit einer schnellen, entschiedenen Bewegung zerschneidest.

- Sag dir beim Kappen jeder Verbindung eine positive Affirmation vor wie zum Beispiel: »Ich lasse alle negativen Energien und Anhaftungen, die ich habe, los«, oder: »Ich bin frei und stark genug, um meinen eigenen Weg zu gehen.« Geh deinen Körper so oft gedanklich durch, bis du das Gefühl hast, alle Verbindungen gelöst zu haben.
- Sobald du den Eindruck gewinnst, fertig zu sein, gehst du deinen Körper noch einmal durch und füllst jede Stelle, an der zuvor eine Verbindung war, mit Licht – ganz so, als würdest du etwaige Bohrlöcher in einer Wand verschließen wollen.
- Wenn du so weit bist, öffnest du wieder sanft die Augen und kommst ins Hier und Jetzt zurück.

Energetische Abschirmung mithilfe von Licht

Das Kappen ihrer energetischen Verbindungen hatte Jenna zwar geholfen, die negative Energie loszulassen, die sich bei ihr angestaut hatte. Aber da war ja immer noch ihr stressiger, hochintensiver Job, dem sie Tag für Tag nachging. Was bedeutete, dass sie immer noch von viel Fremdenergie umgeben war. Für den Abschluss ihrer täglichen Meditation empfahl ich ihr daher die folgenden Techniken der energetischen Abschirmung.

Die energetische Abschirmung stellt eine leicht zugängliche Methode dar, dich vor eindringenden Energien zu schützen und so deine höhere Schwingungsfrequenz beizubehalten. Dafür gibt es nicht nur diese eine Methode, aber meine Klienten und ich haben mit der Abschirmung mithilfe von Licht sehr gute Erfahrungen gemacht. Die Arbeit mit den Lichtfrequenzen kann unsere Verbindungen mit dem höheren Bewusstsein stärken und uns dem spirituellen Erwachen und der Transformation näherbringen. Mit einiger Erfahrung kann sich das Ergebnis anfühlen wie Wärme oder ein Strahlen, die sich im Körper beziehungsweise Energiefeld ausbreiten.

Das weiße Schutzlicht

Weißes Licht ist stärkste Energie und hat schützende Wirkung. Es kann alles so abblocken, dass es sich nicht mit deiner Strahlungsfrequenz vermischt oder dir schadet. Weiß sehen wir, wenn eine Oberfläche alle Wellenlängen des Lichts reflektiert; die entsprechende Energie ist nach außen gerichtet. Umgibst du dich also mit dieser (unbunten) »Farbe«, hält sie Fremdenergie von dir ab. Das weiße Schutzlicht hilft dir, wann immer du dich in einer schwierigen Situation befindest oder dich bedroht fühlst und alles von dir ableiten möchtest, was deine Sicherheit und dein Gleichgewicht gefährdet.

1. Such dir ein ruhiges, bequemes Plätzchen, an dem du dich im Sitzen oder Liegen entspannen und, ohne abgelenkt zu werden, zehn Minuten lang fokussieren kannst. Schließ die Augen und atme langsam ein paarmal tief ein und aus.
2. Visualisiere nun um dich herum ein strahlend weißes Licht. Stell es dir als mächtigen Schutzschild vor, der dich in Form einer Schutzblase aus positiver Energie umgibt.
3. Stell dir beim Einatmen vor, dass du dieses weiße Licht in deinen Körper hineinziehst, wo es dich mit positiver Energie erfüllt und vor allem Negativem beschützt.

4. Beim Ausatmen stellst du dir vor, dass alle negativen Energien oder Emotionen, die du in dir hast, deinen Körper verlassen und sich im weißen Licht auflösen.
5. Atme einige Minuten lang weiterhin weißes Licht ein und Negativität aus. Spür dabei das Licht, das dich umgibt und beschützt.
6. Sobald du dich dazu bereit fühlst, kannst du das weiße Licht, das dich umgibt, vor deinem geistigen Auge auf deine Liebsten, auf Tiere, dein Zuhause, deine Community ausdehnen und Positivität und Schutz verbreiten.
7. Sobald du so weit bist, schlägst du die Augen wieder auf und kommst ganz allmählich ins Hier und Jetzt zurück.

Rosa Licht zur Unterstützung

Die Farbe Rosa wird mit dem Herzchakra in Verbindung gebracht, dem Energiezentrum im Körper, das für unsere Fähigkeit, zu lieben und geliebt zu werden, zuständig ist. Rosa Licht unterstützt dich dabei, niedere Schwingungen von dir abzuhalten und gleichzeitig gute höhere Schwingungen aufzunehmen. Ein Beispiel: Da ist ein Tier, mit dem du kommunizieren möchtest und dessen Gefühle du gern kennenlernen würdest. Von seiner Energie aber willst du nicht durchdrungen werden. Das rosa Licht nun ermöglicht es dir, dich mit ihm zu verbinden, mit ihm mitzufühlen, ohne von energetisch niederen Schwingungen beeinträchtigt zu werden.

1. Such dir ein ruhiges, bequemes Plätzchen, an dem du dich im Sitzen oder Liegen entspannen und ohne irgendwelche Ablenkungen zehn Minuten lang fokussieren kannst. Schließ die Augen und atme langsam ein paarmal tief ein und aus.

2. Visualisiere in der Mitte deiner Brust ein rosa Licht. Schau, wie es mit jedem Atemzug heller und strahlender wird.
3. Stell dir vor, dass sich das rosa Licht nach außen hin ausbreitet und deinen ganzen Körper mit einem warmen Leuchten erfüllt. Schau, wie sich das aus deinem Herzchakra austretende Licht in die Arme, Beine, den Kopf und die Füße ausbreitet.
4. Anschließend visualisierst du, wie das rosa Licht die Grenzen deines physischen Körpers überschreitet und dich in eine Blase aus liebevoller, heilender Energie hüllt. Schau, wie die Blase größer wird, sich in alle Richtungen ausbreitet und deine gesamte Aura umfasst.
5. Sag dir wiederholt eine positive Affirmation vor, zum Beispiel »Ich bin umgeben von der heilenden, liebevollen Energie des Universums« oder »Ich bin offen dafür, Liebe und Mitgefühl zu geben und zu empfangen«.
6. Atme ein paarmal tief ein und aus und bade in der warmen, wohltuenden Energie des rosa Lichts. Stell dir vor, dass es dich in einen Kokon der Liebe und Unterstützung hüllt.
7. Sobald du so weit bist, schlägst du die Augen wieder auf und kommst ganz allmählich ins Hier und Jetzt zurück.

Aufgrund ihrer ganzen spirituellen Selbstfürsorge bemerkte Jenna bald, dass sie eine beruhigende Wirkung auf die Menschen und Tiere in der Klinik hatte. Und die Ärztinnen und Ärzte, denen sie assistierte, dankten ihr überschwänglich für die friedvolle, erdende Energie, die sie in all dem Stress, all dem Chaos ausstrahlte. Ihnen fiel auch auf, wie ruhig die Tiere in Jennas Gegenwart wurden. Auch die Hunde bei ihr zu Hause legten eine große Veränderung an den Tag. Sie waren jetzt nicht mehr so bedürftig und hatten auch aufgehört, vor lauter Nervosität an ihren Pfoten zu knabbern. Was sich ebenfalls verbesserte, war Jennas Beziehung zu ihrem Mann. Die beiden nahmen sich jetzt mehr Zeit für Zweisamkeit, bestellten sich abends was zu essen und schauten sich gemeinsam einen Film an oder machten Radtouren und Spaziergänge mit den Hunden. Jenna gelang es, ihre Blockaden zu beheben, und sie war nun auch in der Lage, zuverlässig zwischen ihren eigenen und Fremdenergien zu unterscheiden. Zudem spürte sie genau, welche Energie von ihr im gegebenen Moment dem höchsten Wohl aller am besten diente – dem Wohl ihrer selbst, ihres Mannes, der Hunde, Kolleginnen, ihrer Kunden und deren Tiere sowie dem Wohl der Welt als Ganzer.

Objektiv beobachten

Bei der Einstimmung auf das Umfeld und die Menschen in unserer Umgebung ist es enorm wichtig, dass wir die Perspektive einer objektiven Beobachterin beziehungsweise eines objektiven Beobachters einnehmen. Das heißt, dass wir unsere Umwelt, aber auch uns selbst ohne Bewertung oder Anhaftung beobachten. Es bedeutet mit anderen Worten, voll in der Gegenwart präsent zu sein, unseren Gedanken, Gefühlen und Erfahrungen beizuwohnen, ohne uns in ihnen zu verfangen. Als objektive Beobachter sind wir in der Lage, unsere Vorurteile hintanzustellen und die Dinge so zu sehen, wie sie wirklich sind. Dabei lösen wir uns so von unseren eigenen Emotionen und denen der anderen, dass unser Blick objektiv bleibt. Auf diese Weise gewinnen wir tiefe Einblicke – auch unsere Tiere betreffend. Zudem hilft uns diese Perspektive, Mitgefühl und Empathie zu kultivieren. Indem wir die objektive Betrachtungsweise mithilfe von Meditation, Achtsamkeit und Selbstreflexion noch schärfen, lernen wir, uns von unserem Ego abzulösen und die Welt mit größerer Klarheit zu betrachten.

Das Ego ist der Teil von uns, der sich um unsere Identität und das Selbstgefühl kümmert. Der Teil von uns, der gesehen und bewundert werden möchte und auf Bestätigung aus ist. Das Ego wird von Eigenschaften wie Selbstgefälligkeit, Ichbezogenheit und Kontrollbedürfnis charakterisiert. Während uns die objektive Wahrnehmung hilft, mit unserem wahren Selbst in Einklang zu kommen, dem Teil von uns, der sowohl mit einer höheren Macht in Verbindung steht als auch mit unserer Intuition.

Wenn wir ein Tier, einen anderen Menschen oder eine Situation betrachten, wird unsere Interpretation dessen, was wir wahrnehmen, oft von Gefühlen und Meinungen beeinflusst. Nehmen wir zu Beispiel den Hausbesuch bei einem Kunden und seiner unheilbar kranken Katze, der es sichtlich schlecht geht. Auch ihrem Frauchen scheint die Situation schwer zuzusetzen. Höchstwahrscheinlich ist mir beim Anblick der leidenden Katze auch ganz elend zumute und ich teile den Kummer der Frau. Um aber eine klare Verbindung mit dem Tier aufbauen und mit ihm kommunizieren zu können, muss ich meine Gefühle beiseiteschieben. Zur authentischen Wahrnehmung dessen, was uns die Intuition eingibt, müssen wir uns also so weit von unseren subjektiven Gedanken, Gefühlen und Emotionen lösen, dass sie unsere Eindrücke nicht beeinflussen oder verzerren. Für einen ausgewogenen Informationsaustausch hilft es sehr, wenn wir die Absicht fassen, objektiv zu beobachten und alle persönlichen Emotionen abzublocken, die sich einstellen wollen.

Kommen wir jetzt aber noch einmal auf Jenna zurück. Ich hatte ihr beigebracht, die Position der objektiven Beobachterin einzunehmen, damit sie in ihrem beruflichen Alltag davon profitieren konnte. Zuvor hatte sie keinerlei energetische Grenzen gesetzt und brachte deshalb allen Patienten, die sie in der Klinik hatten, größtes Mitgefühl entgegen. Viele der Tiere mussten überhaupt nur wegen der Fahrlässigkeit ihres Herrchens oder Frauchens medizinisch behandelt werden. Jenna erzählte mir von einem Labradoodle, einem Familienhund, der die Angewohnheit hatte, alles zu fressen, was im Haus so rumlag, Puppen und Christbaumkugeln mit metallener Aufhängung inklusive. Um diese Dinge wieder zu entfernen, musste sich der Hund einer größeren Operation unterziehen – und das nun schon zum dritten Mal. Bei den beiden vorherigen Gelegenheiten war Jenna extrem sauer auf die Halter des Tiers gewesen. Der Hund tat ihr so leid, dass sie angesichts seiner Qualen sogar den Raum kurz verließ und ein paar Tränchen verdrückte. Danach musste sie sich enorm am Riemen reißen, um die Leute nicht anzuschreien: »Was zum Teufel ist eigentlich bei Ihnen kaputt? Wie konnten Sie zulassen, dass es so weit gekommen ist?«

Doch nachdem sie gelernt hatte, die Position der unvoreingenommenen Beobachterin einzunehmen, konnte sie sich in solchen Situationen innerlich distanzieren. Sie konnte locker und erfolgreich ihren Job machen und das ärztliche Personal während der OP tatkräftig unterstützen. Dabei vertraute sie auf ihre Fähigkeit, vor, während und nach dem Eingriff intuitiv mit dem Hund zu kommunizieren, ihm beruhigende, trostreiche Energie zukommen zu lassen, damit er ein Gefühl der Sicherheit bekam. Ferner war Jenna in der Lage, auch die Menschen objektiv zu beobachten. Statt sie zu verurteilen, machte sie ihnen Vorschläge, wie Zwischenfälle wie der mit den Christbaumkugeln künftig vermieden werden konnten. Ihre Empfehlungen und Orientierungshilfen fielen auf viel fruchtbareren Boden, seit sie in der Lage war, sie zentriert und ruhig vorzubringen. Nicht zuletzt deshalb wohl kam es bei dem Labradoodle auch zu keinen weiteren Zwischenfällen mehr. Die Familie war Jenna sehr dankbar für ihre Freundlichkeit und die guten Vorschläge, die sie für das Zusammenleben mit dem Hund gemacht hatte, den sie doch alle so sehr liebten.

Objektive Betrachtung

Mit dieser Übung lernst du, deine Gedanken, Emotionen und Erfahrungen unvoreingenommen zu beobachten. Sobald du in der Lage bist, dich von deinen Vorurteilen und Bewertungen zu lösen, gewinnst du aufschlussreichere Einsichten und Erkenntnisse über dein Leben und deine Umwelt.

1. Such dir ein ruhiges, bequemes Plätzchen, an dem du dich im Sitzen oder Liegen entspannen und, ohne abgelenkt zu werden, zehn Minuten lang fokussieren kannst. Schließ die Augen und atme langsam ein paarmal tief ein und aus.
2. Beobachte deine Gedanken, Gefühle und Emotionen, aber bewerte sie nicht. Lass sie kommen und gehen, ohne dich an sie zu klammern. Stattdessen kannst du sie wahrnehmen und dir sagen: »Das ist aber interessant.« Lass nach diesem Muster alles weiterhin einfach kommen und gehen.
3. Sollte sich für dich irgendetwas krass, störend oder bedrückend anfühlen, frag dich: »Kommt das auch wirklich von mir?« Manches, wirst du vielleicht feststellen, gehört eigentlich gar nicht zu dir. Lass es los. Wenn du magst, kannst du es gedanklich in eine Art Seifenblase geben und sanft davontreiben sehen.
4. Achte darauf, wie dein Atem in deinen Körper eindringt und ihn wieder verlässt. Nimm alle physischen Empfindungen – wie etwa Unbehagen oder aber auch Entspannung – wahr. Beobachte sie, ohne dass du versuchst, auf sie einzuwirken. Und frag dich ein weiteres Mal: »Kommt das auch wirklich von mir?«
5. Sollte dein Geist anfangen umherzuschweifen, registrierst du einfach den Gedanken, der dich abgelenkt hat, und richtest die Aufmerksamkeit erneut auf deine Atmung.

6. Beim Üben fallen dir an deinen Gedanken, Emotionen und physischen Empfindungen vielleicht bestimmte Muster auf. Beobachte sie, ohne dich an sie zu klammern.
7. Sobald du so weit bist, öffnest du die Augen und kommst allmählich ins Hier und Jetzt zurück.

Spirituelles Wohlbefinden und körperliche Gesundheit

Durch den Körper sind wir mit unserer Umwelt verbunden. Nur ihm haben wir es letztlich zu verdanken, dass wir das Leben, unsere Beziehungen und die Natur überhaupt erfahren können. Ähnlich wie Tempel sakrale Stätten der Verbundenheit mit dem verehrten Göttlichen sind, stellt auch der menschliche Körper ein heiliges Gefäß dar, dem unser Respekt gelten sollte und das wir pfleglich behandeln sollten. Für das Wohl von Spirit und Intuition spielen körperliche Gesundheit und physische Selbstfürsorge eine entscheidende Rolle. Regelmäßige Bewegung, gute Ernährung und ausreichend Schlaf geben uns mehr Energie und bringen uns unserer Intuition näher.

Die physische Gesundheit trägt auch zum Aufbau emotionaler Resilienz bei, also der Fähigkeit, nach einer Herausforderung oder Niederlage wieder ins Leben zurückzufinden. Solange wir uns wohlfühlen, kommen wir mit Stress, Sorgen und anderen emotionalen Stolpersteinen ganz gut klar. Darüber hinaus unterstützt die physische Gesundheit auch unsere Beziehung zu Tieren und zur Natur. Bei körperlichen Betätigungen wie Wandern, Gartenarbeiten, Strandspaziergängen, oder auch wenn wir uns ganz einfach im Freien aufhalten, fühlen wir uns der Natur und unserem spirituellen Ich gleich sehr viel näher. Es beruhigt und reinigt den Energiekörper und erhöht unsere Schwingungsfrequenz. Tiere spüren das und reagieren positiv auf diese Schwingungen, weil sie sich instinktiv zu allem hingezogen fühlen, was sich gut anfühlt.

Sport

Eine vorwiegend statische Lebensweise führt über kurz oder lang zu Energieblockaden. Bewegen wir uns jedoch, kommt die Energie ins Fließen: Wir nehmen mit jedem Atemzug neue Energie auf und geben alte ab. Mir ist im Laufe der Jahre bewusst geworden, dass ich mich mehr um meinen Körper kümmern musste, um mich mental und emotional ausgeglichen und mit meiner Intuition verbunden fühlen zu können. Bei Jenna war es genauso. Vor der Pandemie war sie täglich joggen. Doch sobald die Arbeit in der Tierklinik sie beinahe zu überwältigen drohte, hörte sie mit dem Sport auf, weil sie meinte, keine Zeit mehr dafür zu haben. Wie ja überhaupt in stressigen Lebenslagen die Selbstfürsorge oft das Erste ist, was verloren geht. Dabei brauchen wir sie gerade dann am meisten. Und tatsächlich: Sobald Jenna wieder ernsthaft mit dem Laufen anfing, fühlte sie sich gleich viel klarer im Kopf. Diese Klarheit wiederum half ihr bei ihrer Meditationspraxis, die ihrerseits für erhebliche Verbesserungen in ihrem Berufs- und Privatleben sorgte.

Ich halte mich regelmäßig im Freien auf, um frische Luft zu tanken und den Kreislauf anzuregen. Besonders gern gehe ich mit den Hunden wandern, genieße die herrlichen Aussichten, die Gesellschaft der Bäume, Felsformationen, die gesamte Energie der Natur. Die Bewegung hilft mir, Altes loszuwerden, um mein Energielevel hoch zu halten – für die Arbeit mit den Tieren und ihren Menschen. Zur Stabilisierung des energetischen Gleichgewichts eignen sich besonders Herz-Kreislauf-Übungen, weil die rhythmischen Bewegungen des Ausdauersports Herzfrequenz, Atmung und Kreislauf anregen. Letztlich aber ist es gleichgültig, für welche Art der Bewegung du dich entscheidest. Tu, was dir Spaß macht – Skateboarden, Seilspringen, Joggen mit dem Hund –, das aber regelmäßig!

Ich mache auch täglich Dehnübungen. Das Stretchen verbessert nämlich nicht nur die körperliche Flexibilität, sondern auch die energetische und mentale. Wenn wir uns zu wenig bewegen, kommt es zur Verkürzung und Verhärtung von Muskeln, was schmerzhaft ist und eine energetische Stagnation zur Folge hat. Dieser Stillstand wiederum – das Fehlen von Fluss und Beweglichkeit – bewirkt, dass wir uns blockiert und negativ gestimmt fühlen. Doch das Stretching löst nicht nur die Muskulatur, sondern auch energetische Blockaden. Dafür ist Yoga sehr empfehlenswert, genauso gut aber kannst du auch einfache Dehnübungen machen und sie über den ganzen Tag verteilen. Wenn ich lange sitze, fühle ich mich oft ausgelaugt und durcheinander. Dann reicht es schon, wenn ich bloß kurz aufstehe, mich rekle und ein paarmal tief Luft hole. In null Komma nichts habe ich wieder Energie und fühle mich wie neu.

Ernährung

Natürlich muss ich dir nicht erklären, dass eine ausgewogene, nährstoffreiche Ernährung dem Körper guttut und überhaupt rundum gesund ist. Aber sie erhöht auch das Energielevel und die geistige Klarheit – was die Verbindung mit der Intuition erleichtert.

Versteh mich nicht falsch: Ich liebe Süßes und esse schrecklich gern Kekse, Kuchen und Torte. Überhaupt versuche ich, das Leben zu genießen und lauter Dinge zu tun, die sich gut anfühlen. Ich habe mir jedoch angewöhnt, genau darauf zu achten, wie sich die Speisen und Getränke, die ich zu mir nehme, auf meinen Energiehaushalt auswirken.

Lebenskraft besitzt alles, was wir essen oder trinken, nur dass manches die Vitalität fördert und anderes ihr eher abträglich ist. Stark verarbeitete Lebensmittel und zuckerhaltige Getränke verringern meine energetische Schwingungsfrequenz und vernebeln mir den Kopf, während frisches Obst und Gemüse, insbesondere das grüne, meine Intuition erweitern. Für mich ist Mäßigung das Entscheidende, weil mich zu viel des Guten sowohl körperlich als auch energetisch aus dem Gleichgewicht bringt. Und wenn ich schon mal sündige … wie ich festgestellt habe, schaden mir frische selbst gebackene Kekse energetisch weit weniger als die abgepackten aus der Fabrik.

Ich trinke auch immer genügend Wasser, der Körper besteht schließlich zu einem Großteil daraus, und es spielt eine entscheidende Rolle für die Regulation der Körpertemperatur, den Transport von Nährstoffen und Sauerstoff in die Zellen. Nicht zuletzt sorgt es natürlich auch dafür, dass wir nicht austrocknen. Jeden Morgen trinke ich gleich nach dem Aufwachen einen halben Liter Wasser mit frisch gepresstem Zitronensaft. Guten Geschmack gibt auch ein Stückchen Gurke oder Limette, etwas Minze oder Basilikum. Zudem empfehle ich dir, stets eine Literflasche mit Wasser bei dir zu haben, damit du in der Hektik des Tages das Trinken nicht vergisst. Und vielleicht möchtest du ja sogar dein Handy so programmieren, dass es dich in bestimmten zeitlichen Abständen daran erinnert. Das hilft dir, dich ans regelmäßige Wassertrinken zu gewöhnen.

Auch ich habe mir schon einmal eine Weile vor lauter Arbeit

nicht die Zeit für Sport und ordentliche Ernährung genommen. Ich bekam zahlreiche Anfragen und hatte das Gefühl, so vielen Leuten mit ihren Hunden helfen zu müssen wie nur irgend möglich. Also habe ich mich übernommen und den Sport genauso vernachlässigt wie meine Wanderungen mit den Hunden. Auch mit der Ernährung habe ich geschlampt, Mahlzeiten ausgelassen und mir dafür zwischendurch Proteinriegel reingeschoben. All das hat sehr schnell seinen Tribut gefordert. Ich fühlte mich total kaputt, war nach einem übervollen Arbeitstag abends enorm reizbar und wurde auch anfälliger für Infektionen. Und dann noch diese Müdigkeit! Launisch und verspannt war ich auch die ganze Zeit. Bis ich schließlich realisierte, dass ich mir, um wieder ausgeglichener zu werden und den Menschen mit ihren Tieren helfen zu können, Zeit für meine Gesundheit nehmen musste.

Sobald ich meinen Arbeitsplan umstrukturiert und mir täglich Zeit für Sport und gute Ernährung freigeschaufelt hatte, erhöhte sich meine energetische Schwingung wieder. Gesundheitlich ging es mir auch schnell besser. In den Sitzungen mit meinen Klientinnen und Klienten fühlte ich mich stärker und erhielt mehr intuitive Informationen, sodass ich allen Beteiligten noch besser helfen konnte als zuvor. Sport, Stretching und gesunde Ernährung sorgten dafür, dass meine Batterien ständig aufgeladen waren und ich mich auf meine Intuition verlassen konnte. Diese drei Faktoren gehören für mich jetzt schon seit langer Zeit wieder zu den unverzichtbaren Notwendigkeiten des Lebens.

Jede gut entwickelte intuitive Empfangsbereitschaft beruht in Wahrheit auf praktizierter Selbstfürsorge. Denn dabei geht es um mehr als nur darum, Energien wahrzunehmen. Es geht auch um die Fähigkeit, sich von negativen Energien abzuschirmen und energetische Verbindungen zu kappen, falls nötig. Außerdem geht es darum, sich emotional so weit zu distanzieren, dass eine objektive Einschätzung der jeweiligen Situation möglich wird. Nicht zuletzt kommt es darauf an, auf der Basis körperlichen Wohlbefindens innere Stärke und Widerstandskraft zu entwickeln: also Resilienz.

Nun, da du verstehst, warum die Pflege einer ruhigen, klaren und selbstbewussten Energie so wichtig ist und was du dafür tun kannst, bist du bereit für den zweiten Teil dieses Buches, der ganz der Tierkommunikation gewidmet ist. Gleich geht's los …

Journaling – Überlegungen für dein Tagebuch

1. Setz dich einen Moment lang ruhig hin und stimm dich auf die Dinge in deinem Schwingungsraum ein. Was fühlt sich gut an? Was störend? Versuch dich in Wesen und Energie von allem einzufühlen, was dich umgibt. Stimm dich auf bestimmte Objekte ein und beschreibe sie unter Zuhilfenahme all deiner Sinneswahrnehmungen. Danach schreibst du deine Beobachtungen auf. Welche von dir wahrgenommene Energie gehört tatsächlich zu dir? Und welche nicht? Was kannst du loslassen?
2. Welche Bedeutung hat das objektive Betrachten für dich? Versuch diese Haltung in allen Lebenssituationen einzunehmen, in die du kommst: Sei stets losgelöst und unvoreingenommen. Beschreib die Gedanken und Gefühle, die von diesen Erfahrungen ausgelöst werden.
3. Wähle einen bestimmten Zeitraum – einen Tag, eine Woche oder vielleicht sogar einen Monat –, in dem du genau darauf achtest, wie sich die Speisen und Getränke, die du zu dir

nimmst, auf dein Befinden auswirken. Schreib dir zeitnah alle Beobachtungen auf. Stellst du Veränderungen in deinem Denken oder Fühlen fest? Und wie ist es körperlich? Fühlst du dich intuitiv zu bestimmten Lebensmitteln hingezogen und von anderen abgehalten? Bitte deine innere Führung, dich bei der Suche nach Lebensmitteln und Getränken, die dir guttun, zu unterstützen und dich begreifen zu lassen, bei welchen das nicht der Fall ist.

4. Wende dich dann deiner Physis zu und frag dich: *Wie flexibel bin ich körperlich und emotional? Wie ist es um den Fluss meiner Energie bestellt?* Was kannst du verändern, um wenigstens eine Spur flexibler zu werden? Schreib alles auf und nimm dir ganz fest vor, etwas zum Guten zu verändern.

TEIL ZWEI

PROZESSE, TOOLS UND TECHNIKEN

DIE KOMMUNIKATION MIT TIEREN

Nun, da wir die theoretischen und praktischen Grundlagen einer ruhigen, ausgeglichenen und gefestigten persönlichen Energie kennengelernt haben, können wir anfangen, uns mit der intuitiven Tierkommunikation zu befassen. Ganz allgemein gesagt, steht der Begriff *intuitive Tierkommunikation* für die eingehende Begegnung mit Tieren auf telepathischem, energetischem und intuitivem Wege. Diese Praxis beruht auf der Prämisse, dass alle Lebewesen, also auch Tiere, über ein Bewusstsein verfügen, um gedanklich, emotional, bildhaft und auf Basis von Empfindungen auf nonverbaler, energetischer Ebene zu kommunizieren.

Wie wir bereits wissen, geht eine intuitive Verbindung über die Betrachtung der beobachtbaren Verhaltensweisen und der Körpersprache hinaus. Was nun die Tiere anbelangt, gehört auch die Einstimmung auf deren Energien und Emotionen dazu, wenn wir unsere Begleiter verstehen und uns bestmöglich um sie kümmern wollen. Ich spreche in diesem Zusammenhang oft von Mitgefühl beziehungsweise emotionaler Resonanz. Mithilfe der intuitiven Kommunikation können wir Einsichten in Persönlichkeit und Bestimmung (den »Purpose«) des Tieres gewinnen, Verhaltensprobleme lösen, gesundheitliche Fragen angehen und eine tiefere Verbundenheit zu unserem Begleiter begründen. Oft sind wir auf diese Weise auch in der Lage, die emotionale Verfassung des Tieres wahrzunehmen, selbst wenn nichts an seinem Verhalten oder seiner Körpersprache Aufschluss darüber gibt. Manchmal erwächst unser Wissen aus etwas, was uns das Tier mitteilt, mitunter aber spüren wir auch einfach, was mit ihm los ist – obwohl es uns vom Gegenteil zu überzeugen versucht.

In diesem Kapitel konzentrieren wir uns auf Hintergrundinformationen, sprechen zum Beispiel über die verschiedenen Arten der Kommunikation und über die Kommunikation mit unterschiedlichen Tierarten. Außerdem wenden wir die Tools, die du im ersten Teil des Buches kennengelernt hast, auf die Besonderheiten der Tierkommunikation an.

Tiere und Telepathie

Um Tiere besser verstehen und zu einer tieferen Verbundenheit mit ihnen gelangen zu können, müssen wir zunächst unsere Energie und unsere energetischen Schwingungen denen unseres tierischen Gegenübers anpassen und auf diese Weise zu einem Schwingungsmatch mit ihm werden (siehe Übung »Schwingungsmatch«). Dazu ist es erforderlich, dass wir uns auf Energie und Emotionen des Tieres einstimmen und unsere Schwingung so erhöhen, dass sie zu seinen passt. Sobald wir zum Schwingungsmatch eines Tieres geworden sind, können wir mit ihm kommunizieren, und zwar mithilfe von Telepathie oder anderen nonverbalen Techniken.

Die Grundlage der schwingungsenergetischen Einstimmung beruht auf den Übungen im ersten Teil des Buches, in denen es um Meditation, Achtsamkeit und Energiearbeit ging. Die Herausbildung eines tiefgreifenderen Bewusstseins für unsere eigenen Schwingungen ermöglicht uns eine bessere Einstimmung auf die Energie der Tiere, die uns umgeben, und eine engere Verbindung mit ihnen. Ein Schwingungsmatch mit Tieren zu sein, kann zudem für alle Beteiligten mental, emotional, spirituell und manchmal sogar körperlich heilsam wirken. Dadurch, dass wir unsere Energie auf die des Tieres abstimmen, können wir ihm helfen, etwaige negative Energien oder Emotionen loszulassen und in einen Zustand des Gleichgewichts zu gelangen.

Da du mit dem Begriff *Telepathie* vielleicht nichts anfangen kannst, hier noch kurz eine Erklärung: Einfach ausgedrückt bezeichnet Telepathie die Übermittlung von Informationen ohne Einsatz körperlicher (Wahrnehmungs-)Fähigkeiten und konventioneller Kommunikationsmethoden. Das Wort *Telepathie* ging aus dem griechischen *tele* (»entfernt«) und *pathos* (»Gefühl«, »Wahrnehmung«) hervor. Telepathie wird oft als Form außersinnlicher Wahrnehmung (ASW) oder als übersinnliche Fähigkeit betrachtet, die mit Energie und Schwingungsfrequenzen des menschlichen Geistes und Bewusstseins in Verbindung steht. Als eine Kommunikation von Geist zu Geist, dank derer Gedanken, Emotionen oder Bilder ohne Einsatz gesprochener oder geschriebener Sprache übermittelt werden können.

Ich glaube – und konnte mich bei meinen Klienten und Klientinnen davon überzeugen –, dass alle Menschen über telepathische Fähigkeiten verfügen. Doch wie bei jeder anderen Kompetenz gilt auch für diese, dass sie auf beständigem intensivem Training beruht. Manche kommunizieren nur gelegentlich intuitiv mit einem Tier, bekommen etwa hier und da völlig unerwartet und wie aus heiterem Himmel den Eindruck, eine Botschaft beziehungsweise einen »Download« zu empfangen. Aber es kann auch ganz zufällig erlebt werden, ohne dass die betreffende Person die Situation steuern kann oder den Mut hat, auf ihre Erfahrungen zu vertrauen. So ging es mir als Kind in Bezug auf meine ersten intuitiven Unterhaltungen mit einem Tier auch.

Als ich ungefähr zehn war, begegnete ich auf der Straße, in der wir gewohnt haben, einer rot getigerten Katze, die ich nie zuvor gesehen hatte. Sie rieb sich an meinen Beinen, und als ich mich zu ihr herabbeugte, um sie zu streicheln, kam mir das Bild eines kleinen roten Hauses in den Kopf, das mich vage an ein altes Schulgebäude erinnerte. Aus irgendeinem Grund fiel mir vor allem dieses Rot auf. In der Woche darauf war ich bei einem neuen Klassenkameraden zu Hause, der gerade in unsere Straße gezogen war, und da sah ich sie, die Rotgetigerte. Als wir im Hof spielten, sah ich eine frisch rot gestrichene Garage, an deren Tür eine große Glocke hing wie früher an den alten Schulhäusern.

Ich erzählte meinem neuen Freund, dass mir diese rote Garage in den Kopf gekommen war, als ich seine Katze in der Vorwoche auf der Straße getroffen hatte. Ihn überrasche das gar nicht, antwortete er, weil sich die Katze nämlich vor den Anstreichern gefürchtet habe und einen ganzen Tag lang verschwunden war. Als sie das Tier dann schließlich wiedergefunden und nach Hause gebracht hatten, fügte er hinzu, war sie um keinen Preis der Welt bereit, in die Nähe der Garage zu gehen, wahrscheinlich wegen des Geruchs der frischen Farbe, wie sie dachten.

Als mir die Katze begegnet war, habe ich keinerlei Anstrengungen unternommen, mit ihr zu kommunizieren. Stattdessen sprach sie mich an. So einfach war das. Allerdings lassen manche Tiere leichter mit sich reden als andere. Besonders, wenn von dir eine ruhige, hochenergetische Schwingung ausgeht, stellst du womöglich manchmal fest, dass sich ein Tier dich als Gesprächspartner oder -partnerin aussucht, so wie eben damals die süße Rotgetigerte mich ausgewählt hatte.

Verbinde dich mit Liebe, Freude und Dankbarkeit

Liebe, Freude und Dankbarkeit sind starke Emotionen, die uns auf vielerlei Art und Weise helfen können, unsere Verbundenheit und Kommunikation mit Tieren zu vertiefen. Denn wenn wir positiv gestimmt sind, strahlen wir auch positive Energie sowie Aufgeschlossenheit aus. Und Tiere, die sich oft intensiv auf unsere emotionale Verfassung einstimmen, spüren und empfinden dies. Begegnen wir ihnen mit positiver Energie, fühlen sie sich in unserer Gesellschaft tendenziell besser und sind gelassener, sei es im unmittelbaren Kontakt oder auf die Ferne. Diese positiven Emotionen können auch das zwischen Mensch und Tier bestehende Vertrauen fördern und unser Mitgefühl vertiefen, da wir mit ihrer Hilfe eher in der Lage sind, sie als fühlende Lebewesen mit eigenen Wünschen und Gefühlen zu betrachten.

Zur Verstärkung der positiven Emotionen bei der Interaktion mit Tieren fokussierst du dich zunächst auf die positiven Aspekte. Zum Beispiel auf die Dankbarkeit für die Anwesenheit des Tieres, auf die Freude an seinen guten Eigenschaften oder die Liebe zu seinem einzigartigen Spirit und das Mitgefühl für ihn. Wenn wir die Emotionen der Liebe, Freude und Dankbarkeit verstärken, um unsere Tiere damit energetisch zu unterstützen, können wir unsere Kommunikation mit ihnen erheblich verbessern.

Hier ein paar praktische Möglichkeiten:

1. *Strahle positive Absichten aus* und erschaffe dadurch ein starkes energetisches Feld, welches das Wohlbefinden des Tieres unterstützt. Stell dir ein Feld der Energie von Liebe, Freude und Dankbarkeit vor, das das Tier umgibt, und fasse die Absicht, dass diese Energie das Tier nährt und es aufbaut.
2. *Wende Techniken der Energieheilung an.* Lass dem Tier zum Beispiel hochfrequent strahlende Energie der natürlichen Lebenskraft zukommen, um sein Energiefeld auszugleichen und seine körperliche sowie emotionale Gesundheit zu fördern.
3. *Fasse im Gebet oder in der Meditation kraftvolle Absichten,* die das Energiefeld des Tieres positiv beeinflussen können.
4. *Arbeite mit Kristallen und Heilsteinen* wie zum Beispiel Rosen-

quarz oder Amethyst, die eine beruhigende und wohltuende Wirkung auf Tiere haben sollen. Sobald du eine Verbindung mit speziellen Kristallen beziehungsweise Steinen und ihrer Kraft spürst, nimmt auch das Tier diese positiven Schwingungsenergien wahr. Du kannst die Steine in die Nähe seines Schlafplatzes legen oder sie während der Interaktion mit ihm bei dir tragen. Doch Vorsicht: Trag bitte unbedingt Sorge dafür, dass das Tier nicht an den Kristall herankommen kann, umso mehr, wenn es dazu neigt, alle möglichen Gegenstände anzuknabbern oder zu fressen.
5. *Verbringe möglichst viel Zeit in der Natur.* Das erleichtert uns die Verbindung mit den natürlichen Rhythmen und den Energien der natürlichen Lebenskraft der Erde sowie aller Lebewesen.

Zur Illustration einiger dieser Maßnahmen und um dir zu zeigen, dass selbst kleinste Veränderungen unserer energetischen Verfassung einen tiefgreifenden Einfluss auf Tiere haben können, möchte ich dir von Catherine und Kaya erzählen.

Catherine nahm Kontakt zu mir auf, weil sie und der Rest ihrer Familie eine Hündin namens Kaya adoptiert hatten, die in Vietnam aus den Fängen des Tierfleischhandels gerettet worden war. In vielen Ländern, zum Beispiel in China, Südkorea und eben auch Vietnam, werden Hunde in Zuchthöfen gehalten oder auf der Straße eingefangen und verkauft – ihres Fleisches wegen, das von Menschen verzehrt wird. Es gibt viele Organisationen, die Hunde aus dem Fleischhandel retten, und auf einer von deren Websites hatte Catherines Familie Kaya auch gefunden. Als die Hündin per Flugzeug in Kalifornien eintraf, hatte sie ein gebrochenes Bein und eine ernste Hauterkrankung. Catherines Familie bezahlte die Behandlungen für beide Probleme und hieß Kaya zwei Wochen später bei sich zu Hause willkommen.

Eigentlich bedarf es ja keiner besonderen Erwähnung, aber

nach den entsetzlichen Bedingungen, unter denen die Hündin die ersten zwei Jahres ihres Lebens verbracht hatte, war Kaya extrem nervös. Gerade hatte sie fast den ganzen Erdball umrundet und war gesundheitlich noch lange nicht wieder auf dem Damm – kein Wunder, dass sie da Nervosität und Angst empfand. Sie zitterte unentwegt und fürchtete sich sehr vor Catherine, ihrem Mann und den zwei kleinen Töchtern.

Catherine bat mich, zu ihr nach Hause zu kommen und sie zu beraten. Sie wollte von mir wissen, was Kaya brauchte und wie sie ihr signalisieren konnte, dass sie bei ihnen in Sicherheit und daheim war. Aber nicht nur Kaya selbst war traumatisiert, vielmehr litt ihre ganze neue Familie unter einer Art eigener posttraumatischen Belastungsstörung – einfach, weil sie alle die Geschichte der Hündin gehört hatten und jetzt mit ihr zusammenlebten. Die Kinder brachen regelmäßig in Tränen aus, weil Kaya ihnen so leidtat. Catherine schreckte oft mitten in der Nacht aus einem Albtraum hoch, in dem sich Kayas Schicksal wieder und wieder vor ihrem inneren Auge abspielte. Catherines Mann litt aufgrund der ganzen stressigen Situation unter starken chronischen Kopfschmerzen.

Ich schlug Catherine vor, dass wir uns draußen in ihrem schönen Garten hinterm Haus trafen. Es war ein strahlender Sonnentag, und weil Kaya die Beine noch nicht wieder richtig bewegen konnte, halfen wir ihr auf eine kuschelige Decke, auf der sie es sich gemütlich machte. Da ich wusste, dass Catherine und ihre Töchter Steine liebten, hatte ich einige Bergkristalle und Amethyste mitgebracht, die ich rund um die Decke verteilte. Uns mit schönen Dingen zu umgeben, kann ausgesprochen heilsam sein, weil es Stimmung und Schwingungsfrequenz hebt. In diesem Fall konnten wir alles brauchen, was imstande war, die Energie zu erhöhen, weil in Kayas neuem Zuhause so große Traurigkeit und Besorgnis herrschten. Die Mienen von Catherine und ihren Töchtern hellten sich auf, als sie die Steine sahen. Und ich wusste auch, dass sie Kaya unterstützen und mit hoher Schwingungsenergie umgeben würden. Das versprach einen guten Start.

Wir setzten uns alle im Kreis um Kaya herum und ich bat die vier Menschen, zusammen mit mir der Hündin als neuem Familienmitglied ihre Liebe, Freude und Dankbarkeit entgegenzubringen. Die hohen, üppigen Bäume und die blühenden Rosenbüsche rundherum vermittelten uns das Gefühl, von der Natur unterstützt zu werden. Sobald ich hörte, wie die vier ihrer Liebe zu Kaya Ausdruck verliehen, nahm ich mir fest vor, diese Energien mit jeder Pore meines Körpers aufzunehmen. Auch malte ich mir bildlich aus, wie ich die gesamte uns umgebende Lebenskraft absorbierte.

Dann streichelte ich Kaya, die sich auf die Seite gelegt hatte, einige Minuten lang, glättete ihr ruhig das Fell und stellte mir vor, dass ich ihr über meine Hand sehr, sehr viel Liebe und Fürsorge zukommen ließ. Vor meinem geistigen Auge teilte ich ihr auf ganz schlichte Art und Weise mit, dass alles gut war, dass sie sich in Sicherheit befand und bis an ihr Lebensende geliebt und umsorgt werden würde. Als Reaktion von Kaya empfing ich den Eindruck einer allmählich wachsenden Blüte, die sich schließlich zu öffnen begann. Dieser Prozess hatte seinen Anfang in dem Moment genommen, in dem sie in ihrem neuen Zuhause angekommen war. Auch spürte ich ihre Stärke, ihre Wünsche und die Absicht, ihren Teil beizutragen. Es war mir so, als würde sie sagen: »Ich habe es in mir, bitte glaubt mir. In mir steckt etwas Größeres und genau zu der Hündin möchte ich werden.«

Diese Botschaften gab ich an Catherine und ihre Familie weiter. Das Wissen, dass sich Kaya akzeptiert und zu Hause fühlte, machte sie alle überglücklich. Ich schlug den vieren vor, diesen energetischen Prozess regelmäßig zu wiederholen, um Kayas Gesundung damit weiter zu unterstützen. Am nächsten Tag rief mich Catherine an, um mir mitzuteilen, dass Kaya aufgestanden und sogar ein bisschen umhergelaufen sei. Außerdem ließe sie jetzt jeden aus der Familie an sich heran. Ihre Scheu war verflogen und ganz sicher hielt sie Wort: Sie trug ihren Teil dazu bei, voranzukommen, gesund zu werden und sich in ihrem neuen Leben zurechtzufinden. Manchmal ist sogar schon die einfache Vermittlung von Energien der Liebe, Freude und Dankbarkeit stark genug, um Kommunikation und Verbundenheit zu ermöglichen.

Zur Pflege der natürlichen Lebensenergie

Diese Meditation hilft bei der Einstellung auf die kraftvolle Lebensenergie der Natur, die überaus heilsam, unterstützend und transformativ ist. Zudem steht sie uns immer und überall zur Verfügung – im Erdboden, in der Luft sowie in allem, was natürlich und lebendig ist. Diese Energie können wir aktivieren, um sie aufzunehmen, zu hüten und zum höchsten Wohl unserer selbst und aller anderen einzusetzen. Die im Folgenden beschriebene Methode wird dir zu einem Gefühl der Harmonie mit der natürlichen Welt verhelfen.

1. Such dir irgendwo in der Natur ein ruhiges, friedliches Plätzchen, an dem du dich geschützt und behaglich fühlst und dich, ohne gestört zu werden, ungefähr zehn Minuten lang entspannen kannst. Das mag ein Garten sein oder ein nahe gelegener Park, ein Flussufer, unter einem Baum oder einfach auf einem Stückchen Rasen.
2. Atme mit geschlossenen Augen während der gesamten Übung ganz langsam durch die Nase ein und durch den Mund aus.
3. Lenk deine Aufmerksamkeit jetzt nach innen. Sieh vor deinem geistigen Auge eine schöne Naturkulisse, von der du dich angezogen fühlst. Mal dir dich selbst im Mittelpunkt dieser Szenerie aus. Spüre die Energie der Natur und sei bewusst ganz in der Gegenwart präsent.

4. Stell dir vor, du atmest die Lebenskraft der Natur ein. Visualisiere, wie diese Energie in deinen Körper fließt und sich bei jedem Einatmen all deine Zellen mit Vitalität und Kraft füllen. Beim Ausatmen malst du dir dann aus, wie jegliche negative oder abgestandene Energie deinen Körper verlässt. Lass alle Spannungen und jedweden Stress los.
5. Fokussiere dich ganz auf deine Verbundenheit mit der dich umgebenden Natur. Stell dir vor, Teil dieses Ökosystems zu sein, und mal dir aus, dass deine Energie mit der der Pflanzen, Tiere und anderen Wesen in deiner Umgebung in Harmonie ist.
6. Bleib ein paar Minuten in diesem meditativen Zustand, atme tief ein und aus und verbinde dich so intensiv wie möglich mit der Energie der Natur.
7. Stell dir nun vor, dass du die Lebenskraft aufnimmst und an das von dir gewählte Tier weitergibst, um es zu heilen und zu unterstützen. Male dir aus, wie es sanft von dieser Energie umhüllt wird und sie nicht nur mit dem Körper aufnimmt, sondern mit seinem ganzen Wesen. Sobald du das Gefühl hast, dass die Bedürfnisse des Tieres gestillt sind, beendest du langsam die Energieübertragung.
8. Sobald du bereit bist, öffnest du die Augen und nimmst dir Zeit, um dich im gegenwärtigen Moment zu verankern. Wenn du es zulässt, bleibst du den Rest des Tages über in dieser hoch schwingenden Lebenskraft der Natur und gibst sie an andere weiter.

Tierkommunikation – aus der Ferne oder im direkten Kontakt

Ganz am Anfang wirst du wahrscheinlich mit »deinen« Tieren oder welchen aus deinem unmittelbaren Umfeld arbeiten. Was aber viele meiner Klientinnen und Klienten überrascht: Die Fern-

oder Remote-Kommunikation funktioniert genauso gut und ist auch nicht komplizierter. Wobei ich eines vielleicht noch hinzufügen sollte: Wenn ich mit einem Tier kommuniziere – sei es remote oder im direkten Kontakt –, dann immer rein nonverbal. Ich spreche also nicht hörbar mit dem Tier. Höchstens, dass ich gelegentlich ein oder zwei Wörter laut sage, ansonsten aber läuft alles telepathisch, energetisch und intuitiv ab.

Schauen wir uns jetzt einmal die beiden Typen der Kommunikation und ihr jeweiliges Pro und Contra an.

Fernkommunikation

Die Kommunikation ohne direkten physischen Kontakt mit dem Tier beruht auf dem Verständnis, dass alles im Universum miteinander verbunden ist und dass Gedanken, Emotionen und Energie auch auf die Entfernung übertragen werden können. Wenn du »Die Energie erkunden« praktizierst, wirst du dich davon überzeugt haben können, dass das stimmt.

Egal, wie nahe wir dem Tier sind – oder wie weit von ihm entfernt –, wir können uns jederzeit auf seine Energie einstimmen, um Informationen über seine Emotionen und sein gesamtes Wohlbefinden zu gewinnen. Das geht auch mithilfe eines Fotos oder Videos. Es mag von Mensch zu Mensch ein wenig anders sein, ich jedenfalls kann anhand eines Fotos die Schwingungsfrequenz eines Tieres bestimmen und mich mit ihr verbinden. Bereits viele Jahre vor dem Siegeszug der Videokonferenzen habe ich Sitzungen am Telefon durchgeführt (und ich tue es bis heute). Die Kundschaft hat mir vor dem Termin einfach ein Foto ihres Tieres gemailt. Ich führe auch viele Sitzungen per Live-Videoschalte durch, bei denen das Tier für mich gar nicht zu sehen sein muss. Eine andere Methode – die ich allerdings nicht verwende –

besteht darin, die Verbindung mit dem Tier über einen Gegenstand herzustellen, der ihm gehört.

Man kann auch ganz ohne Foto oder Video arbeiten, allein mit der Absicht, sich auf Basis einiger Informationen wie Name, Alter, Art und Rasse mit dem Tier zu verbinden. Meiner Erfahrung nach dauert es mit dieser Methode jedoch länger und kann sich fast anfühlen wie die Suche nach der Nadel im Heuhaufen. Ein Foto oder Video zusammen mit Namen und Alter des Tieres intensiviert nach meinem Dafürhalten den Prozess. Mir jedenfalls hilft es, präzisere und aufschlussreichere Informationen zu gewinnen. Das Bild des Tieres ermöglicht es mir, die Ausstrahlung seines Spirits zu beobachten. Und das wiederum stimmt mich schnell auf seine energetische Frequenz ein, auf der ich es auch kommunikativ erreichen kann.

Als ich anfing, mit Menschen und ihren Tieren zu arbeiten, fand ich Telefonsitzungen sehr produktiv, weil ich dabei die Augen schließen konnte und mir keine Gedanken über Herrchen oder Frauchen machen musste, das mich anstarrte. Auf diese Weise wurde ich weniger abgelenkt und hatte das Gefühl, mich intensiver auf das Tier einlassen zu können. Aber im Laufe der Zeit und mit zunehmender Erfahrung habe ich gelernt, mich viel schneller auf Energien einzustimmen. Wenn mich also jetzt jemand im Livestream intensiv und ungeduldig anschaut, weil er oder sie es kaum erwarten kann, Informationen über das Tier zu erhalten, stört mich das schon lang nicht mehr. Inzwischen halte ich die meisten meiner Sitzungen per Videocall ab und arbeite mit Menschen und Tieren überall auf der Welt. Habe ich ein Foto von ihm, muss das Tier während der Sitzung nicht einmal von der Kamera erfasst werden. Ich brauche lediglich das Bild sowie einen Eindruck von der Gefühlslage des Tieres, der mir durch den Menschen in der Livesitzung vermittelt wird. Dann kann ich es vor meinem geistigen Auge sehen und intuitiv wahrnehmen.

Direkte Kommunikation

Bei der direkten Kommunikation vermittelt der unmittelbare Kontakt zusätzliche sensorische Informationen wie zum Beispiel Geruch und Bewegungen des Tieres. Tiere kommunizieren durch ihre Körpersprache und von unserer physischen Energie und Präsenz in ihrer intimen Zone bleiben sie nicht unbedingt unberührt. Manche Leute haben von Natur aus eine so starke energetische Präsenz, dass ein sensibles Tier davon überfordert sein kann. Manche Tierarten, zum Beispiel Hunde, mitunter auch Katzen, Gorillas, Bären und Schimpansen, interpretieren direkten Blickkontakt als Zeichen von Dominanz oder Aggression. Eine gewisse Achtsamkeit, was das betrifft, ist also nur eine Frage des Respekts. Indem wir auf längeren Augenkontakt mit einem Tier verzichten, erweisen wir ihm Respekt und erkennen seine Autonomie an. Und dadurch, dass wir seinen Kommunikationsstil respektieren, uns auf seine Bedürfnisse und Grenzen einstellen, schaffen wir die Grundlagen einer positiven, gefahrlosen Interaktion mit ihm.

Die direkte Kommunikation kann auch von äußeren Faktoren gestört werden, wie etwa von Krach oder anderen Tieren. In manchen Haushalten fühlen sich die Energien schwer oder gar erdrückend an. Vielleicht ist es auch einfach zu warm oder zu kalt. Und oft ist energetisch auch so viel los, dass es einer völligen Überforderung der Sinne gleichkommt. All diese Dinge können unsere Fähigkeiten beeinträchtigen.

Ich erinnere mich noch an den Besuch bei einer Kundin, in deren Wohnbereich etliche Tiere und mehrere kleine Kinder herumsprangen, der Fernseher lief und auf dem Herd das Essen kochte. Davon abgesehen waren die Atmosphäre ausgesprochen stickig und die Energie abgestanden. Zu allem Überfluss dröhnte aufgrund eines Verkehrsunfalls in der Nähe die ganze Zeit ein Polizeihubschrauber über dem Haus und das Telefon klingelte unaufhörlich. Das nur zum Thema Reizüberflutung! Doch dank des konsequenten Trainings der Techniken, die wir im ersten Teil des Buches diskutiert haben – Meditation, Erdung, Kappung energetischer Verbindungen, energetische Abschirmung und objektive Beobachtung –, können wir alle Störfaktoren ausblenden und trotz allem erfolgreich mit dem Tier kommunizieren.

Kommunikation mit unterschiedlichen Tierarten

Meiner Erfahrung nach unterscheiden sich die Kommunikationsmethoden der verschiedenen Spezies nicht. Das heißt: Ich wende immer dieselben Techniken an, sei es bei Hunden, Katzen, Pferden oder Frettchen. Allerdings haben unterschiedliche Tierarten unterschiedliche Energien und Persönlichkeiten. Und das kann sich schon auf unsere energetische oder telepathische Kommunikation mit ihnen auswirken. Die Energie von Hunden beispielsweise ist im Vergleich zu der von Katzen oft viel direkter und extrovertierter, während sie bei den Samtpfoten zumeist unabhängiger und subtiler ist. Aber ich habe auch schon mit Katzen kommuniziert, die sich energetisch eher wie Hunde anfühlten, und umgekehrt.

Unter Umständen kommunizieren unterschiedliche Tiere auf unterschiedlichen Frequenzen oder mithilfe unterschiedlicher Symbole (mit dem Thema »Symbole« beschäftigen wir uns im sechsten Kapitel noch eingehend), je nach Tierart und individueller Persönlichkeit. Pferde etwa drücken sich aufgrund ihrer Körpergröße und ihrer nicht unerheblichen energetischen Präsenz vielleicht in starken Bildern oder Empfindungen aus. Während Vögel sich ihrer Erfahrung des Fliegens und Pickens wegen womöglich eher in ebenso komplizierten wie subtilen Energiemustern mitteilen. Katzen sind mobiler unterwegs als Hunde, weil sie schließlich auf Bäume klettern, auf Kücheninseln springen oder auf der Schulter ihres Menschen Platz nehmen können. Hunde dagegen erleben ihre Verbundenheit mit den Menschen eher über die zahlreichen gemeinsamen Spaziergänge. Deshalb sind die Gedanken und Emotionen, die uns ein Tier übermittelt, davon geprägt, wie es sein Leben führt.

Für den Anfang deiner Kommunikation mit verschiedenen Tierarten empfehle ich dir, genau darauf zu achten, wie du sie empfindest, sowie auf eventuelle Ähnlichkeiten und Unterschiede. Angenommen, du hast bestimmte Vorstellungen von der Energie eines Hasen. Doch nach der Kommunikation mit einem solchen stellst du womöglich fest, dass bestimmte energetische Eigenschaften von ihm eher denen einer … sagen wir: Katze ähneln.

Ewiges versus irdisches Selbst

Wenn ich mit einem Tier kommuniziere, dann meistens mit seinem *irdischen Selbst*, also mit seiner Physis, Persönlichkeit und vorübergehenden Existenzform im Reich der Materie. Die umfasst seine körperlichen Eigenschaften, Verhaltensweisen und die Erfahrungen, die es in diesem Leben macht. Das irdische Selbst informiert mich über alles, was das Tier mag oder nicht mag, und über seine alltäglichen Erlebnisse. Wenn ich mich also zum Beispiel mit einem Hund unterhalte, erfahre ich von seinem irdischen Selbst, welches Spielzeug und Fressen er besonders gern hat, welche Aktivitäten ihm Spaß machen und was ihm Angst einjagt.

Manchmal kommt in so einer Sitzung aber auch das *ewige Selbst* des Tieres mit tiefgründigeren Botschaften durch. Das ewige Selbst des Tieres ist seine spirituelle Essenz, seine Seele beziehungsweise sein Spirit und sein Leben jenseits der physischen Ebene. Da kann es zum Beispiel um die Verbundenheit des Tieres mit dem Göttlichen gehen, um seine angeborene Weisheit sowie um seine spirituelle Lebensaufgabe, seine Lebensreise. Wie ich gespürt und erfahren habe, ist die spirituelle Essenz von Tieren genauso wichtig und wertvoll wie die von uns Menschen. Diese spirituelle Essenz währt ewig, existiert jenseits der materiellen Ebene und transzendiert die Beschränktheit des physischen Leibes und der Persönlichkeit des Tieres.

In dieser Dichotomie des irdischen und ewigen Selbst des Tieres spiegelt sich die Erkenntnis, dass alle Lebewesen sowohl über eine physische als auch über eine spirituelle Dimension verfügen und dass Letztere einen wesentlichen Bestandteil ihres Wesens und ihrer Identität bildet. Die Anerkennung sowohl des irdischen als auch des ewigen Selbst des Tieres ermöglicht es uns, allen Lebewesen mit mehr Mitgefühl und größerem Respekt zu begegnen. Beide Aspekte haben ihre ganz eigene Energie und können uns unterschiedliche Informationen vermitteln.

Anhand eines Beispiels möchte ich dir gern zeigen, wie Informationen des irdischen und des ewigen Selbst durchkommen können. Monica hatte eine Sitzung bei mir gebucht, weil sie sich um ihren Weimeraner Max sorgte. Als Max fünf Jahre alt war, wurde bei ihm eine seltene Form von Krebs diagnostiziert. Auf eine sichere Prognose über die ihm verbleibende Lebenszeit konnten sich seine Ärzte nicht verständigen. Monica ließ die Chemotherapie zwar zu, fragte sich aber, ob sie für Max nicht vielleicht zu viel war. Sie machte gern Campingurlaub mit ihm und die beiden waren schon im ganzen Land unterwegs gewesen. Jetzt wollte Monica, dass ich prüfte, wie es Max nach seiner letzten Chemo ging. Denn ein Teil von ihr hatte das Gefühl, ihnen beiden könnte es guttun, wieder mal auf Tour zu gehen, um nach längerer Zeit endlich mal wieder schöne Erfahrungen zu machen, die den Spirit nähren. Sollte Max jedoch zu erschöpft dafür sein, wollte sie ihn keinesfalls überfordern.

Nachdem ich mich per Videoschalte mit dem Hund und Monica

verbunden hatte, teilte mir Max' irdisches Selbst mit, er sei sehr müde gewesen und habe sich gar nicht wohlgefühlt. Vor meinem inneren Auge sah ich derweil die Reste roter Feuerbälle in seinem Körper, die verloschen, aber immer noch am Auskühlen waren. Ich hatte den Eindruck, dass diese Brandnester für die Krebszellen standen, die von der Chemo zerstört wurden, und der Hund im Begriff war zu gesunden. Max teilte mir auch mit, dass er sich zwar müde fühlte, es aber auch satthatte, müde zu sein. Er wollte wieder in sein früheres Leben zurück und aktiv werden. Er übermittelte mir (s)ein Gefühl der begeisterten Vorfreude auf neue Reisen mit Monica. Ihr konnte ich mitteilen, dass ich Wasser und Delfine sah, und fragte sie, ob Max und sie je an der Küste waren. Das bejahte sie und erzählte mir von ihrem Trip in einen SeaWorld-Themenpark, wo Max aus ganz geringer Entfernung Delfine beobachten konnte.

Ich spürte auch Max' ewiges Selbst durchkommen. Es teilte mir mit, dass auf die beiden noch größere Lektionen warteten, die sich um Optimismus, Vertrauen und Risikobereitschaft auch für den Fall drehten, dass die Chancen schlecht standen. Max' ewiges Selbst sprach zudem von einem höheren Zweck seiner Erkrankung. Ich sah ein großes Buch vor mir, in dem leere Seiten umgeblättert wurden. Und allmählich wurden diese Seiten beschrieben, eine nach der anderen. Meine Frage, ob sie damit etwas anfangen könne, bejahte Monica. Da Max' spezielle Tumorerkrankung so selten auftrat, versuchten es die Ärzte mit einer Behandlung, die noch in der Experimentierphase war. Sie waren sich zwar nicht sicher, wie die Sache ausgehen würde, da Max' Verfassung aber so gut war, fassten sie ihre Erkenntnisse zu einer Fallstudie zusammen, die sie in einer medizinischen Fachzeitschrift veröffentlichen wollten. Für mich hörte sich das ganz ähnlich an wie die Verlautbarungen von Max' ewigem Selbst. Es war zwar sowohl für ihn als auch für Monica eine schwierige Erfahrung, umgehen aber ließ sie sich offenbar nicht. Der Erfolg seiner Behandlung, Max' Heilung, würde anderen Tieren helfen und die Aufgabe seiner Seele bestand darin, Versuchsobjekt für eine möglicherweise bahnbrechende Krebstherapie zu sein.

Monica und Max brachen zu ihrem Roadtrip in den Grand Canyon auf und hatten eine herrliche Zeit dort. Und ich weiß, dass du dich freust, wenn du erfährst, dass der Hund vollkommen geheilt werden konnte und ganze 15 Jahre alt wurde. Er wird für immer dafür gefeiert werden, dass er der erste Hund war, der gut auf einen ganz neuen Typus von Krebstherapie ansprach.

Im nächsten Kapitel beschäftigen wir uns mit der Frage, wie du dir eine Datenbank jener Zeichen, Symbole, Botschaften und Gefühle erstellen kannst, mit denen Tiere kommunizieren, damit du in der Lage bist, die Informationen, die sie dir übermitteln, besser zu verstehen und zu interpretieren.

Journaling – Überlegungen für dein Tagebuch

1. Hast du je telepathisch, energetisch oder intuitiv mit einem Tier kommuniziert? Wenn ja, bitte beschreib die Erfahrungen, die du dabei gemacht hast.
2. Mit welchen Absichten und Zielen möchtest du an die Tierkommunikation herangehen?
3. Wie sollte sich deines Erachtens die erfolgreiche Kommunikation mit einem Tier im besten Fall anfühlen?
4. Gibt es für dich Tiere, die du besonders gern besser verstehen und mit denen du effektiver kommunizieren möchtest? Welche Tiere sind das und mit welchen Zielen würdest du die Unterhaltung führen wollen?

DEINE INNERE DATENBANK: SYMBOLE UND RITUALE

Die gute Nachricht: Du verfügst bereits über eine Art innere Datenbank von Zeichen und Symbolen der Dinge, die für dich eine bestimmte Bedeutung haben und besondere Gefühle bei dir auslösen. Wenn du in England lebst oder dich dort auskennst – was fällt dir dann ein, wenn du einen großen gelben Bus siehst? Nun, sollten dir sofort Schule und Kinder mit Rucksäcken in den Kopf kommen, dann liegt es daran, dass in deiner inneren Datenbank beides miteinander verbunden ist. Solange wir leben – also lernen und uns weiterentwickeln –, erschaffen wir uns unsere eigene, individuell gefüllte Datenbank von Zeichen und Symbolen.

Und in dem Maße, in dem du den Einsatz deiner Intuition konsequent trainierst und auf die Kommunikation mit Tieren anwendest, legst du dir eine Datenbank speziell für diesen Zweck an. Die wiederum intensiviert deine Verbundenheit mit dem Reich des Spirituellen und hilft dir, auf deinem Lebensweg zu Erkenntnis und Orientierung zu gelangen. Außerdem dient sie zur Stärkung deines Vertrauens nicht nur in deine innere – intuitive – Führung, sondern auch in die Führung durch das Universum und die Natur, zu der wir jederzeit und überall Zugang haben. Dadurch, dass du aufmerksam bist, dir deine Erfahrungen notierst und über sie nachdenkst, kannst du zu einem tiefergehenden Bewusstsein deiner selbst und der Botschaften gelangen, die du erhältst.

Mit der Zeit entwickelt sich deine innere Datenbank zu einem umfassenden, komplexen Netz von Assoziationen und Bedeutungen, die ganz beträchtlich zu deinem Verständnis der Welt beitragen. Dabei ist die Bedeutung mancher Dinge von universeller Natur, bei anderen dagegen nuancierter oder rein individuell. Zum Beispiel hat ein bestimmter Song, ein Geruch oder Objekt oft eine spezielle Bedeutung, die auf einer überpersönlichen Erfahrung oder Erinnerung von dir beruht.

Hier einige Beispiele: Stoppschilder sind ein Symbol, mit dem wir alle vertraut sind. Es gehört quasi zur Grundausstattung unserer inneren Datenbank. Also assoziierst du mit Botschaften, bei denen es um das Anhalten geht, möglicherweise ein solches Schild. Stell dir nun vor, dass du intuitiv mit deiner Katze kommunizierst und sie fragst, wie sie es fände, wenn du noch eine Artgenossin adoptieren würdest. Und während du dich auf das Tier einstimmst, ploppt plötzlich ein Stoppschild in deinem Kopf auf. Womöglich will dir die Katze damit signalisieren, dass ihr diese Idee gar nicht gefällt. Das Bild des Verkehrsschildes wäre also unmissverständlich: *Nein, lass das bloß sein!*

Ein anderes Beispiel, mit dem ich gern arbeite, sind Äpfel. Angenommen, ich unterhalte mich mit einem Tier und nehme plötzlich einen Apfel wahr. Meiner Meinung nach kann dieses Bild eine ganze Reihe verschiedener Bedeutungen haben. Zum Beispiel kann es symbolisch für das Geschenk eines Schülers an die Lehrkraft stehen. Es bedeutet dann unter Umständen, dass das Tier Dankbarkeit für ein Learning oder Training empfindet und sich dafür erkenntlich zeigen möchte. Das Bild könnte aber auch prosaischer zu verstehen sein: dass das Tier dir damit nämlich mitteilen möchte, dass es gern Äpfel frisst. Vielleicht befindet sich auch ein Mensch in seiner unmittelbaren Nähe, der einen mit stilisierten Äpfeln bedruckten Schlafanzug trägt, und das Tier möchte uns mit seinem Hinweis einfach zeigen, dass die intuitive Kommunikation funktioniert. Nicht zuletzt könnte das Bild des Apfels mit etwas verbunden sein, was lediglich optisch an die Frucht erinnert, zum Beispiel ein Türstopper, über den ständig jemand stolpert.

Du siehst also: Die Tierkommunikation ähnelt eher einer Kunst als einer wissenschaftlichen Disziplin. Ein paar Dinge solltest du allerdings in jedem Fall beachten, vor allem, solange deine Datenbank noch im Aufbau befindlich ist:

1. *Die Zeichen, die du empfängst, sind Ausdruck deiner Interpretation.* Gespräche unter Menschen empfinden wir als direkter, weil wir eine gemeinsame Sprache sprechen, in der jedes Wort für alle Beteiligten dieselbe Bedeutung hat. Tiere dagegen unterhalten sich meiner Erfahrung nach mittels energetischer Schwingungen mit uns und verwenden weder Worte noch Bilder. Meine Intuition übersetzt diese Energie dann, so gut es ihr möglich ist, in eine Aussage. Bei dieser energetischen Kommunikation wird auf meine innere Datenbank zugegriffen und mein inneres Auge empfängt ein Bild, das mir hilft, die Botschaft auszulegen und zu verstehen. Ich spreche in diesem Zusammenhang vom *energetischen Vokabular.*
2. *Entscheidend sind Offenheit, Flexibilität und Geduld.* Meinen Klientinnen und Klienten verspreche ich, dass ich ihnen jedes Zeichen, Symbol und alle durchkommenden Botschaften eins zu eins so weitergebe, wie ich sie empfange, auch wenn sie sich albern oder zusammenhanglos anhören. Für mich ergeben sie zwar vielleicht keinen Sinn, für die Person aber, die mich um Rat bittet, bedeuten sie womöglich die Welt. Ein Beispiel: Während der Kommunikation mit einem Hund habe ich die ganze Zeit über eine Trommel gesehen, die geschlagen

wurde – ganz so, als wäre er Mitglied eines Spielmannszuges. Das kam mir so lange völlig rätselhaft vor, bis ich erfuhr, dass das Lieblingsspielzeug des Tieres eine Gummimaus mit einer Trommel in den Pfoten war.
Scheu dich bitte auch nicht, deiner Neugier nachzugeben. Solltest du also etwa mit den Zeichen, die du erhältst, nichts anfangen können, bleib beharrlich und tauch tiefer. Dinge, die auf den ersten Blick sinnlos erscheinen, vom Tisch zu wischen oder zu ignorieren, ist einfach. Doch wenn du bereit bist, der Sache nachzugehen, kann anfänglich Verwirrendes durchaus von erheblicher Bedeutung sein.

3. *Tiere nehmen die Welt anders wahr als wir Menschen.* Manchmal empfangen wir ein Zeichen, dem wir eine bestimmte Bedeutung zuweisen, während das Tier darin etwas ganz anderes sieht. Ein Beispiel: Vor meinem inneren Auge sehe ich einen Keks. Vielleicht will mir das Tier auf diesem Weg mitteilen, dass es Plätzchen liebt. Möglicherweise ist »Keks« aber auch sein Kosename. Mitunter erinnert die Tierkommunikation durchaus einer Scharade – zum Beispiel, wenn du telepathisch Bilder empfängst, mit denen du auf den ersten Blick nichts anfangen kannst. Dann bedarf es einiger Detektivarbeit, um dem wahren Sinn der Botschaft auf die Spur zu kommen.

Die folgenden Geschichten zeigen, wie wichtig diese drei Punkte sind. In den Anfängen meiner Karriere als Tierkommunikator sah ich hin und wieder ein Symbol beziehungsweise Bild oder hatte auch ein Lied im Kopf und dachte mir: *Davon sagst du lieber nichts. Es tut bestimmt nichts zur Sache und der Klient wird an meiner Kompetenz zweifeln – oder schlimmstenfalls sogar an meinem Verstand.* Während der ganzen Kommunikation mit einem Hund hatte ich einmal das Lied »You Are My Sunshine« im Kopf. Davon habe ich meiner Kundin aber nichts gesagt, weil ich überzeugt war, sie würde mich für albern halten. Wenn nicht gar für einen Hochstapler. Wenige Minuten später teilte mir die Frau mit, dass sie dem Hund ebendiesen Song allabendlich vor dem Schlafengehen vorsang. Woraufhin ich mich beeilte, ihr doch noch zu sagen, dass ich genau den die ganze Zeit über im Kopf gehabt hatte. Seither behalte ich nichts mehr für mich, sondern gebe mich dem Fluss der Dinge hin und spreche alles aus, was ich empfange. Wenn die Kundschaft nichts damit anfangen kann? Nun, dann ist es eben so. Ich sage lieber etwas scheinbar Sinnloses, als dass ich eine Botschaft verschweige, die für den Kunden oder die Kundin von entscheidender Bedeutung sein könnte.

Ein andermal bat mich meine Klientin Cynthia, mit ihrer Katze Deva zu kommunizieren, weil sie wissen wollte, was das Tier besonders gern mag oder aber verabscheut. Als ich mit Deva verbunden war, sah ich ständig so etwas wie einen Deckenventilator und hatte das Gefühl, dass die Katze ihn gern beobachtete und am liebsten gar nicht aus den Augen gelassen hätte. Mit dieser Info konnte Cynthia zwar nichts anfangen, ich bat sie aber trotzdem, sie im Kopf zu behalten – für den Fall, dass ihr das Bild nach unserer Sitzung doch noch etwas sagen würde. Am nächsten Tag schickte mir Cynthia eine begeisterte E-Mail. Sie war Besitzerin eines Trödelladens, dessen Eingang mit einer Art Drehkreuz versehen war, das in Form und Bewegung vage an einen Ventilator erinnerte. Dort war Devas Lieblingsplatz, den ganzen Tag über saß sie da, begrüßte die Kaufinteressenten und genoss das Klicken, das entstand, sobald jemand eintrat. Genau das hatte mir die Katze gezeigt.

Dieses Beispiel zeigt perfekt, wie sehr es bei unseren Deutungen und Interpretationen auf Flexibilität ankommt. In dem Moment, als ich Cynthias Mail las, ging mir im wahrsten Sinne des Wortes ein Licht auf. Solche Momente – die Augenblicke, in denen bei mir im Kopf ein Feuerwerk abgeht – geben mir immer die Bestätigung für meine Interpretation einer tierischen Botschaft.

Bedenkenswertes

Die jeweiligen Zeichen haben für unterschiedliche Leute verschiedene Bedeutungen. Das alles ist sehr individuell und bald wirst auch du deine eigene Interpretation der Symbole haben, die du wahrnimmst. Trotzdem möchte ich dir von einigen Zeichen erzählen, die ich besonders oft wahrnehme. Und dir auch verraten, worauf ich in meinen Sitzungen vermehrt achte.

Tiere stehen oft sinnbildlich für besonders starke Botschaften. In vielen spirituellen und kulturellen Traditionen werden bestimmte Tiere als Botschafter betrachtet oder gelten als Verkörperung bestimmter Eigenschaften beziehungsweise Erkenntnisse. Dahinter steht die Idee, dass die natürliche und die spirituelle Welt eng miteinander verzahnt sind und Botschaften aus dem göttlichen, spirituellen beziehungsweise universellen Bewusstsein in Form von Begegnungen mit Tieren durchkommen können. Diese Tiere, zu denen viele geflügelte Wesen wie Eulen, Krähen, Kardinäle oder Schmetterlinge zählen, gelten oft als besonders symbolträchtig.

Eulen werden in vielen Kulturen mit Weisheit, Wissen und Intuition assoziiert. Und die Begegnung mit einer kann als die Aufforderung begriffen werden, sich auf die eigenen Instinkte zu verlassen. Krähen werden, weil sie in einigen Kulturen mit Tod und dem Leben nach dem Tod in Verbindung gebracht werden, oft als Symbol für Veränderungen betrachtet. Demnach kann das Bild einer Krähe auf einen bevorstehenden Wandel oder Übergang hinweisen. Es könnte aber auch als Aufforderung verstanden werden, alte Gewohnheiten und Überzeugungen abzulegen, die uns nicht mehr dienlich sind. Kardinäle (also die Vögel dieses Namens) wiederum werden oft mit neuer Vitalität und dem Erkennen des eigenen Selbstwertes assoziiert. Bekannt sind Kardinäle für das leuchtend helle Rot ihres Gefieders, das seinerseits als Symbol für Vitalität und Selbstvertrauen betrachtet wird. So kann ein Kardinal als Erinnerung daran verstanden werden, sich selbst treu zu bleiben. Schmetterlinge wiederum gelten universell als Symbol für Transformation und Metamorphose. Aus einer spirituellen Perspektive heraus könnte man deshalb im Anblick eines Schmetterlings die Botschaft sehen, Veränderungen willkommen zu heißen und ganz locker mit ihnen umzugehen.

Auch andere Wesen und Objekte aus dem Reich der Natur zeigen sich oft. Eine sich öffnende Blüte etwa kann für positives Wachstum, Ausdehnung und Vorwärtsbewegung stehen. Handelt es sich bei der Blume um eine rote Rose, assoziiere ich die Farbe womöglich mit einer sehr geerdeten Energie, die mit einem ordentlichen Schuss Liebe versetzt ist. Sollte die Blüte welken, könnte das bedeuten, dass das Tier, mit dem ich kommuniziere, irgendeine Art von Hilfe braucht, dass es vielleicht dehydriert ist oder aber eine andere Art von Nahrung benötigt – mental, emotional oder physisch. Eine Acht beziehungsweise das Unendlichkeitssymbol steht für eine tiefe, ewig währende Seelenverwandtschaft zweier Individuen, zum Beispiel zwischen einem Menschen und einem Tier oder auch zwischen zwei Tieren.

Farben, Geräusche und Düfte können ebenfalls spezielle Bedeutungen haben. Hellblau etwa symbolisiert für mich Kommunikation und Meinungsäußerung. Wann immer ich mich also mit einem Tier verbinde und dieses spezielle Blau wahrnehme, halte ich kurz inne und überlege, was Ausdruck und Kommunikation in Bezug auf dieses Individuum bedeuten könnten. Während ich mich intensiver auf es einstimme, kommt womöglich mehr Energie in unsere Kommunikation, die beim Füllen der Lücken hilft und einen bestimmten Gesichtspunkt oder eine Botschaft verdeutlicht. Vielleicht gelange ich zu dem Schluss, dass das Tier liebend gern von seiner Stimme Gebrauch macht, also bellt oder miaut. Unter Umständen hat es aber auch viel mitzuteilen und sucht nach Möglichkeiten, sich besser auszudrücken.

Der Aufbau deiner Datenbank

Der erste Schritt beim Aufbau deiner inneren Datenbank besteht darin, dass du den Geschehnissen in deiner Umgebung mehr Aufmerksamkeit widmest. An dieser Stelle kommt dir die Achtsamkeit dem Hier und Jetzt gegenüber zugute, die du bereits trainiert hast. Nimm all deine Erlebnisse, Begegnungen und Erfahrungen bewusst wahr – nicht nur Dinge, die etwas mit der Tierkommunikation zu tun haben. Schenk jedem Muster, jedem Symbol oder auch eventuellen Botschaften Beachtung, die dir wiederholt begegnen, ob es sich dabei nun um intuitive Eingaben handelt, die du im Traum empfängst, oder um alltägliche Symbole, wie sie in Anzeigen, online, in den Medien, auf Kleidungsstücken oder auch in der Natur auftauchen können.

Ein Beispiel: Beim Autofahren fallen dir mehr Stoppschilder ins Auge als sonst, auch wenn sie nicht direkt an deiner Strecke stehen. Im Verlauf des Tages siehst du weitere Stoppschilder – jetzt vor deinem inneren Auge. Das könnte daran liegen, dass sich deine Intuition auf die energetischen Schwingungen deiner Umgebung einstimmt und dir die Schilder zeigt, um dich dazu zu bringen, dass du das Tempo drosselst oder eine Pause einlegst. Vielleicht handelt es sich aber auch um die Mahnung, eine anstehende Entscheidung nicht übers Knie zu brechen.

Nutz beim Aufbau deiner inneren Datenbank dein Tagebuch. Notier dir darin die Zeichen und Symbole, auf die du stößt, die von ihnen hervorgebrachten Gefühle sowie die Assoziationen, die sie bei dir auslösen. Halt alles schriftlich fest, was sich dir aufdrängt, auch die Gedanken und Gefühle, die bei diesem Prozedere in dir hochkommen, sowie alle Einsichten, die du daraus gewinnst. Selbst für den Fall, dass die Botschaften, die du erhältst, dem Anschein nach nichts mit Tieren zu tun haben, solltest du sie dir unbedingt notieren. Sobald du nämlich in die intuitive Kommunikation mit einem Tier eintrittst, kannst du sie zur Interpretation der energetischen Schwingungen nutzen, die von ihm ausgehen. Denn je mehr Referenzpunkte du hast, desto leichter fällt dir die Tierkommunikation.

Nachdem du eine Erfahrung aufgeschrieben hast, solltest du dir noch etwas Zeit dafür nehmen, sie dir durch den Kopf gehen zu lassen und zu überlegen, welche Bedeutung sie wohl haben könnte. Für den Anfang empfehle ich, dir immer am Monatsende alle Einträge der vergangenen Wochen anzuschauen. Such in deinen Aufzeichnungen nach bestimmten Mustern oder Motiven, die wiederholt auftreten. Und überleg, was sie sowohl mit deinem spirituellen Lebensweg und persönlichen Wachstum als auch mit der Tierkommunikation zu tun haben können.

Bei der Interpretation von Zeichen und Symbolen kommt es entscheidend darauf an, dass du deiner Intuition vertraust. Klammere dich nie an bestimmte Interpretationen, sondern lass dich von deiner inneren Weisheit leiten. Sobald du mit dem Aufschreiben der Zeichen und Symbole, denen du begegnest, begonnen hast, kannst du sie als verlässliche Orientierungshilfe verwenden. Wann immer sich dir eine Frage stellt oder du mit Schwierigkeiten konfrontiert bist, kannst du in deinem Tagebuch nach möglicherweise relevanten Symbolen suchen, die dir weiterhelfen können.

Zeichen erkennen

Für den Anfang empfehle ich dir, bei der Zusammenstellung deiner Beobachtungen sehr konkret und zielgerichtet vorzugehen. Mit zunehmender Übung wird dir das in Fleisch und Blut übergehen, doch solange du noch am Lernen bist, kommt es darauf besonders an, weil du auf diese Weise zu besseren Ergebnissen kommst. Im Folgenden zeige ich dir Schritt für Schritt, wie du Zeichen, Symbole und Botschaften erkennen und aus ihnen schlau werden kannst.

1. *Nimm dir fest vor,* alle Zeichen, Symbole und Botschaften zu erkennen, die geeignet sind, dich auf deinem Weg zu leiten und zu unterstützen.
2. *Achte den ganzen Tag über* auf alles, was du erlebst und erfährst, sowie auf jede Begegnung, die du hast. Suche nach möglicherweise bedeutsamen Mustern oder wiederholt auftretenden Motiven.
3. *Damit du dir deine Erfahrungen zeitnah notieren kannst,* solltest du dein Tagebuch immer bei dir haben. Schreib dir Datum, Ort und alles andere auf, was von Relevanz sein könnte. Auch die Gedanken und Gefühle, die du mit der Erfahrung verbindest.
4. *Denk über deine Erfahrungen nach* und überleg dir, welche Bedeutung sie für dich haben könnten und welche Gefühle du mit ihnen verbindest. Such in den Zeichen und Symbolen, auf die du gestoßen bist, nach Mustern und Motiven. Überleg, wie sie sich zu deinem spirituellen Lebensweg, persönlichen Wachstum und zum energetischen Vokabular deiner Tierkommunikation verhalten.
5. *Interpretiere die Zeichen und Symbole* und vertrau auf deine Intuition. Versteif dich nicht auf eine bestimmte Interpretation,

sondern lass dich lieber von deiner inneren Weisheit leiten. Berücksichtige auch den Kontext dieser Erfahrung und jede andere Geschichte, die dich möglicherweise mit diesen Zeichen verbindet.

6. *Werde aktiv*, nachdem du die Botschaft interpretiert hast, indem du sie sowohl in dein Leben als auch in deine Kommunikation mit Tieren einbindest.
7. *Äußere deine Dankbarkeit* für die Zeichen und Symbole, die du empfängst. Dies kannst du im Gebet oder beim Meditieren tun oder einfach, indem du »Danke« sagst. Nimm dir einen Moment Zeit für die bewusste Wertschätzung jeglicher Orientierungshilfen, die du erhalten hast.

Die Grundlagen erfolgreicher Sitzungen

Bevor du mit einer Sitzung beginnst, solltest du dich in ein ruhiges, friedvolles Umfeld begeben, in dem du weder abgelenkt noch gestört wirst. Halt dein Tagebuch griffbereit, damit du dir eventuell entstehende Dialoge und alle Informationen, die während der Sitzung hochkommen, gleich aufschreiben kannst. Die Sitzung selbst kannst du wie folgt strukturieren:

1. *Erde und zentriere dich*, indem du einige Minuten lang meditierst und dich darauf einstimmst, was »deins« ist, also zu dir gehört, und was nicht. Das kannst du mit jeder Methode machen, die für dich funktioniert (zum Beispiel mithilfe des Bodyscans oder objektiver Beobachtungen). Diese Meditation trägt erheblich zu deiner Beruhigung und inneren Fokussierung bei.
2. *Fass Absichten:* Nimm dir vor, ebenso ruhig wie selbstbewusst zu kommunizieren, und definiere, was du zu erreichen hoffst. Vielleicht, dass du Einsichten in das Verhalten des Tieres

gewinnen, ein bestimmtes Anliegen äußern, es deiner Liebe versichern oder mehr über es erfahren möchtest. Visualisiere diese Absichten und bitte das Tier um Erlaubnis sowie um die Bereitschaft, an diesem Prozess teilzunehmen. Geh mit offenem Herzen und geistiger Aufgeschlossenheit an die Sitzung heran.

3. *Verbinde dich mit dem Tier* – mithilfe eines Fotos oder im direkten Kontakt. In letzterem Fall setzt du dich so zu ihm, dass ihr es beide möglichst bequem habt. Das Tier kann nicht stillsitzen? Das macht überhaupt nichts. Falls ihr euch remote verbindet, solltest du ein oder mehrere Fotos des Tieres vor dir haben, sei es auf dem Monitor deines Computers beziehungsweise Handys oder in Papierform. Gib dich ganz dem Augenblick hin und lass den Dingen ihren Lauf – in der festen Überzeugung, dass du dich mit dem Tier verbinden kannst, ganz egal, wo es ist oder was es tut. Lass dir so viel Zeit, wie du brauchst, und übereil bloß nichts. Es dauert so lange, wie es dauert. Möglicherweise kommst du nach 3 oder erst nach 20 Minuten zur Ruhe und kannst dann mit der Sitzung beginnen.
4. *Senden:* Stimm dich intuitiv auf die Energie des Tieres ein und teil dich ihm durch Gedanken, Emotionen, Bilder oder Empfindungen mit. Einige Beispiele dafür, wie das gehen kann, zeige ich dir im siebten Kapitel.
5. *Empfangen:* Lass das Tier auf seine Art reagieren und vertrau auf die Informationen, die durchkommen. Du kannst die Augen schließen oder sie offen halten – je nachdem, wonach dir ist. Jetzt kommen die vier Hellfähigkeiten zum Tragen. Mach dir klar, *wie* du die Mitteilungen des Tieres aufnimmst – durch Visionen, Zeichen oder Symbole, die du vor deinem inneren Auge siehst, oder indem du Geräusche, Botschaften oder Stimmen hörst. Spürst oder empfindest du vielleicht etwas tief in deinem Inneren? Weißt beziehungsweise verstehst

du intuitiv, was dir das Tier mitteilen will? Sieh, hör, spür und ahne mit all deinen Sinnen.

6. *Notieren:* Konzentrier dich darauf, wirklich präsent zu sein und dir bewusst zu machen, dass du dir energetisch einen Raum mit dem Tier teilst. Beim rationalen Denken nehmen wir uns nämlich selbst viel zu ernst und fühlen uns gezwungen, alles aufzuschreiben – was eine große Ablenkung sein kann. Bekommst du andererseits das Gefühl, dass wichtige Informationen durchkommen, die du dir notieren möchtest, damit du sie nicht vergisst: *go for it!* Mit zunehmender Übung wirst du das für dich beste System finden und immer im Flow sein.
7. *Interpretiere die Informationen*, die du während des Gesprächs mit dem Tier oder seinem Menschen erhältst, und überprüf sie intuitiv oder mithilfe der passenden Techniken auf ihre Richtigkeit.
8. *Bekunde deine Dankbarkeit* für die Gelegenheit, mit dem Tier kommunizieren zu dürfen, und erweise sowohl seiner Energie deinen Respekt als auch den erhaltenen Botschaften. Beende die Sitzung, indem du dein Energiefeld reinigst: mit Licht oder durch die Trennung jeglicher Verbindungen zwischen dir und dem Tier (schau dir dafür noch einmal die Übungen im vierten Kapitel an).

Ich würde empfehlen, dass du für jede Sitzung mindestens eine halbe Stunde einplanst: etwa fünf Minuten zum Erden und Zentrieren, 10 bis 20 für die eigentliche Kommunikation und noch einmal dieselbe Zeit zum Übersetzen und Dechiffrieren der erhaltenen Informationen. Nimm dir aber, wenn nötig, auch gern mehr Zeit. Stell dir einfach jede Sitzung als Gelegenheit vor, zu üben, in deinen Rhythmus zu kommen und herauszufinden, was für dich am besten funktioniert. Solltest du das Gefühl bekommen, dass du keine Informationen von dem Tier empfängst, ist das auch in Ordnung. Sie sind wahrscheinlich schon durchgekommen, nur hast du sie verpasst oder mit deinen eigenen Gedanken beziehungsweise Gefühlen verwechselt. Dass du das auseinanderzuhalten lernst, ist nur eine Frage der Zeit. Und natürlich der Übung. Aber es kann dauern. Sei dann nicht enttäuscht, sondern mach dir klar: Sobald du dich auf den Prozess einlässt und weiterhin eifrig übst, wirst du dich bald selbst übertreffen und auch das kleinste Stückchen Information, das dich erreicht, noch empfangen und entschlüsseln können. Vielleicht wendest du dich sogar noch einmal deinen Notizen aus den vorherigen Sitzungen zu. Immerhin ist es ja möglich, dass du ihnen jetzt noch ganz neue Erkenntnisse entnehmen kannst.

Entwirf dein eigenes Ritual

Mit einem Ritual – also einer festen Abfolge einzelner Schritte – kannst du deine Erdung und Fokussierung intensivieren, deine Verbundenheit mit dem Spirit vertiefen und sowohl deine intuitiven als auch kommunikativen Fähigkeiten erweitern. Das Entscheidende an einem solchen Ritual ist, dass du dir einen heiligen Raum erschaffst und ebenso absichtsvoll wie sinnvoll vorgehst; das Ganze ist also etwas sehr Persönliches. Heilig kann für dich jeder Raum sein, den du deiner spirituellen Praxis und Verbundenheit widmest, im Haus oder draußen. Die Art der Räumlichkeit spielt dabei keine Rolle, es kann sich genauso gut um einen Meditationsraum, den Garten oder einen Schrein handeln wie um ein kleines Eckchen in einem Zimmer oder jede andere Örtlichkeit, die für dich von persönlicher oder kultureller Bedeutung ist.

Bei der Konzipierung deines Rituals ist es wichtig, dass du deiner Energie, deinen Vorlieben und Wertvorstellungen treu bleibst. Fokussier dich auf alles, wovon du dich angesprochen fühlst, was du als bedeutsam und stark empfindest. Indem du deine Tierkommunikation auf diese Weise ritualisierst, fällt es dir vielleicht auch leichter, täglich Zeit für sie zu finden. Für die erfolgreiche Meditation und/oder Tierkommunikation ist es zwar nicht erforderlich, doch für den Anfang hilft dir ein gleichbleibendes Ritual mit Sicherheit. Auch der heilige Raum unterstützt dich dabei, zur Ruhe zu finden und deine Verbindung zum Reich des Spirituellen zu vertiefen. Er kann zu einem Rückzugsort vor den Stressoren des Alltags werden, an dem du dich energetisch jederzeit wiederaufladen kannst.

Erschaff dir einen Altar

Eine Möglichkeit, einen Raum zu einem heiligen Raum zu machen, besteht in der Errichtung eines Altars. Dafür stattest du einen Teil des Raums sowohl mit Gegenständen von persönlicher oder spiritueller Bedeutung aus als auch mit Dingen, die Freude machen und die Stimmung heben. In vielen Kulturen und Religionen gibt es Altäre unterschiedlichster Art, doch in unserem Zusammenhang verstehen wir darunter ganz allgemein einen heiligen Raum, den du dir erschaffst, um darin deiner spirituellen Praxis nachzugehen, sie weiterzuentwickeln und dich ganz auf sie zu fokussieren. Auf deinem Altar könnten sich zum Beispiel Kerzen, Kristalle, Symbole, Kunstwerke sowie Gegenstände und Fotos befinden, die etwas mit deinen Haustieren zu tun haben. Bei mir zu Hause und im Garten gibt es mehrere solcher heiligen Räume, weil ich Orte, die meine Stimmung heben, einfach liebe. Die Kommode in meinem Ankleidezimmer ist mit wunderschönem violetten Stoff dekoriert. Darauf liegen einige Halsbänder meiner verstorbenen Hunde, zusammen mit Heilsteinen und einer Figur meines Namenspaten, des Erzengels Michael, die mir meine Schwester einmal geschenkt hat. In meinem Arbeitsbereich liegt auf einem Ständer ein großer Amethyst, außerdem habe ich darin eine Himalajasalzleuchte, eine herrliche Orchidee und gerahmte Fotos meiner Tiere. In einem etwas abgelegenen Teil meines Gartens steht eine Buddhastatue. Zudem ist da, inmitten eines üppigen Bambuswäldchens, ein Brunnenteich. Selbst wenn ich mir diese Plätzchen nur anschaue, spüre ich, wie sich meine energetische Schwingungsfrequenz erhöht und eine Welle der Friedfertigkeit über mich hinweggleitet. Und bei meinen Tieren kann ich eine energetische Veränderung beobachten, wann immer sie sich nur in diesen heiligen Räumen aufhalten. Alle Gegenstände, die sich darin befinden, habe ich ganz bewusst, mit Liebe und Freude ausgewählt. Und ich sorge auch dafür, dass darin immer Ordnung und Sauberkeit herrschen. Denn unter anderem diese Energie ist es ja, die derartige Orte so stark, so machtvoll macht.

All die Räume, von denen ich gerade gesprochen habe, bedeuten mir viel, mit den Tieren kommuniziere ich allerdings hauptsächlich in meinem Büro. Entsprechend würde ich auch dich gern ermutigen, einen speziellen heiligen Raum deiner Meditation und Tierkommunikation zu widmen und den damit verbundenen täglichen Ortswechsel zu einem Ritual zu machen. Ein solcher spezieller Ort trainiert Kopf, Körper und Spirit darauf, sich den erforderlichen energetischen Schwingungen jedes Mal anzupassen, wenn man ihn betritt. Das ist so ähnlich wie das allabendliche Zubettgehen: Mit der Zeit konditionieren wir uns darauf, einzuschlafen, sobald wir in den Federn liegen. Wir verbringen so viel Zeit im Schlaf, dass der dafür vorgesehene Raum eine Menge erholsamer, beruhigender Energie ausstrahlt. Dein Bewusstsein erkennt die Energie der Umgebung und richtet sich auf deinen nächsten Schritt aus, in diesem Fall das Einschlafen. Ganz ähnlich ist es mit der Tierkommunikation: Sobald du es dir zur

Routine gemacht hast, dich in deinem heiligen Raum mit Tieren zu unterhalten, gelingt es dir schneller und leichter, in das dafür erforderliche Mindset zu gelangen.

Übrigens: Wenn du nicht über genügend Platz verfügst, ist es auch völlig in Ordnung, wenn dein heiliger Raum nicht von Dauer ist. Ich habe zum Beispiel auch meine Kundin Melanie ermutigt, sich einen heiligen Raum einzurichten. Sie befürchtete allerdings, dass ihre Angehörigen und Freunde nicht damit klarkommen und sie für völlig abgedreht halten könnten. Also entschied sie sich für einen mobilen Altar, dessen Einzelteile sie in einer Schublade aufbewahrte. Wenn es Zeit war, legte sie einen schönen bunten Tischläufer aus und verteilte auf ihm eine rosa Kerze, ein Foto ihrer verstorbenen Großmutter, ein anderes, das das Pferd zeigte, das sie als Mädchen besessen hatte, und einige Spielsachen ihrer Katze. Das alles war schnell auf- und am Ende auch wieder abgebaut. Und da Melanie oft beruflich unterwegs war, konnte sie ihren kleinen Altar auch einfach in den Koffer packen und so ihrer täglichen Routine treu bleiben.

Verfass dein Bitt- und Dankgebet

Der nächste Schritt beim Etablieren deines Rituals sind das Bitt- und das Dankgebet, mit denen du jede deiner Sitzungen beginnst beziehungsweise beendest. Sie bestehen im Kern aus ein, zwei feierlichen Sätzen, mit denen man den Großen Geist, eine höhere Macht, göttliche Energie und/oder die eigene Intuition anruft. Bei der formellen Einstimmung nicht nur auf dein Bauchgefühl, sondern auch auf das Tier kann das Bittgebet zu Beginn der Sitzung eine enorme Unterstützung sein. Ich stelle es mir gern als den Anlasser vor, den man betätigt, um ein Auto zu starten. Mit zunehmender Übung gewöhnt sich das Bewusstsein an die intentionale Energie der Worte und weiß dann auch, wie es die Intuition wecken und die Schwingungsenergie erhöhen kann, um den Weg für eine eindeutige Kommunikation frei zu machen. Meiner Erfahrung nach ist ein solches Bittgebet für den Erfolg einer Sitzung zwar nicht unbedingt erforderlich, kann aber ohne jeden Zweifel helfen, insbesondere bei der Stärkung deiner Fähigkeiten. Ist die Sitzung zum Ende gekommen, kannst du noch ein paar Worte sagen, um sie für dich und das Tier auch energetisch zum Abschluss zu bringen.

Hier einige Beispiele für Bittgebete:

- *Bittgebet zur Einleitung der Sitzung:* »Großer Geist, Universum, Göttlicher Schöpfer von allem, was ist, bitte unterstütze und leite mich, wenn ich mich jetzt gleich energetisch mit diesem Tier verbinde. Verhilf mir zu geistiger, emotionaler und intuitiver Aufgeschlossenheit für die Energie und für Botschaften, und auch dabei, dass ich voller Respekt und Mitgefühl mit dem Tier kommunizieren kann. Mögen meine Einlassungen dem höchsten Wohl dieses Tieres und aller Lebewesen dienen. Hab Dank für die Gelegenheit, mich mit der göttlichen Energie zu verbinden, die uns alle umgibt.«
- *Dankgebet zum Abschluss der Sitzung:* »Großer Geist, Universum, Göttlicher Schöpfer von allem, was ist, ich empfinde tiefste Dankbarkeit für die Gelegenheit, mich energetisch mit diesem Tier verbinden zu dürfen. Ich danke dir für die Botschaften und Einsichten, die uns zuteilwurden, sowie für deine Führung und die Unterstützung, die ich erhalten habe. Ich ehre die Energie und den Spirit des Tieres und wünsche ihm Liebe, Glück und Segen für sein weiteres Wohlergehen. Möge unsere Kommunikation auch weiterhin zum höchsten Wohle aller Lebewesen geleitet werden. Danke für diese heilige Verbundenheit. So sei es.«

Die Formulierung »So sei es« findet sich als Schlussaffirmation oder -erklärung in vielen spirituellen Texten, Gebeten und Meditationen. Im Grunde wird damit zum Ausdruck gebracht, dass das abgegebene Statement beziehungsweise die erklärte Absicht als bereits erreicht oder als Manifestation der göttlichen Wahrheit verstanden wird.

Du kannst die obigen Texte gern verwenden. Ich möchte dich allerdings ausdrücklich ermutigen, sie so anzupassen, dass sie auf dich und deine persönlichen Absichten zugeschnitten sind. Oder aber du lässt dir deine eigenen Formulierungen einfallen – auf der Basis der Worte, Absichten und Energien, die optimal auf dich und die Tiere passen, mit denen du arbeitest. Ob es sich bei deinem Text um einen kurzen Satz handelt oder um mehrere, hängt ganz davon ab, was sich für dich gut anfühlt und dich bei der Tierkommunikation bestmöglich unterstützt.

Im nächsten Kapitel zeige ich dir Techniken und Abläufe der Tierkommunikation. Darüber hinaus setzen wir alles, was du bisher gelernt hast, in die Praxis um. Auf den nächsten Seiten steigst du also quasi zum ersten Mal auf dein Rad und fährst los. Mach dich jetzt schon bereit dafür, die Energie der Tiere intensiver zu erfahren, aber auch deine eigene!

Journaling –
Überlegungen für dein Tagebuch

1. Welche Symbole und Zeichen sind in deiner inneren Datenbank jetzt bereits enthalten? Was verbindest du zum Beispiel mit der Farbe Orange, dem Tosen des Ozeans oder dem Duft einer Wassermelone? Schreib auf, welche Bedeutung diese innere Datenbank für dich hat, und nimm dir dafür bitte genügend Zeit.
2. Welche Symbole, die für Gedanken, Gefühle, Emotionen oder Erfahrungen stehen, kommen dir oft zu Bewusstsein oder erscheinen dir im Traum? Entscheide dich für eines oder zwei, die dir besonders viel sagen, und achte in Zukunft vermehrt auf sie. Schreib jedoch auch weiterhin alle anderen Symbole auf, die dir in den Kopf kommen, und finde die Bedeutung heraus, die sie für dich haben.
3. Welche heiligen Räume hast du bei dir zu Hause bereits? Wo kannst du dir ein solches heiliges Plätzchen einrichten, das du speziell der Tierkommunikation widmest? Welche Gegenstände fallen dir ein, die du liebst, die deine Stimmung heben und dich in diesem Raum mit zusätzlicher Energie versorgen können?
4. Lass dir Gebete für den Anfang und das Ende deiner Sitzungen einfallen. Geh dafür in dich, indem du meditierst oder frei schreibst. Such nach den Worten und der Energie, die dich optimal unterstützen, und versuch es eine Woche lang. Verändern kannst du deine Texte jederzeit.

KOMMUNIKATIONSTECHNIKEN

Nun, da du bereits meditierst und die Muskulatur deiner Intuition trainierst, fangen wir mit dem spaßigen Teil an – der praktizierten intuitiven Tierkommunikation. In diesem Kapitel mache ich dich mit Techniken bekannt, die sich nicht nur für mich seit Jahren bewähren, sondern auch für viele andere. Die Menschen unterscheiden sich, deshalb kannst du vielleicht nicht mit allen Methoden gleich viel anfangen. Davon abgesehen, wirst du mit der Zeit sowieso zu deiner ganz individuellen Praxis der Tierkommunikation finden. Die Techniken, die ich dir im Folgenden zeige, erleichtern die Kontaktaufnahme und bieten dir eine gute Gelegenheit, deine Fähigkeiten weiter auszubauen.

Ich empfehle, dass du dir dieses Kapitel zunächst in Ruhe durchliest und dann eine Technik deiner Wahl fünf- bis sechsmal ausprobierst. Da jede Form der intuitiven Arbeit einen Prozess darstellt, solltest du die Flinte nicht schon nach ein, zwei scheinbar vergeblichen Versuchen ins Korn werfen. Solltest du keine Erfolge sehen, stellst du dir das Ganze am besten wie das Ausbringen von Samen vor. Im ersten Moment sieht alles unverändert aus, als wäre überhaupt nichts geschehen. Aber so ist es eben: Bevor wir das erste zarte Grün begrüßen können, müssen wir das Saatgut eine Zeit lang regelmäßig wässern. Und was deine intuitiven Samenkörner anbelangt, besteht dieses Wässern darin, zu üben und nicht vorschnell aufzugeben. Einige

Sitzungen lang hast du womöglich das Gefühl, partout nicht mit dem Tier ins Gespräch kommen zu können, dann aber – nach dem dritten oder vierten Anlauf – öffnen sich vielleicht die Schleusentore. Und ob du nun eine Technik findest, die perfekt zu dir passt, oder nicht: Ich rate dir in jedem Fall, alle auszuprobieren, bevor du dich auf eine festlegst. Vertrau auf deine Intuition. Sobald du das Gefühl hast, es sei an der Zeit, ein anderes Verfahren anzuwenden, gib diesem Bedürfnis einfach nach. Für den Moment jedenfalls schlage ich dir vor, eine Technik nach der anderen zu erproben. (Im neunten Kapitel sprechen wir dann über mögliche Kombinationen der einzelnen Methoden.)

Für welche Technik du dich auch entscheidest, nimm dir vor der Kommunikation bitte circa fünf Minuten Zeit, um dich zu erden und zu zentrieren. (Dafür empfehlen sich alle Meditationen, vor allem aber das achtsame Atmen, das Erden und Zentrieren, und die objektive Beobachtung). Auf diese Weise gewinnst du objektive Klarheit darüber, welche Gedanken, Gefühle und Emotionen zu dir gehören und welche zu dem Tier, mit dem du kommunizierst. Dann greifst du zu deinem Tagebuch und schreibst alles auf, was durchkommt, damit du später darauf zurückgreifen kannst. Entscheidend sind Geduld und Übung: Mit der Zeit versetzt du dich immer besser in die Lage, die Botschaften und Symbole, die du empfängst, zu interpretieren.

Aber jetzt gehen wir erst einmal die Grundschritte der Tierkommunikation durch – sowohl auf die Ferne mithilfe eines Fotos als auch in der direkten Begegnung. Die folgenden Techniken sind für beide Herangehensweisen geeignet.

Kommunikation mithilfe eines Fotos

1. Nimm dein Tagebuch zur Hand und such dir ein friedvolles Plätzchen (zum Beispiel deinen heiligen Raum), an dem du dich ungestört fokussieren kannst.
2. Atme ein paarmal tief ein und aus, um dich sowohl körperlich als auch mental zu entspannen.
3. Sprich dein einleitendes Bittgebet.
4. Nimm das Foto zur Hand oder leg es vor dich hin und lenke deine gesamte Aufmerksamkeit auf Energie und Präsenz des Tieres.
5. Fass die feste Absicht, dich intuitiv mit dem Tier zu verbinden. Nimm alle Gedanken, Gefühle oder Emotionen wahr, die dir bei der Verbindung mit der Energie des Tieres in den Sinn kommen.
6. Nimm mithilfe einer der später folgenden Techniken die Kommunikation mit dem Tier auf. Visualisiere und spüre die positive Energie und das Wohlbefinden, die aus deiner Kommunikation mit dem Tier resultieren. Notier dir in deinem Tagebuch alles, von dem du das Gefühl hast, es sei es wert, aufgeschrieben zu werden.
7. Nachdem du die Sitzung beendet hast, sprichst du dein abschließendes Gebet. Atme dann ein paarmal tief durch und bedanke dich für die Gelegenheit, dich so intensiv und intim mit dem Tier verbinden zu dürfen. Nimm dir anschließend noch etwas Zeit, über deine Notizen nachzudenken und sie zu interpretieren.

Unmittelbare Kommunikation

1. Schnapp dir dein Tagebuch und such dir für dich und das Tier ein bequemes Örtchen, an dem du dich ungestört fokussieren kannst. Dabei kann es sich um deinen heiligen Raum handeln, muss aber nicht.
2. Atme ein paarmal tief ein und aus, um dich sowohl körperlich als auch geistig zu entspannen.
3. Sprich dein einleitendes Bittgebet.
4. Fass die feste Absicht, dich intuitiv mit Energie und Präsenz des Tieres zu verbinden. Nimm alle Gedanken, Gefühle oder Emotionen wahr, die dir bei der Verbindung mit der Energie des Tieres in den Sinn kommen.
5. Beobachte die Körpersprache des Tieres und achte genau auf Bewegungen und Mimik. Erfasse intuitiv alle Empfindungen oder Emotionen, die sich einstellen.
6. Nimm mithilfe einer der Techniken, die wir später besprechen werden, die Kommunikation mit dem Tier auf. Womöglich fühlst du dich veranlasst, es sanft und respektvoll zu berühren oder zu halten. Notier dir alles in deinem Tagebuch, von dem du das Gefühl hast, es sei es wert, aufgeschrieben zu werden.
7. Kommuniziere so lange mit dem Tier, wie es sich gut und natürlich anfühlt, und wahre dabei den Respekt vor seinen Grenzen und Bedürfnissen. Nach der Unterredung sprichst du dein abschließendes Gebet. Atme dann ein paarmal tief durch und bedank dich für die Gelegenheit, dich so intensiv und intim mit dem Tier verbinden zu dürfen. Nimm dir anschließend noch etwas Zeit, um über deine Notizen nachzudenken und sie zu interpretieren.

Von Herz zu Herz

Wenn es um unsere Wahrnehmung von Tieren, das Wissen um sie und unser Verhältnis zu ihnen geht, lassen wir uns zumeist von unserer Liebe leiten. Ihre Schönheit, ihre Persönlichkeit, nicht zuletzt die Nähe zur Natur erzeugen fürsorgliche, liebevolle Gefühle in uns. Auf dem Weg der energetischen Kommunikation von Herz zu Herz können wir uns deshalb ganz schnell mit ihnen verbinden.

Besonders hilfreich ist diese Technik bei sehr sensiblen oder traumatisierten Tieren – und bei eventuellen Adoptionskandidaten. Als ich meine Hündin kennenlernte, konnte ich mich auf diese Weise sofort mit ihr verbinden und spürte gleich ihre einfühlsame, liebevolle Energie. Sie sehnte sich danach, in Frieden leben und glücklich sein zu können, wünschte sich ein Plätzchen zum Entspannen und die Freiheit, die freudvolle, lustige Seite ihrer Persönlichkeit zeigen zu können, die bis dato noch nicht zum Vorschein gekommen war. Da sie ein wirklich großes Herz hatte, spürte ich auch ihre Empfänglichkeit für die Kommunikation von Herz zu Herz. Deshalb war diese Methode perfekt für uns geeignet.

1. Halt dich an die ersten fünf Schritte der direkten oder Fernkommunikation, je nach der Situation, in der du dich befindest.
2. Fokussier dich auf das Herzzentrum inmitten deines Brustkorbs. Visualisiere oder spüre, wie sich dein Herz öffnet, und stell dir ein warmes, liebevolles Licht vor, das von ihm ausgeht.
3. Visualisiere einen wunderschönen Lichtstrahl, der von deinem Herz zu dem des Tieres fließt, und stell dir die Energie vor, die euch beide miteinander verbindet. Sieh und spür, wie dieser Lichtstrahl die Form einer Acht annimmt – die Form des

Unendlichkeitszeichens. Womöglich bewegt er sich oder pulsiert im Rhythmus eures Energieaustauschs. Spür mithilfe dieses Symbols das Von-Herz-zu-Herz, das euch verbindet. Vielleicht möchtest du dir zusätzlich vorstellen, dass ihr beide während eurer Unterhaltung von einem warmen, liebevollen Licht umgeben seid.

4. Spür mithilfe dieses Lichtstrahls von Herz zu Herz die Botschaften, die du aussendest und empfängst, ebenso wie eure energetische Verbundenheit. Verbessere euer Verständnis füreinander durch Visualisierung und feste Absichten. Damit der Prozess ganz natürlich und intuitiv ablaufen kann, solltest du dir für die Kommunikation mit dem Tier genügend Zeit nehmen.
5. Beende die Sitzung mit dem siebten Schritt der Anleitung zur Kommunikation mithilfe eines Fotos oder in direktem Kontakt.

Die Verbindung über das dritte Auge

Die Vorstellung vom auch als »inneres« beziehungsweise »geistiges Auge« oder *ajna* (aus dem Sanskrit) bezeichneten dritten Auge geht auf spirituelle Traditionen des alten Indien zurück. Assoziiert wird es oft mit dem sechsten Chakra in der Stirnmitte, etwas oberhalb der Lücke zwischen den Augenbrauen. Es gilt als Symbol für Erleuchtung und innere Weisheit. Außerdem wird es für das Zentrum der Einsicht gehalten, durch das ein höherer Bewusstseinszustand erreicht werden kann, in dem auch subtilere Realitäten wahrgenommen werden können. Bei diesem metaphysischen »Auge« geht es nicht um das optische Sehvermögen, sondern um Intuition, Bewusstsein und spirituelles Wissen. Seine Stärke liegt in der Fähigkeit, die physikalische, materielle Welt zu transzendieren und uns zu einem tieferen Verständnis des inneren Selbst und des Universums zu befähigen. Außerdem wird es mit Fähigkeiten wie Hellsehen und Vorausahnen in Verbindung gebracht.

Wenn wir das dritte Auge wecken oder öffnen, können wir jenseits der gewöhnlichen Wahrnehmungsfähigkeit Zugang zu intuitiver Sensibilität und innerer Weisheit finden. Was dazu führen kann, dass wir Energien, Auras oder andere nicht materielle Phänomene sehen beziehungsweise empfinden können.

Weil die Verbindung über das dritte Auge hilft, den Fokus auf einen bestimmten Punkt zu richten, stellt sie eine sehr produktive Form der Kommunikation dar. Fast alle von uns sind es gewohnt, die Welt mit den Augen wahrzunehmen. Deshalb dürfte es dir leichtfallen, dich bei geschlossenen Augen über dieses Chakra ins Reich des Immateriellen einzuwählen. Und weil das dritte Auge darüber hinaus ein machtvolles Energiezentrum ist, stärkt es unsere intuitiven Fähigkeiten, wenn wir nur öfter mit ihm arbeiten. So, wie ich es mit meinem großartigen Australian Shepherd Atticus häufig getan habe. Zusätzlich zum Training habe ich mich regelmäßig übers dritte Auge mit ihm verbunden. Als junger Hund hat Atticus seine Artgenossen immer gern gemaßregelt, wenn er fand, sie hätten zu viel Energie. In der Kommunikation mit ihm bekam ich den Eindruck, er täte dies, um Ordnung und Ruhe ins Rudel zu bringen. Also teilte ich ihm mit, dass es nicht sein Job war, andere Hunde zurechtzuweisen, und übermittelte ihm Visionen und Gefühle, die ihm nahelegten, etwas passiver und verständnisvoller zu sein. Sollte er künftig etwas am Verhalten seiner Genossen auszusetzen haben, solle er sich an mich wenden; gegebenenfalls würde ich dann schon eingreifen. Diese Verbundenheit hat unsere Kommunikation enorm verbessert und bei Atticus zur gewünschten Verhaltensänderung geführt.

1. Halt dich an die ersten fünf Schritte der direkten oder Fernkommunikation, je nach der Situation, in der du dich befindest.
2. Richte die Aufmerksamkeit auf dein drittes Auge, während du tief und langsam ein- und ausatmest.
3. Stell dir vor, dass sich dein drittes Auge nach und nach mit Licht füllt. Ein Lichtstrahl fällt so, dass er die dritten Augen von dir und dem Tier miteinander verbindet. Spüre, wie die Energie frei zwischen euch hin- und herfließt.
4. Verbinde dich nun intuitiv mit Energie und Präsenz des Tieres. Achte bewusst auf alle womöglich durchkommenden Botschaften oder Erkenntnisse. Mal dir aus, wie du dem Tier über den Lichtstrahl Mitteilungen zukommen lässt. Nimm dir fest vor, euer gegenseitiges Verständnis und eure Verbundenheit zu intensivieren. Lass dir für die Kommunikation mit dem Tier genügend Zeit, damit der Prozess ganz natürlich und intuitiv ablaufen kann.
5. Beende die Sitzung mit dem siebten Schritt der Anleitung zur Kommunikation mithilfe eines Fotos oder in direktem Kontakt.

Bildschirm und Blume

Für den folgenden Ablauf entscheide ich mich immer gern, wenn ich Infos nicht weitergebe, sondern sammle. Dabei stimmst du dich über das dritte Auge auf deine Intuition ein und stellst dir vor, du hättest darin einen Monitor, also einen Bildschirm wie beim Computer oder Fernseher. Stell dir weiterhin vor, dass auf diesem Schirm eine Blume erscheint. Und während du deine Fragen stellst, beobachtest du, was mit ihr geschieht. Die Blume könnte sich in ein Symbol oder ein beliebiges anderes Objekt verwandeln. Vielleicht ändert sie auch Form oder Farbe. Womöglich blüht sie auf, genauso gut aber kann sie auch verwelken.

Von einer Kundin wurde ich einmal gefragt, wie es ihrem Kaninchen in Bezug auf den Hund ging, der ebenfalls im Haushalt lebte. Die Blume, die ich auf meinem Screen sah, fing sofort an zu zittern, verlor jegliche Farbe und erschien mir wie erfroren, völlig vereist. Dann sah ich plötzlich eine Bowlingkugel, die rasend schnell über den Bildschirm rollte und die Eisblume zerschmetterte. Für meine Kundin ergab das durchaus Sinn. Denn wie sie sagte, fing das Kaninchen in Anwesenheit des Hundes jedes Mal an zu zittern, gab ansonsten aber keinen Mucks mehr von sich. Es war wie gelähmt vor Angst, während der Hund einen Narren an dem Kaninchen gefressen hatte und immer voller Energie auf es zustürmte – mit dem Schwung und dem Tempo einer Bowlingkugel.

Die Blume auf dem Bildschirm stellt ein Orakel dar, das du einfach nur beobachten musst. Ich empfinde diese Art der Kommunikation als so etwas wie eine Energieübersetzung, bei der die Mitteilungen des Tieres in den Screen gelangen, dort umgewandelt werden und sich dir in Form der Blume zeigen – in leicht verständlichen Bildern.

1. Halt dich an die ersten fünf Schritte der direkten oder Fernkommunikation, je nach der Situation, in der du dich befindest.
2. Während du weiter langsam und tief atmest, lenkst du deine Aufmerksamkeit auf dein drittes Auge.
3. Stell dir in dessen Mitte einen Bildschirm mit einem Erdungskabel vor, das weit in die Tiefe reicht, bis zum Mittelpunkt unseres Planeten, und dafür sorgt, dass du klar und fokussiert bleibst.
4. Schau, wie die Umrisse einer Blume auf deinem Bildschirm erscheinen. Ich stelle mir dabei gern die Umrisse einer Rose vor, so ähnlich wie in einem dieser Ausmalbücher, die es jetzt auch für Erwachsene gibt.

5. Stell dir weiter vor, dass du oberhalb der Blume den Namen des Tieres aufschreibst (mit der Hand oder über eine Tastatur) und den Schriftzug per Drag & Drop in die Blume ziehst. Dann entspannst du dich und beobachtest ohne jede Bewertung, was mit ihr geschieht.
6. Während du die Blume weiterhin im Blick hast, verbindest du dich intuitiv mit Energie und Präsenz des Tieres.
7. Stell dir vor, dass du jede Frage, die du stellen möchtest, oberhalb der Blume auf den Screen tippst und per Drag & Drop in ihr Inneres verschiebst. Warte geduldig, bis dir die Blume die Antwort gibt. Mobilisiere deine Fantasie und sei für alles offen, auch – und *besonders* –, wenn es dir sinnlos oder zusammenhanglos vorkommt.
8. Beende die Sitzung mit dem siebten Schritt der Anleitung zur Kommunikation mithilfe eines Fotos oder in direktem Kontakt.

Der Goldene Kreis

Das Gefühl, sich in einem besonderen Kreis zu befinden, gibt Sicherheit und kann auch gegen Ablenkungen helfen. Ich erinnere mich an die Kommunikation mit einer Katze, die voller Angst war, seit sie auf der Straße von einem Artgenossen angegriffen worden war. Ihre Aufmerksamkeit länger auf unsere Interaktion gerichtet zu halten, kam mir praktisch unmöglich vor. Doch nach vergeblichen Versuchen mit verschiedenen anderen Methoden stellte sich der Goldene Kreis als perfekt geeignet dar, weil er der Katze einen geschützten Raum bot, in dem ihre chronische Angst mal eine Pause einlegen konnte.

In dem Goldenen Kreis, den ich für sie errichtete, schenkte sie mir ihre hundertprozentige Aufmerksamkeit und Energie. Da wir mehrere Sitzungen dieser Art hatten, konnte ich sie allmählich besänftigen und ruhig stimmen. Mit der Zeit verlor sie ihre Nervosität und Angst und war eines schönen Tages sogar von der posttraumatischen Belastungsstörung geheilt, unter der sie seit dem Kampf mit dem Straßenkater gelitten hatte.

1. Halt dich an die ersten fünf Schritte der direkten oder Fernkommunikation, je nach der Situation, in der du dich befindest.
2. Stell dir auf dem Boden einen Goldenen Kreis vor, in dem du stehst. Er bietet dir einen sicheren, schützenden Raum voller Liebe und warmer, positiver Energie. Spür seine heilige Kraft, wie auch immer sie sich dir offenbart.
3. Verbinde dich intuitiv und voller Absicht mit der Energie des Tieres und lade es zu dir in den heiligen Goldenen Kreis ein. Vielleicht siehst du auch, wie es ihn betritt oder plötzlich einfach da ist.
4. Während du dich mit dem Tier verbindest und die Kommunikation mit ihm aufnimmst, stell dir bitte vor, dass der Goldene Kreis hell zu leuchten beginnt, alles, was von außen kommt, ausblendet und euch beiden Sicherheit bietet. Sieh das Tier und dich in einer telepathisch-energetischen Unterhaltung, in der ihr euch Fragen stellen und einander antworten könnt.
5. Während sich euer Gespräch dem Ende zuneigt, lässt das Licht des Kreises allmählich nach. Schau, wie das Tier den Kreis wieder verlässt. Sobald du dich dazu bereit fühlst, kannst auch du den Kreis verlassen. Beende die Sitzung mit dem siebten Schritt der Anleitung zur Kommunikation mithilfe eines Fotos oder in direktem Kontakt.

Schwingungsmatch

Wie schon erwähnt schwingt alles im Universum in einer bestimmten Frequenz, und wenn wir unsere Schwingung mit der des Tieres in Übereinstimmung bringen, können wir uns auf einer tieferen Ebene auf es einstimmen. Gut geht das, indem du dir vorstellst, du würdest so lange am Drehknopf eines alten Radioapparats drehen, bis du auf einen Sender stößt. Du kannst dir sogar dich selbst als energetische Radiofrequenz vorstellen – mit der entsprechenden Wellenlinie. Wenn du dich dann auf das Tier einstimmst, nimmst du es ebenfalls als Welle wahr, nur mit anderen Bergen und Tälern. Sobald du eure energetischen Blueprints deutlich erkennst, kannst du deine Welle der des Tieres vorsichtig so anpassen, dass eure Vibrationen mit der Zeit übereinstimmen.

Als besonders hilfreich kann sich diese Technik in der Kommunikation mit verstorbenen oder vermissten Tieren erweisen (diesen Themen wenden wir uns im achten und neunten Kapitel zu).

1. Halt dich an die ersten fünf Schritte der direkten oder Fernkommunikation, je nach der Situation, in der du dich befindest.
2. Stell dir vor, du passt dein energetisches Schwingungsmuster allmählich so an das des Tieres an, dass euer beider Wellenlinien schließlich identisch sind.
3. Lass alle Emotionen und Empfindungen zu, die sich aus dieser Übereinstimmung ergeben. Stell dich intuitiv auf das Tier ein und verbinde dich immer intensiver mit ihm.
4. Nutz deine Vorstellungskraft und Intentionalität, um zu einem besseren Verständnis des Tieres zu gelangen und eure Verbundenheit miteinander zu intensivieren, wenn du dann anfängst,

ihm Fragen zu stellen und seine Antworten wahrzunehmen. Stell dir vor, wie die Energie zwischen euch frei hin- und herfließt.

5. Beende die Sitzung mit dem siebten Schritt der Anleitung zur Kommunikation mithilfe eines Fotos oder in direktem Kontakt.

Der große gläserne Fahrstuhl

Als ich etwa zehn war, gehörte Roald Dahls *Charlie und der große gläserne Fahrstuhl*, die Fortsetzung von *Charlie und die Schokoladenfabrik*, zu meinen erklärten Lieblingsbüchern. Die Geschichte von Charlie, der in einem komischen gläsernen Fahrstuhl durch Raum und Zeit reiste, faszinierte mich total. Was zum Teil auch daran lag, dass es in Water Tower Place, einer Shoppingmall in Chicago, in der wir oft einkaufen waren, einen todschicken, topmodernen Aufzug aus Glas gab. Der kam mir beinahe wie ein riesengroßer Kristall vor, und mit ihm fahren zu dürfen, war etwas ganz Besonderes und immer wieder aufregend.

Zu der Zeit träumte ich mehr als einmal, ich würde diesen gläsernen Fahrstuhl betreten und ein bestimmtes Stockwerk ansteuern. Als ich dort ausstieg, traf ich auf meinen Hund Corky. Wir unterhielten uns, und da es sich bei ihm um ein etwas schwieriges Tier handelte, stellte ich ihm Fragen zu seinem Verhalten. In diesen Träumen gewann ich Einsichten in sein Handeln und beim Aufwachen kam mir das alles vollkommen real vor. Aufgrund der Intensität dieser Erfahrung wurde die Fahrt im gläsernen Fahrstuhl meine erste Technik der intuitiven Tierkommunikation. Der ganze Vorgang – das Betreten einer Kammer, die sich erhebt und dich an den Schauplatz einer heiligen, intimen Begegnung bringt – wird auch dir bei dieser Arbeit helfen.

1. Halt dich an die ersten fünf Schritte der direkten oder Fernkommunikation, je nach der Situation, in der du dich befindest.
2. Nimm mit deinem inneren Auge einen großen gläsernen Fahrstuhl wahr, der vor dir steht. Betritt ihn. An einer Seitenwand des Aufzuges befindet sich das Tableau mit den verschiedenen Etagenknöpfen. Lass dich von deiner Intuition zu einem von ihnen führen und sieh, wie der entsprechende Knopf aufleuchtet.
3. Der Fahrstuhl bringt dich in das von dir gewünschte Stockwerk und die Türen öffnen sich. Du verlässt den Aufzug und schaust dich um. Womöglich bist du in einem offenen, strahlenden Raum gelandet, dessen Details du mithilfe deiner Vorstellungskraft erkunden kannst. Mach es dir an deinem Fahrtziel gemütlich und ruf das Tier im Geiste zu dir, damit es sich zu dir gesellt. Den Raum betreten sehen kannst du es von links, rechts oder aus der Mitte. Womöglich materialisiert es sich auch direkt vor dir.
4. Heiße das Tier willkommen und beginne, dich intuitiv mit ihm zu unterhalten. Stell ihm Fragen oder nimm einfach alle Botschaften oder Einsichten auf, die dich erreichen.
5. Sobald du bereit bist, die Kommunikation zu beenden, bedank dich bei dem Tier für eure gemeinsame Zeit und lass es den Raum so verlassen, wie es möchte. Steig dann wieder in den großen gläsernen Aufzug und betätige den Knopf fürs Erdgeschoss. Lass auf dem Weg nach unten die gesamte eventuell verbliebene Energie sowie alle Emotionen los.
6. Sobald du wieder am Boden angekommen bist, siehst du, wie sich die Türen öffnen, und verlässt den Fahrstuhl. Beende die Sitzung mit dem siebten Schritt der Anleitung zur Kommunikation mithilfe eines Fotos oder in direktem Kontakt.

Der heilige Tempel

Tempel sind spirituelle Orte, an denen sich Menschen mit dem Göttlichen verbinden, Orientierung und Trost finden können. Durch ihr äußeres Erscheinungsbild stehen sie zudem für Sicherheit und Ruhe. Aus all diesen Gründen ist für die Kommunikation mit Tieren ein mental von dir erschaffener Tempel als Treffpunkt besonders gut geeignet. Ähnlich wie der heilige Raum bei dir zu Hause versetzt dich auch so ein mentaler heiliger Tempel schnell in einen Zustand intuitiver Klarheit. Mit jedem Besuch, den du ihm abstattest, schwingt sich deine Energie schneller in die für die Kommunikation richtige Frequenz ein. Außerdem macht es Spaß, sich einen solchen besonderen Ort auszumalen. Und auch die Tiere, die dich dort besuchen, werden positiv auf die herrliche Energie des Tempels reagieren.

1. Halt dich an die ersten fünf Schritte der direkten oder Fernkommunikation, je nach der Situation, in der du dich befindest.
2. Stell dir vor, du stehst vor einem schönen Wald. Die Sonne scheint und die Temperatur ist perfekt. Um dich herum hörst du die harmonischen Geräusche der Natur. Durch all das Grün folgst du einem Pfad, der zu einem leuchtenden Tempel führt. Über wenige Stufen kann man auf eine Plattform gelangen. Du betrittst sie und siehst, dass das Gebäude keine Außenmauern hat. Der Tempel ist nach allen Seiten hin offen für die Natur, sein Dach ruht auf vier Säulen. Du dringst ins Innere des Tempels vor, und wenn du den Blick in die Höhe richtest, siehst du eine runde Öffnung im Dach, durch die das sanfte Sonnenlicht auf dich herabfällt.
3. Lade jetzt das Tier zu dir in den heiligen Tempel ein und sieh vor deinem inneren Auge, wie es von außen auf dich zukommt. Spüre, wie ihr in der Mitte des Raumes, im Schein des Lichtes,

aufeinandertrefft. Richte deine gesamte Aufmerksamkeit auf Energie und Präsenz des Tieres.

4. Sobald du dann anfängst, ihm Fragen zu stellen und seine Antworten wahrzunehmen, nutzt du deine Vorstellungskraft und Intentionalität, um zu einem besseren Verständnis des Tieres zu gelangen und eure Verbundenheit zu intensivieren. Stell dir vor, dass die Energie frei zwischen euch hin- und herfließt. Nimm dir genügend Zeit für die Kommunikation mit dem Tier; lass sich den Prozess einfach intuitiv und ganz wie von selbst entwickeln.
5. Sobald eure Unterredung beendet ist, bedankst du dich bei dem Tier und beobachtest, wie es den Tempel verlässt. Wenn du dann bereit bist, gehst du auf dem Pfad zu deinem Ausgangspunkt am Waldesrand zurück. Beende die Sitzung mit dem siebten Schritt der Anleitung zur Kommunikation mithilfe eines Fotos oder in direktem Kontakt.

Bodyscan

Inzwischen hast du dich bestimmt schon mit dem Bodyscan vertraut gemacht. Diese Technik hier funktioniert nach demselben Prinzip – nur angewendet auf das Tier, mit dem du arbeitest. Durch intuitives Scannen seines Körpers kannst du verspannte oder gar schmerzhafte Stellen aufspüren, um die sich gekümmert werden muss. Was allerdings die weitere Untersuchung, Diagnose und Behandlungsempfehlungen betrifft, solltest du dich an einen Tierarzt oder eine Tierärztin wenden.

Wenn ich mich mit einem Tier verbinde und es beinahe wie ein Arzt durchchecke, stelle ich mich intuitiv auf es ein und frage es während des gesamten Bodyscans, welche Körperpartie sich wie für es anfühlt. Doch manchmal verdrängen Tiere auch ihre

Schmerzen und Beschwerden und antworten einfach, alles sei gut. Vergiss nicht: Es handelt sich bei ihnen um instinktgesteuerte Lebewesen, die mit allem, was ihnen passiert, ganz natürlich klarkommen und ihre Beschwerden verbergen. Ein Beispiel: Eine Kundin von mir bat mich einmal, mit ihrer Hündin zu sprechen, die einen Knoten unter der rechten Vorderpfote hatte. Als ich mich mit dem Tier verband und es fragte, wie es ihm gehe, antwortete es: »Mir geht's gut! Alles ist bestens! Aber lass uns jetzt mal anfangen, ich hab noch viel zu tun.« Doch als ich den Körper der Hündin abscannte, spürte ich große Wärme und nahm ein Druckgefühl wahr. Das alarmierte mich sofort. Ich empfahl meiner Kundin, mit dem Hund zur Tierärztin zu gehen und den Sachverhalt abklären zu lassen. Und tatsächlich stellte sich heraus, dass es sich um eine präkanzeröse Gewebeveränderung gehandelt hatte, die nur deshalb leicht entfernt werden konnte, weil sie so früh entdeckt worden war.

Wenn ich einen Bodyscan durchführe und das Tier frage, wie es ihm geht, findet sein Befinden manchmal in meinem Körper Widerhall. Empfinde ich zum Beispiel eine Art Sodbrennen oder Verspannungen im Bein, handelt es sich oft nicht um meine Beschwerden, sondern um die des Tieres. Damit will ich nicht sagen, dass ich ihm seine Gefühle oder Erfahrungen abnehmen würde. Vielmehr habe ich mich dann so auf das Tier eingestellt, dass ich am eigenen Leib spüre, was es fühlt. Deshalb ist es auch so wichtig, dass du dich vor dem Scannen des Tieres erdest und dir Klarheit über deine eigenen Empfindungen verschaffst.

1. Halt dich an die ersten fünf Schritte der direkten oder Fernkommunikation, je nach der Situation, in der du dich befindest.
2. Lenke deine gesamte Aufmerksamkeit auf Energie und Präsenz des Tieres. Stell dir einen Lichtstrahl vor, der aus deinem dritten Auge kommt und den gesamten Tierkörper von oben bis

unten scannt. Vielleicht stellst du dir den Leib des Tieres auch von der Seite her vor und scannst ihn auf diese Weise von vorn bis hinten. Also fast wie in einem MRT. Genauso gut kannst du dir vorstellen, dass dir das Tier gegenübersitzt und der Scan dem Strahl des Lichts aus deinem dritten Auge folgt.

3. Verlass dich während des Scans auf deine Intuition, die dich alle Spannungen und Beschwerden spüren lässt. Achte auf alle Empfindungen, Emotionen und Bilder, die dir in den Sinn kommen. Bei dir mag es anders sein, mir aber erscheinen problematische Körperpartien oft als hochkonzentrierter Lichtpunkt. Diesen Punkt beobachte ich dann und schaue, was er tut: ob er zum Beispiel eine andere Form oder Farbe annimmt. Auch das kleinste Symbol, das durchkommt, kann ich auf diese Weise noch wahrnehmen. Handelt es sich um etwas potenziell Besorgniserregendes, kommt es mir zumeist rötlich und warm vor, fast heiß, beinahe brennend. Auch sehe und spüre ich oft die Lebensenergie durch den Körper des Tieres fließen. Und wenn ich dann auf Stellen stoße, an denen sie stagniert oder blockiert ist, wende ich mich ihnen intensiver zu.
4. Nimm dir genügend Zeit für die Kommunikation mithilfe des Bodyscans, lass sich alles ganz natürlich und intuitiv entwickeln.
5. Beende die Sitzung mit dem siebten Schritt der Anleitung zur Kommunikation mithilfe eines Fotos oder in direktem Kontakt.

Automatisches Schreiben

Das automatische Schreiben stellt eine Form des Channelings von Botschaften dar. Man schreibt dabei frei heraus, ohne Kritik und doppelten Boden, rein von der Intuition geleitet. Im Regelfall lässt man beim automatischen Schreiben einfach einen Stift übers Papier rasen, während das Bewusstsein außen vor bleibt und auch kein bestimmtes Ziel verfolgt wird. Stattdessen werden das Unbewusste und die Seele von der Leine gelassen, um die Verbundenheit mit der eigenen Intuition, Kreativität und inneren Führung zu vertiefen. Entstehen können daraus ganz unerwartete Einsichten, zu denen uns der Verstand nie verhelfen würde.

Meine Klientin Alyssa war Reiterin und stolzer Mensch einer bildschönen Stute namens Bella. Gerade im Springen hatte Bella stets brilliert – doch in letzter Zeit ließen ihre Leistungen immer mehr zu wünschen übrig. Am Training schien sie auch kaum mehr Freude zu haben. Alyssa fand nicht heraus, was dem Pferd fehlen konnte, und die Tierärztin versicherte ihr, dass Bella bei bester Gesundheit war. Ratlos beschloss Alyssa, es einmal mit der intuitiven Tierkommunikation zu probieren, und entschied sich für die Methode des automatischen Schreibens, um eine Erklärung für die plötzlichen Veränderungen in Bellas Verhalten zu finden. Als Zeitpunkt der Sitzung wählte sie die ruhigen Abendstunden nach der Fütterung, wenn sich Tier und Mensch bestmöglich entspannen konnten. Mit Notizbuch und Stift bewaffnet, setzte sich Alyssa zu Bella in die Box. Nachdem sie sich mithilfe einer kurzen Meditation geerdet hatte, konzentrierte sie sich ganz auf ihre Absicht, Bellas Gefühle zu verstehen und die Ursache ihrer Veränderung herauszufinden. Ohne nachzudenken, ließ sie ihre Hand frei über das Papier fliegen. Dabei entstanden Worte und Satzfetzen wie: »Licht zu hell. Krach. Das Klatschen macht Angst. Vermisse ruhige Ausritte. Vermisse unsere Zeit zu zweit.«

Alyssa ließ ihrer Hand volle Bewegungsfreiheit, bewertete nichts, unterbrach nicht. Nach circa 20 Minuten tauchte sie aus ihrer Schreibtrance wieder auf und las, was sie geschrieben hatte. Dabei wurde ihr klar, dass sich Bella überfordert fühlte: von der erhöhten Trainingsintensität, dem Licht, dem ganzen Krach und dem Applaus des Publikums beim offenen Training. Inspiriert von diesen Erkenntnissen, modifizierte Alyssa ihren Trainingsplan, der von nun an auch wieder mehr ruhige Ausritte vorsah, ganz ähnlich wie früher. Auch bat sie die Betreiber der Reitanlage, Licht und Geräusche so gut wie möglich zu reduzieren. In den folgenden Wochen verbesserten sich Bellas Leistungen, sie schien wieder fröhlicher und besser motiviert. Bei Alyssa verstärkte diese Erfahrung den Glauben an die intuitive Tierkommunikation als wertvolles Tool zum besseren Verständnis ihres geliebten Pferdes. Es hatte ihr auch wieder vor Augen geführt, dass jedes Tier, genau wie es bei Menschen der Fall ist, seine ganz eigenen Vorlieben und Ängste hat. Und dass unsere Verbindung zu ihm durch aktive Rücksichtnahme tiefer und enger wird.

1. Leg einen Stift sowie dein Notizbuch oder viel leeres Papier bereit. Halt dich an die ersten fünf Schritte der direkten oder Fernkommunikation, je nach der Situation, in der du dich befindest.
2. Fasse die Absicht, auf dem Weg des automatischen Schreibens Botschaften von deinem Tier zu empfangen.
3. Schreib alles auf, was dir in den Sinn kommt, ohne es zu kritisieren oder zu bewerten. Schreib frei von der Leber weg, notier alles, was durch dich hindurchfließt, ohne es steuern oder lenken zu wollen.
4. Erfasse beim Schreiben intuitiv Energie und Präsenz des Tieres und gestatte dir, alle Botschaften oder Erkenntnisse zu empfangen, die sich bei dir einstellen mögen. Schreib so lange weiter, bis du das Gefühl hast, alle Botschaften und Erkenntnisse erhalten zu haben, die dir das Tier zukommen lassen wollte.
5. Beende die Sitzung mit dem siebten Schritt der Anleitung zur Kommunikation mithilfe eines Fotos oder in direktem Kontakt.

Journaling –
Überlegungen für dein Tagebuch

1. Fühlst du dich mit der direkten Kommunikation genauso wohl wie auf die Ferne und mit einem Foto? Wenn nein: Welche der beiden Herangehensweisen bereitet dir die größeren Schwierigkeiten und warum?
2. Nachdem du dir dieses Kapitel durchgelesen hast, frage dich bitte (und zwar bevor du mit dem nächsten Kapitel anfängst), welche Techniken dich am meisten ansprechen. Und woran, glaubst du, könnte das liegen?
3. Inwiefern können Meditationen oder auch die Übungen aus den ersten Kapiteln dieses Buches die in diesen dargestellten Techniken unterstützen?
4. Wenn du dich jetzt anschickst, diese Techniken auszuprobieren: Auf welche freust du dich am meisten? Und welche machen dir eher Angst?

TIERE IM JENSEITS, TOTEM- UND KRAFTTIERE

Kommunizieren können wir auch mit verstorbenen und in die geistige Welt beziehungsweise ins Jenseits übergegangenen Tieren, das sich manche auch als eine Art Himmel vorstellen. Stirbt ein Lebewesen, nehmen seine Energie und sein Bewusstsein eine neue Schwingungsfrequenz an, die ihm seine Weiterexistenz im Reich des Geistes, des Spirits, ermöglicht. Dabei gilt: Je höher seine Schwingungsenergie, desto spirituell entwickelter und erleuchteter ist es. Deshalb können Spirits (die ihren physischen Körper und die mit ihm zusammenhängenden Beschränkungen abgelegt haben) im Jenseits auf einer höheren Frequenz schwingen und höhere Bewusstseinsebenen erreichen als lebende Tiere oder Menschen. Doch bevor es um die Kommunikation mit den Tieren im Jenseits geht, möchte ich dich an meinem Wissen über die Erfahrungen teilhaben lassen, die sie auf der anderen Seite machen.

Wie Tiere das Jenseits erleben

Wie wir Menschen haben auch Tiere ein ganzes Team von Engeln, Geistführern und Lichtwesen um sich, die sie ihr ganzes Leben über begleiten. Wenn es Zeit wird, die Schwelle zu überschreiten, bereitet dieses Team die Schwingungen des Tieres fürs

Jenseits vor; jedenfalls empfinde ich es so. Manchmal nehme ich dieses Unterstützerteam schon ungefähr ein Jahr vor seinem Tod wahr. Kommt der Zeitpunkt dann näher, treffen alle Unterstützer ein, um das Tier zu beruhigen und ihm beizustehen. Es beschert dem Todgeweihten auch eine Art Vorgeschmack auf das Jenseits – sodass es quasi erst einmal einen Fußzeh in seine Zukunft tauchen kann, bevor es sich ganz hineinstürzt. Das hilft dem Tier, in Frieden mit seinem Erdenleben abzuschließen und seine Schwingung ganz allmählich der im Jenseits vorherrschenden Frequenz anzupassen.

Die Tiere auf der anderen Seite berichten von überschwänglicher Liebe, großer Heiterkeit, Begeisterung und Friedfertigkeit. Diese enorm positiven Gefühle überschreiten unser Vorstellungsvermögen bei Weitem, lassen sich oft gar nicht in Worte fassen, und weil wir uns ja noch auf der irdischen Ebene befinden, können wir nur ahnen, wovon genau sie alles schwärmen.

Wann immer ich mich mit einem verstorbenen Tier verbinde, spüre ich: Meine Schwingungsfrequenz erhöht sich so, dass sie sein Level erreicht. Diese andere Energie empfinde ich nicht nur als höher schwingend, sondern auch als irgendwie schneller. Manchmal beschleunigt sich bei dieser Arbeit sogar mein Herzschlag, wie sonst nur bei extremer Freude und geradezu ekstatischer Erfüllung. Die Gefühle, die Tiere im Jenseits haben, unterscheiden sich insofern von denen lebender Wesen, als abgesehen von Euphorie und einem Empfinden von Freiheit vor allem tiefgreifende Heiterkeit herrscht. Was natürlich daran liegt, dass sie nicht länger an ihren physischen Körper gebunden sind. Diese Heiterkeit ist oft umso größer, je mehr sich das Tier vor seinem Tod quälen musste, sei es krankheitsbedingt oder aus Altersgründen. Fast alle Verstorbenen fühlen sich verjüngt, beinahe so, als wären sie wieder »ganz die Alten«. Oder noch viel besser. Ihre Energie erlebe ich oft wie die eines Geistes, der endlich aus dem

Gefängnis seiner Flasche befreit wurde. Kein Wunder: Ist sie ihrem Körper (der Flasche) einmal entkommen, kann sich die Essenz eines verstorbenen Tieres überallhin ausbreiten, in alle Richtungen.

In der Version vom Himmel, die unsere (Haus-)Tiere erleben, geht es oft um Dinge, die sie zu Lebzeiten gern mit ihren Menschen unternommen haben: wenn sich ein Hund zum Beispiel stundenlang auf einem dahinschippernden Boot aufhält oder eine Katze sich auf einem weichen Kissen genüsslich im Sonnenschein rekelt. Bei der Arbeit mit einer zu Lebzeiten außer Dienst gestellten Rennstute hatte ich das Gefühl, sie galoppiere noch einmal dahin und führe die Herde schnell wie der Blitz und mit einem Lächeln durch die Landschaften. Ich sehe und spüre die verstorbenen Tiere stets in der herrlichen Natur und im schönsten Sonnenschein ihre Freiheit genießen.

Bei vielen Tieren, die die Schwelle des Todes überschritten haben, habe ich auch das Gefühl, dass sie Dinge tun, die sie zuvor nie hatten tun können. So sehe ich Hunde frei umherlaufen, springen, sich im Gras wälzen ... und plötzlich klettern sie auf einen Baum, winken von ganz oben herab und rufen: »Schau mal, wozu ich jetzt alles imstande bin!« Ich habe auch schon einmal Tiere den Reißverschluss ihres Fells aufziehen und es auf den Boden legen sehen wie in einem Comic. Nachdem sie ihre Außenhaut abgestreift hatten, holten sie tief Luft und feierten die Befreiung von ihrer physischen Existenz. Manche wuseln aber auch als Lichtpunkte umher wie Kometen.

Gewöhnlich sehe ich die Tiere ganz nahe bei ihren zu Lebzeiten geliebten Menschen. Ich habe noch nie das Gefühl gehabt, dass ein Tier seinem Menschen gegenüber für irgendetwas, was es mit ihm erlebt hatte, Bedauern, Traurigkeit oder irgendeine Form von Groll empfunden hätte. Viele Kunden fragen mich, ob es ihrem verstorbenen Tier im Jenseits gut gehe oder ob es wegen irgendeiner falschen Entscheidung, die sie einst getroffen hätten, böse auf sie sei, womöglich, weil sie es hatten einschläfern lassen oder so. Meiner Erfahrung nach schwingen die Energien im Jenseits jedoch so hoch und liebevoll, dass es derartige Dinge dort einfach nicht gibt. Ich habe immer das Gefühl, dass die Tiere im Jenseits sehr glücklich sind und ihren Menschen davon erzählen möchten. Oft gewinne ich auch den Eindruck, dass sie uns Zweibeinern helfen wollen, uns von Gefühlen der Scham oder des Bedauerns zu befreien. Zwar bricht einem der Verlust eines geliebten Tieres das Herz, aber die Bande der Liebe reißen nie, sie verändern nur ihre Form.

Und das Spannendste daran: Sobald sich ein Tier auf der anderen Seite befindet, ist es bereit, das nächste Kapitel in seiner Beziehung zu uns Menschen aufzuschlagen. Im Geist können sie uns führen, beschützen, leiten, unterstützen und wirklich bei uns sein, ganz unabhängig davon, wo wir gerade sind und was wir tun. Und wie ich herausgefunden habe, können sich die verstorbenen Tiere zudem an verschiedenen Orten gleichzeitig aufhalten. Sie können sich in ihrer Version des Himmels aufhalten, zur gleichen Zeit aber irgendwo auch mit einigen ihrer Menschen zusammen sein und mit den anderen Tieren, mit denen sie vor dem Tod in einem Haushalt gelebt haben.

Meiner Erfahrung nach gewöhnen sich manche Tiere ausgesprochen schnell an die Bedingungen im Jenseits, während andere viel länger dafür brauchen. So etwas wie Zeit gibt es dort zwar nicht, aber in unserem menschlichen Verständnis könnte man wohl sagen: Es dauert eben, so lange es dauert. Manche Tiere genießen den Frieden, die Freiheit im Jenseits und entspannen sich, andere dagegen übernehmen sofort eine aktive Rolle und werden zum Schutzengel ihrer noch lebenden Lieben. Manche verharren eine Weile in dieser Rolle und nehmen danach eine höhere Schwingungsenergie an, bleiben jedoch nach wie vor in

Verbindung mit uns. Viele sind für ihre Menschen eine Zeit lang sehr präsent, versuchen etwa, ihnen über ihre Trauer und den Verlust hinwegzuhelfen, machen sich in Träumen, Gefühlen oder durch bestimmte Zeichen bemerkbar. Irgendwann aber kommen sie nicht mehr so oft durch, weil sie dann nämlich ihre Rolle als Unterstützer erfüllt haben und bereit sind, in die nächste Phase ihrer Seelenreise einzutreten. Das kann etwa bedeuten, dass sie als ein anderes Tier reinkarnieren und wieder zu uns kommen, vielleicht aber auch zu Menschen, die uns unbekannt sind. Manches Tier, habe ich oft das Gefühl, organisiert vom Jenseits aus seine »Nachfolge« im ehemaligen Zuhause. Und es übernimmt mit Freuden die Betreuung des Neuankömmlings, damit die familiären Beziehungen von Anfang an störungsfrei sind.

Seelengruppen

Viele Tiere erlebe ich als Angehörige einer Seelengruppe. Damit ist gemeint, dass die Seele eines Tieres mit einer größeren Gruppe anderer Tierseelen in Verbindung steht (zusätzlich zu den Seelen von Menschen), zu denen sie eine besondere – vor allem auch energetische – Beziehung unterhält. Die Aufgabe einer Seelengruppe besteht in der gegenseitigen Unterstützung ihrer Mitglieder bei der spirituellen Weiterentwicklung und Evolution. Mitunter, aber keineswegs immer verbringen die Angehörigen einer Seelengruppe das Leben zusammen. Leute fragen mich oft, ob ihr neues Haustier eine Reinkarnation des verstorbenen sei oder ob es in anderer Gestalt zu ihnen zurückkehre. Viel öfter aber gewinne ich den Eindruck, dass die Tiere voneinander unabhängige Wesen sind, die jedoch ein und derselben Seelengruppe angehören.

Ein Beispiel: Dennis fragte mich, ob es sich bei Rufus, seinem neuen Welpen, wohl um die Reinkarnation von Dobie handele, seinem verstorbenen früheren Hund. Für Dennis gab es zwischen den beiden viele geradezu unheimliche Ähnlichkeiten. Zumal die Tiere einander im Leben nie begegnet waren. Als ich den Geist von Dobie aufspürte, wurde mir bewusst, dass er Rufus mit Dennis zusammengeführt hatte. Außerdem gehörten die beiden Hunde derselben Seelengruppe an, also ergaben die vielen Ähnlichkeiten zwischen ihnen durchaus Sinn. Dazu mal kurz eine Analogie: Stell dir vor, dass von ganz hoch vom Himmel ein Wassertropfen hinabfällt. Auf seinem Weg zur Erde teilt er sich in mehrere einzelne Tröpfchen auf, die alle ähnliche Eigenschaften haben. Und da diese auf denselben Ursprungstropfen zurückgehen, bilden sie in gewisser Weise auch immer noch eine Einheit. In diesem Beispiel entspräche der ursprüngliche Tropfen der Seelengruppe. Und da Dobie und Rufus derselben Seelengruppe angehören, bestehen zwischen ihnen sowohl Ähnlichkeiten als auch Unterschiede, ganz wie bei Geschwistern.

Was ich aber vor allem sagen möchte: Auch unsere lieben Tierchen im Jenseits sind immer um uns herum und für uns da. Wir müssen sie nur um ein Zeichen bitten und auch bereit sein, es zu empfangen. Da es auf der anderen Seite jedoch so etwas wie Zeit nicht gibt, müssen wir dabei geduldig sein, dürfen keinerlei Erwartungen haben und sollten unserer gesamten Umgebung mit größter Aufmerksamkeit begegnen. Denn der Spirit drückt sich oft in kleinsten Feinheiten aus, und wenn wir abgelenkt sind, kann es sein, dass wir seine Botschaft verpassen.

Lass mich dir an dieser Stelle von Dasher erzählen. Meine geliebte Hündin Dasher starb mit acht Jahren urplötzlich an einer Autoimmunschwäche. Das ging, wie gesagt, sehr schnell und war ein furchtbarer Schock. Doch trotz der unsagbaren Traurigkeit, die ich empfand, verstand ich auch, dass ihr rascher Tod ohne längere Leidenszeit, ihre bis zum Ende verbliebene Fröhlichkeit und Jugendlichkeit ein großer Segen waren. Am Tag nach ihrem

Hinscheiden bat ich Dasher um ein Zeichen, dass sie im Jenseits angekommen war. Dabei dachte ich an eine Rote Libelle, weil ich zwar wusste, dass sie in meiner Gegend vorkommen, mir aber in all den Jahren, in denen wir dort lebten, bei uns im Garten noch keine einzige begegnet war. Schmetterlinge und andere hübsche Insekten durchaus, aber eine Rote Libelle? Nicht ein einziges Mal.

Und natürlich: Gleich am nächsten Tag zeigten sich hinten an der Tür, die in den Garten führt, zwei Rote Libellen, die miteinander tanzten und sich jagten. Eine von ihnen schickte sich an, das Haus zu entern, und schwirrte darin umher, als ob sie versuchen wollte, auf mir zu landen. Ich ging ihr in den Garten voraus, setzte mich an den Rand unseres Brunnenteichs und diese eine Libelle nahm direkt neben mir auf einem Blatt Platz. Dabei sah sie aus, als lächele sie. In dem Moment spürte ich Dashers Präsenz und blieb circa 20 Minuten lang einfach nur dort sitzen, im Beisein der Libelle, ganz präsent und voller Dankbarkeit für Dashers Botschaft, für die Liebe und die Kraft des Spirits, der immer wieder Wege findet, sich uns mitzuteilen.

Die Libelle kam genau eine Woche lang täglich vorbei, flog ins Haus, um mir Hallo zu sagen, und nahm dann immer auf demselben Blatt am Brunnen Platz. Und ich ging jeden Tag in den Garten hinaus, setzte mich eine Weile zu ihr und empfand wieder diese Dankbarkeit für meine ewige Verbundenheit mit Dasher und für die friedvolle Schönheit des Augenblicks. Nach dem siebten Tag stellte die Libelle ihre Besuche bei mir ein. Aber Dashers Nähe spüre ich bis heute auf allerlei Art und Weise. Und immer wieder überrascht sie mich, erinnert mich an ihre Liebe, unsere Verbundenheit.

Als ich Dasher vor ihrem Tod in die Tierklinik brachte, saßen wir noch eine Weile im Auto auf dem Parkplatz. Und mit einem Mal stimmte ich aus dem Nichts heraus Suzanne Vegas »Luka«

an. Ich holte mein Handy raus, suchte den Song in der Playlist und sang ihn mit – sang ihn Dasher vor –, während wir noch warteten. Trotz seiner eher schwer verdaulichen Lyrics kommt mir dieses Lied immer irgendwie fröhlich vor. Jedenfalls hellte es die Stimmung im Wagen ein wenig auf.

Nicht lang nach Dashers Tod fühlte ich mich zu einem neuen Hundewelpen hingezogen, der sich durch mehrere »Zufälle« in mein Leben geschlichen hatte. Vom ersten Moment an wusste ich, dass er »derjenige, welcher« war ... so, wie es sich mit all unseren anderen Tieren auch abgespielt hatte. Im Geist bat ich Dasher um einen Namensvorschlag für den Neuen. Und hatte wenig später wieder den Song im Kopf ... »My Name Is Luka«. Ich war direkt schockiert – hatte ich doch vollkommen vergessen, dass ich genau diesen Song damals auf dem Parkplatz vor der Tierklinik abgespielt und Dasher vorgesungen hatte – als letztes Lied, das sie je von mir hören sollte.

Natürlich wusste ich sofort, wie der Welpe heißen sollte. Ich bedankte mich bei Dasher für ihre Hilfe. Das Hündchen reagierte (indem es mir die Nase leckte) gleich auf die erste Nennung seines Namens – Luca (ich hatte mich statt für die Schreibweise mit »k« fürs »c« entschieden). Interessanterweise hat er vieles an sich, was auch Dasher ausgezeichnet hatte, etwa dieselben Gesichtsausdrücke und die supersüße Gewohnheit, sich auf den Rücken zu legen, damit ich mich hinhocke und ihn knuddele. Ich spüre, dass die beiden derselben Seelengruppe angehören, weiß ihre Gemeinsamkeiten genauso zu schätzen wie die vielen Gelegenheiten, bei denen uns Dasher daran erinnert, dass sie immer noch bei uns ist. Zugleich aber ist es mir auch gelungen, eine ganz neue, sehr erfreuliche Beziehung zu Luca herzustellen, die sich erheblich von der unterscheidet, die ich mit Dasher hatte.

Der Kontakt mit verstorbenen Tieren und die Bitte um ein Zeichen

Um die Tiere im Jenseits erspüren zu können, musst du dich nicht in tiefe Meditation begeben. Du kannst sie auch wahrnehmen, indem du bewusst auf die subtilen oder offenkundigeren Zeichen und Botschaften achtest, die sie dir von der anderen Seite her zukommen lassen. Vielleicht siehst du wiederholt ein bestimmtes Lebewesen (wie ich die Libellen), riechst es oder spürst in bestimmten Situationen seine Präsenz.

Wenn du dir ein Zeichen von einem verstorbenen Tier wünschst, empfehle ich dir, dass du es darum bittest. Du kannst diesen Wunsch stumm, also nur im Kopf, äußern, ihn aber auch laut aussprechen oder schriftlich in deinem Notizbuch festhalten. Wobei es bei all diesen Möglichkeiten entscheidend darauf ankommt, dass du das, was du da denkst, sagst oder schreibst, wirklich, wirklich *fühlst*. Wichtig ist auch, dass du deinen Wunsch so präzise wie nur irgend möglich formulierst. Wünsch dir also nicht einfach irgendeinen Vogel, sondern einen, der eine bestimmte Farbe hat oder einer bestimmten Art angehört. Danach musst du eigentlich nur noch für alles offen und empfangsbereit sein. Denn bei dem Vogel kann es sich um einen echten handeln, den du auf dem Fenstersims entdeckst, genauso gut aber auch um ein Bild aus der Werbung. Oder er taucht in einem Film auf. Sobald du das gewünschte Zeichen erhalten hast, solltest du dir einen Moment Zeit nehmen, um dich darüber zu freuen und deinem verstorbenen Tier zu danken.

Was eine mögliche Kontaktaufnahme mit dem kürzlich verstorbenen Yogi anging, war Julie eher skeptisch. Da sie und ihr Freund aber sehr um ihren geliebten Kater trauerten und sich ohne ihn irgendwie verloren fühlten, buchte sie trotzdem eine Sitzung bei mir. Ich nahm Yogi als sehr lebendige, begeisterte

Präsenz wahr und hatte das Gefühl, dass er sehr glücklich war, seinen Menschen aus dem Jenseits heraus helfen zu können. Yogi zeigte mir verschiedene Zeichen; unter anderem sollten sie auch nach Pinguinen Ausschau halten, was Julie und ihrem Partner allerdings allzu weit hergeholt vorkam. Daraufhin erklärte ich ihr, dass solche Zeichen auf ganz unterschiedliche Art und Weise durchkommen können. Zum Beispiel auf Social Media, aber durchaus auch im Supermarkt vor der Kasse – wo sich unter Umständen ein Werbestand mit Stoffpinguinen befindet. Außerdem sagte ich Julie noch, dass sich Yogi nicht mit subtilen oder unspezifischen Zeichen aufhalten, sondern sich sehr deutlich bemerkbar machen würde.

Der verstorbene Kater zeigte mir auch ein spezielles Kunstwerk. Ich fragte Julie nach einem Gemälde oder dergleichen, das etwas mit Yogi zu tun haben könnte. Als sie das verneinte, sagte ich ihr, dass in dieser Hinsicht bestimmt noch etwas kommen würde. Weiterhin ließ Yogi mich wissen, was er alles für Julie und ihren Freund tat und dass er sogar als Glücksbringer für die beiden fungiere. Er klatschte in die Pfoten, jubelte und feierte im Jenseits und zeigte mir wiederholt eines jener blauen Bänder, die Sieger eines Wettbewerbs oft erhalten. Daraufhin berichtete mir Julie, dass sie in ihrer Firma gerade zur Angestellten des Jahres ernannt worden war und als Anerkennung Tiffany-Ohrringe erhalten hatte – in dem bekannten türkisblauen Kästchen nebst Geschenkband und dicker Schleife. Ihr Freund hatte seinerseits bei einer Pokermeisterschaft ein Preisgeld in Höhe von 6000 Dollar gewonnen. Als mir Julie das alles erzählte, ging mir buchstäblich ein Licht auf – ein Stroboskoplicht sogar – und in meinem Kopf wurde alles superhell, was immer für Bestätigung steht. Yogi sagte: »Ja! Siehste: Ich bin da und helfe! Und freue mich so für euch!«

Später am Tag erhielt ich eine E-Mail von Julie, in der sie mir mitteilte, dass sie einer Freundin von unserer Sitzung erzählt habe. Und wie sich herausstellte, hatte die ein Porträt von Yogi in Auftrag gegeben, mit dem sie Julie überraschen wollte. Sie habe das Bild gerade abgeholt und wollte es Julie gleich vorbeibringen. Die war vollkommen perplex. Genauso wie ihre Freundin, die lachte und sich beschwerte, dass Yogi ihr die Überraschung verdorben hätte.

Wenige Tage später beobachtete Julie, wie sich im Supermarkt eine Angestellte mit einem Karton und einem Einkaufswagen durch einen der Gänge quälte. Irgendwas sagte ihr, sie solle mal gucken, was da Sache war, und siehe da: Die Angestellte stopfte den Inhalt des Kartons in den Wagen: jede Menge Stoffpinguine. Von da an sah Julie an allen möglichen und unmöglichen Orten Pinguine, und nicht nur sie. So fiel etwa ihrem Freund, der in einem Restaurant mit angeschlossenem Spielcasino arbeitete, plötzlich ein Automat mit ganz vielen aufgemalten Pinguinen ins Auge. Und das, nachdem er unzählige Male an der Maschine vorbeigekommen war, ohne sie zu bemerken. Aus einem Impuls heraus setzte er sich ans Gerät, spielte eine Runde und gewann prompt hundert Dollar. Ungefähr zur gleichen Zeit musste Julie an Yogi denken und wurde ganz traurig, als ihr einfiel, dass Valentinstag war. Mit einem Mal fühlte sie sich irgendwie genötigt, den Fernseher anzumachen. In dem Sender, der aufploppte, lief gerade eine Doku über Brillenpinguine in Afrika, bei denen die Männchen Materialien zum Nestbau beisteuerten. Zu Ehren dieses speziellen Tages hatten die Macher der Dokumentation den Vögeln einige niedliche Papier-Vielliebchen hingelegt, die die Männchen ihren Weibchen zur Weiterverwendung in möglichst kuscheligen Heimstätten schenkten. Alles Liebe zum Valentinstag! In dem Moment spürte Julie, wie Yogi ihr seine herzlichsten Grüße übermittelte. Und das waren nur einige wenige Beispiele für seine Interventionen aus dem Jenseits.

Meiner Erfahrung nach lieben es verstorbene Tiere, sich mit

uns zu unterhalten. Sie finden es mega, wenn wir sie um Zeichen bitten, und schicken uns immer mehr davon, sobald wir ihre Signale wahrnehmen, uns über sie freuen und uns dafür bedanken. Das ist eine gute Möglichkeit, die Beziehung zu einem geliebten Tier um eine neue Facette zu bereichern. Und mit der Zeit stärkt sich eure Verbundenheit so, dass dir dein verstorbenes Schätzchen auch auf andere Weise beispringen kann.

Hilfe bei der intuitiven Kommunikation

Die Tiere im Jenseits sind nicht nur bereit, uns in Bezug auf unser Leben zu unterstützen, sondern helfen uns auch gern bei der Kommunikation mit lebendigen Tieren. In solchen Sitzungen spüre ich oft eine Präsenz aus dem Jenseits – die eines verstorbenen Tieres, das früher einmal zu mir gehört hatte oder auch zu meiner Kundin oder meinem Kunden. Entweder hilft sie dem Tier, sich der Kommunikation zu öffnen, oder mir, dessen Botschaften zu verstehen. Manchmal tauchen diese Präsenzen einfach so auf, unaufgefordert, manchmal aber bitte ich sie auch explizit um Unterstützung.

William meldete sich bei mir, nachdem er den fünfjährigen Boxer Ruffalo aus dem Tierschutz zu sich genommen hatte, und wollte mich um Hilfe bei dessen Eingewöhnung im neuen Familienheim bitten. Ich nahm die Präsenz eines Deutschen-Schäferhund-Rüden wahr, der einen Superman-Umhang trug und um William und Ruffalo herumflatterte. Ob er einmal einen Hund hatte, auf den diese Beschreibung passen könnte, fragte ich William und er bejahte. Das Tier hätte auf den Namen Clark Kent gehört. Nachdem Clark Kent mich auf Probleme mit Ruffalos Leine aufmerksam gemacht hatte, erklärte mir William, dass der Neuankömmling bereits eine Leine durchgebissen und sich beim

Gassigehen zweimal aus seinem Halsband herausgewunden habe. William hatte ihm gerade ein Geschirr – mit dem Superman-Logo drauf – gekauft, es war aber noch nicht im Gebrauch, weil Ruffalo es nicht gern zu tragen schien. Ich spürte, dass es Clark Kent gewesen war, der William zu diesem speziellen Geschirr mit dem Logo seines Namensvetters geführt hatte, damit Ruffalo auch ja nichts passieren konnte. Darüber hinaus wünschte sich Clark Kent, dass William ihn bat, bei Ruffalos Gewöhnung an das Geschirr behilflich zu sein. Was einen Monat später als gelungen und abgehakt gelten konnte.

Sollten Helfer nicht wie Clark Kent von selbst auftauchen, kannst du während der intuitiven Kommunikation mit einem lebendigen Tier jederzeit die Hilfe der Verstorbenen im Jenseits erbitten. Wenn du eine der Meditationstechniken aus diesem Buch anwendest, brauchst du ihr nur zwei weitere kleine Schritte hinzufügen: die Absicht fassen und um Unterstützung bitten. Angenommen, du arbeitest mit dem großen gläsernen Fahrstuhl. Nachdem du oben angekommen bist und dem Tier begegnest, mit dem du dich unterhalten möchtest, lädst du zusätzlich eines aus dem Jenseits ein, in eurem heiligen Raum zu euch zu stoßen und gegebenenfalls zu assistieren.

Bekommst du aus irgendeinem Grund das Gefühl, deine Bitte bleibe unbeantwortet, solltest du das akzeptieren. Lass einfach los. Manchmal sehen sie keine Notwendigkeit zur Intervention. Sie betrachten ja jede Situation von einer höheren Warte aus und können deshalb durchaus auch einmal zu dem Schluss kommen, dass es zu deinem und dem höchsten Wohl des lebenden Tieres ist, wenn sie außen vor bleiben – zum Beispiel, weil du ohne ihre Hilfe die größere Chance hast, mehr Selbstbewusstsein zu entwickeln, als wenn sie eingreifen. Lass dich also nicht irritieren und nimm es auch nicht persönlich, wenn aus dem Jenseits keine Reaktion erfolgt. Eventuell wollen dir die Wesen dort nur sagen: »Du kannst das auch ohne uns! Du hast schließlich alle Voraussetzungen dafür!« Und vielleicht gehen sie dir ja bei einer anderen Gelegenheit zur Hand. Trau dich einfach, sie zu bitten, wann immer dir danach ist.

Die Verbindung mit Tieren im Jenseits

Selbstverständlich kannst du bei dieser Arbeit alle Techniken aus dem vorigen Kapitel anwenden. Hier ist jedoch noch eine, bei der es speziell um die Kontaktaufnahme mit verstorbenen Tieren im Jenseits geht.

1. Such dir ein ruhiges, friedliches Plätzchen, an dem du weder gestört noch abgelenkt wirst. Wenn du möchtest, kannst du Kerzen oder Räucherwerk anzünden, um eine entspannte Atmosphäre zu erzeugen. Hilfreich kann es sein, ein Foto oder einen persönlichen Gegenstand des verstorbenen Tieres zu haben, vielleicht ein Halsband oder ein Spielzeug. Schließ die Augen, atme ein paarmal tief ein und aus und fokussiere dich ganz auf deine Absicht der Kontaktaufnahme.
2. Stell dir vor, du betrittst eine weiche, flauschige Wolke. Sieh sie unter deinen Füßen liegen, spüre den Halt und den Auftrieb, die sie dir gibt. Schau in den herrlichen blauen Himmel hoch und nimm auch die anderen Wolken wahr, die über deinem Kopf dahintreiben. Sie symbolisieren die geistige Welt, die Welt des Spirits.
3. Spüre, wie sich deine Wolke erhebt und zu den anderen aufschließt. Nimm auch von dem Wind Notiz, der sanft weht, und lass dir die Sonne aufs Gesicht scheinen. Vielleicht hörst du sogar den Gesang der Vögel und empfindest ein Gefühl friedvoller Freude.

4. Während du dich den Spirit-Wolken näherst, siehst du auf einer von ihnen das Tier stehen, das schon auf dich wartet. Vielleicht sieht es wie zu Lebzeiten aus, es kann sich dir aber auch als strahlendes Energiewesen zeigen. Du erreichst seine Wolke und kannst dich ganz leicht zu ihm gesellen. Begrüße das Tier voller Liebe und Respekt und sag ihm, dass du gekommen bist, um dich mit ihm zu unterhalten.
5. Nimm seine Botschaften mithilfe deiner Intuition auf und antworte ihm mit Empathie und Verständnis. Bei dem, was du empfängst, dürfte es sich um Bilder, Gefühle oder Worte handeln, aus denen die Gedanken und Emotionen des Tieres hervorgehen. Nimm dir Zeit für euer Gespräch und halt mit keinem Gefühl und keiner Frage, die du hast, hinter dem Berg. Hör dem Tier aktiv zu und sei offen für seine Antworten. Wenn du magst, kannst du dir gern alles aufschreiben, was du für notierenswert hältst.
6. Sobald du das Gefühl bekommst, dass sich eure Unterhaltung dem Ende zuneigt, bedankst du dich bei dem Tier für seine Präsenz und Kontaktbereitschaft. Visualisiere dich, wie du dich auf deine Wolke zurückbegibst und langsam wieder in deine Gegenwart hinabschwebst.
7. Atme ein paarmal tief durch und erde dich, indem du deine Füße auf dem Boden spürst und im Hier und Jetzt ankommst. Vielleicht möchtest du dir auch noch einige Notizen über das Erlebte machen und damit meditieren, um weitere Einsichten und noch größere Klarheit zu gewinnen.

Totem- und Krafttiere

Viele indigene Kulturen kennen Totem- und Krafttiere als geistige Führer oder Helfer. Dabei handelt es sich nicht um reale Wesen, die du zu deren Lebzeiten kanntest, sondern eher um Archetypen und höhere Wesenheiten, die dir als Tiere erscheinen. Diesen Tieren werden bestimmte Eigenschaften oder Wesenszüge zugeschrieben, die geeignet sind, Menschen Orientierungshilfen zu geben und sie zu unterstützen.

Totemtiere werden meist als Symbol für die Seele oder die Persönlichkeit des betreffenden Individuums betrachtet. Dahinter verbirgt sich der Gedanke, dass jeder Mensch ein Tier hat, das ihn sein gesamtes Leben über begleitet und ihm auf seiner spirituellen Reise mit Einsichten und hilfreichen Hinweisen zur Seite steht. Mir zum Beispiel erscheint während meiner Kommunikationssitzungen gelegentlich ein Koala, der mir meine ruhige, förderliche Energie spiegelt, mich an sie erinnert und mir zeigt, wie ich dem Tier helfen kann, mit dem ich mich unterhalte. Manchmal sehe ich diesen Koala direkt vor mir, bei anderen Gelegenheiten weiß ich einfach um seine Präsenz und spüre, dass er mich unterstützt.

Krafttiere dagegen werden zu bestimmten Zwecken angerufen, meistens, damit sie uns in einem bestimmten Bereich des Lebens mit Heilung, Schutz oder Orientierungshilfen zur Seite stehen. Dabei wird jeder Tierart eine spezielle Energie zugeordnet, derer wir uns bedienen können. Einige Male schon habe ich im Zuge meiner Sitzungen die Präsenz eines Bären gespürt, der mich daran erinnert, dass ich auf meine Instinkte hören muss. Ich habe dann immer das Gefühl, dass dieser Bärengeist das jeweilige Tier, mit dem ich kommuniziere, mit der Energie von Mut versorgt, die es ihm erleichtert, sich mir mehr zu öffnen.

In indigenen Kulturen überall auf der Welt gelten Totem- und Krafttiere als heilig und werden mit großem Respekt behandelt. Man betrachtet sie dort als Botschafter der geistigen Welt, als Quellen von Weisheit, Stärke und Inspiration. Viele indigene Völker, zum Beispiel der Stamm der Lakota-Sioux, glauben, dass die Verbindung mit seinem Totem- oder Krafttier dem Menschen hilft, sich und seine Umwelt besser zu verstehen.

Auch du magst vielleicht ein Totem- oder Krafttier anrufen, damit es dir – wie mir der Bär manchmal – bei der intuitiven Kommunikation mit einem lebenden Wesen behilflich ist. Im Vergleich zu den verstorbenen Tieren, deren Präsenz sich leicht und beinahe engelsgleich anfühlt, muten Totem- und Krafttiere größer und massiver an. Auch wirken sie irgendwie fortgeschrittener, komplexer. Und sie fokussieren sich auf einzelne Hilfsangebote und Aufgaben. Aber du musst dich nicht für einen bestimmten Unterstützer entscheiden: Wann immer du dir etwas Hilfe wünschst, darfst du gern auch alle zu dir einladen.

Kontaktaufnahme mit Totem- oder Krafttieren

Bevor du deine Totem- oder Krafttiere um Hilfe bei deiner Kommunikationsarbeit mit einem lebenden Wesen bittest, ist es wichtig, dass du dich mit ihnen bekannt machst und eine Verbindung zu ihnen aufbaust. Hier eine Meditationsübung, mit der du diesen Prozess beginnen kannst.

1. Such dir ein ruhiges, bequemes Plätzchen, an dem du nicht gestört wirst, und schließe die Augen. Atme ein paarmal tief durch die Nase ein und durch den Mund aus. Relax dabei und lass alle Verspannungen los.

2. Visualisiere dich selbst in den friedvollen Kulissen der Natur, etwa im Wald, auf einer Wiese oder am Strand. Stell dir vor, von einem warmen goldenen Licht umgeben zu sein, das von deiner Körpermitte ausstrahlt, dem Zentrum deines Wesens. Spür die Wärme der Sonne auf deiner Haut, den sanften Wind in den Haaren und den Erdboden unter deinen Füßen.
3. Nimm dir vor, dich mit deinem Totem- oder Krafttier zu verbinden. Sprich ein Gebet oder eine Affirmation, um deinen geistigen Führer dazu einzuladen, dass er sich dir offenbart. Du kannst zum Beispiel so etwas sagen wie: »Ich öffne mich der Führung meines Totemtieres. Bitte, zeig dich mir und weis mir den Weg, auf dem ich weiterkomme.«
4. Achte auf alle Empfindungen, Emotionen und Bilder, die in dir aufsteigen. Sei offen für jede Botschaft oder Einsicht. Vielleicht siehst du ein Tier vor deinem inneren Auge, vernimmst seinen Ruf oder spürst einfach seine Präsenz.
5. Sobald du dich mit deiner tierischen Führung verbunden hast, nimmst du dir Zeit für ein Gespräch mit ihr. Dafür kannst du diesem Wesen eine Frage stellen oder einfach seine Präsenz, seine Weisheit auf dich wirken lassen. Fragen könntest du zum Beispiel: »Welche Botschaft hast du für mich?«, oder: »Wie kann ich enger mit dir zusammenarbeiten?« Hör auf deine Intuition und vertrau auf jeden Hinweis, den du erhältst. Notier dir alle Einsichten oder Botschaften, die du bekommst.
6. Sobald du bereit bist, die Übung zu beenden, bedankst du dich bei dem Geisttier für seine Unterstützung. Sagen könntest du zum Beispiel so etwas wie: »Vielen Dank dafür, dass du dich mir gezeigt und mich deiner Weisheit hast teilhaftig werden lassen. Ich empfinde große Dankbarkeit für deine Hinweise.« Visualisiere dann erneut das warme goldene Licht, das dich nun wieder umgibt, und komm langsam ins Hier und Jetzt zurück.

7. Nimm noch ein paar tiefe Atemzüge und schlag die Augen wieder auf. Nimm dann dein Notizbuch zur Hand und schreib dir deine Erfahrungen, jede gewonnene Erkenntnis und Botschaft auf. Notier dir auch alles, was du auf der Grundlage der Hinweise, die du erhalten hast, jetzt tun oder verändern möchtest.

Es ist zweifellos mit am schwersten zu ertragen, dass die Lebenserwartung unserer geliebten Tiere geringer ist als die von uns Menschen. Doch sagt mir meine Erfahrung, dass sie uns in Wahrheit nie *wirklich* verlassen. In ihrer geistigen Gestalt sind sie immer bei uns und bleiben auch nach ihrem Tod ein ebenso liebevoller wie wichtiger Bestandteil unseres Lebens. Oft helfen sie uns auch, ein neues Tier zu finden, das wir lieb haben können, und schicken uns ermutigende, hilfreiche Botschaften.

Im Folgenden wenden wir uns weiteren Themen zu, mit denen du dich jetzt, da du dir ein solides Fundament für die intuitive Kommunikation verschafft hast, beschäftigen kannst, zum Beispiel die Kontaktaufnahme mit wild lebenden Tieren, die Kommunikation mit mehr als einem Wesen zur Zeit sowie Informationen über Auras und Chakras

Journaling – Überlegungen für dein Tagebuch

1. Hast du je eine Verbundenheit mit einem Tier im Jenseits empfunden? Sei es in Form von Träumen, Zeichen oder sogar einer physischen Präsenz, die du geahnt oder aus dem Augenwinkel heraus wahrgenommen hast? Wie hat sich diese Erfahrung angefühlt?
2. Mit welchem Tier im Jenseits würdest du gern kommunizieren? Was möchtest du ihm mitteilen? Und welche Botschaften würdest du dir von ihm erhoffen?
3. Wie, glaubst du, unterscheidet sich die Kommunikation mit einem verstorbenen Tier von der mit einem lebendigen Wesen?
4. Denk einen Moment lang über die geistige Führung durch Totem- oder Krafttiere nach. Mit welchen Tieren fühlst du dich bereits eng verbunden? Welche tauchen öfter »zufällig« in deinem Alltag auf? Notier dir Adjektive, die diese Tiere oder mit ihnen assoziierte Symbole beschreiben, und schreib auch auf, wie sie dich beim Erreichen deiner Ziele unterstützen können.

FÜR FORTGESCHRITTENE

Im Grunde hast du jetzt alles, was du für die intuitive Tierkommunikation brauchst. Die Erfahrung – und sie bestätigt sich immer wieder – sagt mir allerdings, dass es doch noch sehr viel mehr zu wissen gibt. In diesem Kapitel behandele ich deshalb eine Reihe von Themen, mit denen du dich beschäftigen kannst, nachdem du dir ein solides Fundament verschafft und schon eine Weile trainiert hast. Zum Beispiel: die Kombination verschiedener Techniken, die Kommunikation mit wilden beziehungsweise wild lebenden Tieren oder mehr als einem Tier zur Zeit. In diesem Zusammenhang gebe ich dir auch eine Einführung in verwandte Themenbereiche, die dich interessieren könnten, etwa Auras und Chakras und die Frage, wie du sie bei der intuitiven Kommunikation einbeziehen kannst. Die meisten der Informationen, die du in diesem Kapitel bekommst, stellen jedoch nur Ausgangspunkte dar, werfen lediglich ein Licht auf die ersten Schritte vieler möglicher weiterer Erkundungen. An dir ist es, zu entscheiden, wo dein Interessenschwerpunkt liegt und welchen Fragen du als Nächstes nachgehen möchtest.

Die Kombination verschiedener Techniken

Obwohl es verlockend sein mag, gleich mit den verschiedenen Techniken anzufangen, möchte ich dir doch empfehlen, dass du dich zunächst darauf fokussierst, *eine* Methode gründlich zu erlernen. Denn wie du inzwischen ja weißt, braucht die intuitive Kommunikation Zeit und ist auch nicht immer erfolgreich. Wenn du es von vornherein mit mehreren Techniken versuchst, findest du nur schwer heraus, welche für dich wirklich funktioniert. Alles in allem kann ich sagen, dass ein Zugang, der sich zunächst auf nur eine Methode beschränkt, die Effektivität der Arbeit erhöht und eine solidere Basis erzeugt, die es später ermöglicht, weitere Techniken hinzuzunehmen.

Ein Grund dafür ist das Selbstvertrauen. Bei der intuitiven Tierkommunikation handelt es sich um etwas sehr Persönliches. Sie setzt deshalb voraus, dass du an dich glaubst und dir diese Arbeit zutraust. Wenn du dich nun für den Anfang auf eine Technik konzentrierst, statt deine Aufmerksamkeit auf mehrere zu verteilen, lernst du schneller, gewinnst an Selbstvertrauen, machst größtmögliche Fortschritte, was wiederum deinen Glauben an dich verstärkt – und so weiter. Sobald du das Gefühl hast, dir ein verlässliches Fundament erschaffen zu haben, kannst du allmählich mit der Verbindung der verschiedenen Techniken und Methoden beginnen, um deine Fähigkeiten noch zu verbessern.

Ein Beispiel dafür: Manchmal beginne ich eine Sitzung mit dem Bodyscan des Tieres und gehe dann zu Bildschirm und Blume über. Oder ich nehme den großen gläsernen Fahrstuhl, um in den heiligen Tempel zu gelangen. Und während ich mich dort befinde, wende ich mitunter die Herz-zu-Herz-Technik an oder aktiviere mein drittes Auge. Was diese Kombinationen angeht, gibt es kein Richtig oder Falsch. Mit zunehmender Übung wirst du deine ganz eigene Art der Tierkommunikation entwickeln. Trotzdem empfehle ich dir, die Dinge möglichst simpel zu halten, besonders am Anfang. Überleg einfach nicht zu viel und nimm dir auch nicht zu viel vor. Denn sonst verlierst du schnell den Halt in der Gegenwart und kommst unnötig ins Trudeln.

Die Kommunikation mit mehreren Tieren

Kunden fragen mich oft, wie ihr Tier mit einer Veränderung im Haushalt klarkommt, insbesondere, wenn ein neues hinzukommt oder bereits zusammenlebende Tiere einander nicht verstehen. Erst kürzlich hat mich Eva kontaktiert, die mit ihren zwei Pitbulls zu ihrer Mutter ziehen wollte. Und diese befürchtete, ihre zwei Katzen könnten eventuell nicht mit Evas Hunden klarkommen. In einer Fernsitzung habe ich mit allen vier Tieren kommuniziert, um zu erfahren, wie es ihnen ging, und ihnen eine Gelegenheit zu geben, sich energetisch miteinander zu verbinden. Dabei agierte ich als Moderator (oder, wenn du so willst, auch als Tiertherapeut). Zunächst befasste ich mich mit jedem Tier einzeln, um mich über seine Erfahrungen und Ansichten zu informieren. Ich spürte, dass die Hunde zwar noch nie die Bekanntschaft einer Katze gemacht hatten, dass sie aber große Softies waren und sich freuten, bald zwei neue Geschwister zu haben. Was die Samtpfoten betraf, drängte sich mir der Eindruck auf, dass die eine sehr vorsichtig und territorial veranlagt war, die andere dagegen – eher neugierig und selbstsicher – versuchte, die Vorsichtige für die Begegnung mit den Pitbulls zu erwärmen. Und nach einiger Zeit teilte mir die Vorsichtige mit, dass sie bereit war, ihre neuen Geschwister zu akzeptieren, solange diese nicht in ihren persönlichen Raum eindrangen. Die Hunde zeigten Verständnis, wie es mir schien, und bekundeten ihre Bereitschaft, die Regeln Ihrer Majestät der Schnurrenden zu befolgen. Im neuen Zuhause bei Evas Mutter ging dann alles gut und die sechs leben seither glücklich unter einem Dach.

Sobald du aus den Kinderschuhen der Tierkommunikation herausgewachsen bist, kannst auch du dich mit mehreren auf einmal unterhalten. Du wirst deine Freude daran haben. Hier noch ein paar Tipps:

- Bevor du mit mehr als einem Tier kommunizierst, solltest du dich intensiv mit jedem einzeln befassen.
- Überleg dir vorab, wie sich jedes der Tiere einbringen sollte. Auf diese Weise bleibst du fokussiert und kannst dich effektiv auf die Energie der Individuen einstimmen. Wichtig ist auch, dass du mithilfe von Intention und Visualisierungen für jedes der Tiere einen energetischen Schutzraum bereithältst. Solange du Ruhe bewahrst, auf deine Fähigkeiten vertraust und dich sicher fühlst, wirst du die an der Kommunikation Teilnehmenden damit anstecken. So können sie sich leichter öffnen und anfangen, sich mitzuteilen.
- Je nach den Individuen und der Situation, mit denen du es zu tun hast, empfindest du vielleicht den Impuls, jedes der Tiere tatsächlich mit einem energetischen Schutzzaun zu umgeben. Das hilft dir, die einzelnen Energien zu steuern und dafür zu sorgen, dass sie sich nicht vermischen oder eine die andere dominiert, insbesondere, wenn sich die Tiere nicht gut verstehen. Allerdings muss ich auch sagen, dass ich keine einzige Sitzung mit mehreren Lebewesen erlebt habe, in der sich die beteiligten Tiere so stritten, dass daraus ernsthafte Schäden hätten entstehen können. Denn allein die höhere Schwingungsfrequenz der intuitiven Kommunikation sorgt schon für eine sichere Atmosphäre auf der Basis gegenseitiger Unterstützung.
- Das Visualisieren ist auch ein starkes Tool, um die Informationen, die du von den Tieren erhältst, zu sortieren und auszuwerten. So kannst du zur Unterscheidung der verschiedenen Energien etwa versuchen, dir die Beiträge jedes einzelnen in einer speziellen Farbe, Form oder mithilfe eines individuellen Symbols vorzustellen.
- Bemüh dich um ein ausgewogenes Verhältnis von Fokussierung und Flexibilität. Bleib die ganze Zeit über präsent und nimm die Bedürfnisse jedes Tieres bewusst wahr, aber sei auch

bereit, deinen Ansatz anzupassen, sollte es sich als erforderlich erweisen. Das kann zum Beispiel bedeuten, dass du deine Aufmerksamkeit gezielt und angemessen auf die Tiere verteilst, dir deine Intentionen neu vergegenwärtigst oder je nach Individuum unterschiedliche Kommunikationsformen wählst.

- Ganz entscheidend kommt es auf aktives Zuhören und auf Bestätigung an. Achte darauf, dass du jedem der Tiere deine volle Aufmerksamkeit schenkst und ihm zeigst, dass du seine Gedanken zu schätzen weißt. Das kann helfen, Vertrauen aufzubauen und die Verbundenheit zu stärken. Dialoge kannst du anregen, indem du offene Fragen stellst und jedem der Tiere die Gelegenheit gibst, sich zu äußern. Sei geduldig, lass sich die Unterhaltung wie von selbst entwickeln und achte darauf, dass sich jedes Tier an ihr beteiligen kann.
- Falls du auf widerstreitende Energien oder Emotionen stößt, solltest du die Ruhe bewahren und fokussiert bleiben. Bleib geerdet, besinn dich auf deine Intentionen und begegne diesen Konflikten mit verständnisvoller Empathie und dem Ziel, zwischen den Individuen zu vermitteln und eine Lösung zu finden, die zum Wohle aller Beteiligten ist. So empfinden dich die Tiere als den Chef oder die Chefin der Situation. Solange du dieses Gefühl und die entsprechende Schwingungsfrequenz aufrechterhältst, können deine Sitzungen eigentlich nur erfolgreich sein.

Der heilige runde Tisch

Für die Kommunikation mit mehreren Tieren kannst du alle Techniken verwenden, über die wir im siebten Kapitel gesprochen haben. Die folgende Methode aber mag ich besonders, weil sie jedem der Tiere seinen eigenen Raum gibt und leicht durchzuführen ist. Sie erinnert mich beinahe an ein Meeting im Konferenzraum, nur dass sie liebevoller und unterstützender ist.

1. Nimm dir zunächst dein Notizbuch und such dir ein ruhiges, friedvolles Plätzchen (zum Beispiel in deinem heiligen Raum), an dem du dich ungestört konzentrieren kannst.
2. Bevor es losgeht, definierst du deine Absicht, indem du eine positive, liebevolle und harmonische Verbindung zu den Tieren visualisierst. Erde und zentriere dich mit einer Methode deiner Wahl, um den Kopf frei zu kriegen, dich auf deine Atmung zu fokussieren und allen Stress sowie jede Anspannung loszulassen.
3. Sieh dann einen heiligen runden Tisch vor deinem inneren Auge. Er sollte so groß sein, dass alle Tiere, mit denen du dich unterhalten möchtest, bequem daran Platz finden. Stell dir auch vor, dass der Tisch in warmes, weiches Licht getaucht ist, das eine einladende Atmosphäre erzeugt.
4. Lade die Tiere einzeln ein, sich zu dir zu gesellen. Dabei visualisierst du, wie jedes Individuum seinen Platz am Tisch einnimmt und so Teil eures Zirkels wird. Begrüße die Tiere und bedanke dich für ihr Kommen. Konzentrier dich ganz darauf, mit jedem von ihnen eine Beziehung aufzubauen. Sei offen für alle Gedanken, Gefühle oder Bilder, die sich eventuell einstellen.
5. Sobald du das Gefühl hast, die Verbindung sei hergestellt, nimmst du das Gespräch auf. Du fängst an, Fragen zu stellen, sagst deine Meinung oder lässt die Tiere ihre Sichtweise darlegen. Sei dabei geduldig und lass alle ihren Beitrag leisten. Versichere ihnen, dass jede Stimme gehört wird. Notier dir alle Informationen, die du erhältst.
6. Bring die Sitzung allmählich zum Ende, indem du dich bei allen Beteiligten für ihre Teilnahme bedankst. Visualisiere dann, wie sich der heilige runde Tisch langsam in das ihn umgebende Licht verabschiedet.

7. Komm in aller Ruhe ins Hier und Jetzt zurück. Atme einige Male tief durch, um dich erneut zu erden. Denk eine Weile über die Sitzung nach und vergleich deine Erkenntnisse mit den Anmerkungen in deinem Notizbuch.

Die Reise der Tierseelen

In jedem ihrer Leben lernt die Seele nicht nur, sondern erteilt immer auch selbst Lektionen. In gewisser Weise erinnert das an die schulische Bildung von uns Menschen: Wir lernen den Stoff einer Klasse, entwickeln uns in dieser Zeit weiter und werden anschließend in die nächste versetzt. Bei einem Tier entspricht quasi jedes seiner Leben einer solchen Schulklasse. Nach dem Tod wird es ins Jenseits »versetzt« und kommt danach irgendwann in einem neuen Körper zurück in ein neues irdisches Leben. Seine Seele wiederum hat sich aufgrund der Lektionen und Erfahrungen im vorherigen Leben weiterentwickelt und ist an ihnen gewachsen.

Wenn ich mich der Energie der Tiere zuwende, ist es oft so, dass ich das Gefühl habe, die Essenz ihrer Seele zu spüren. Manche sind jünger, manche älter, alle aber legen bestimmte Eigenschaften und Charakteristika an den Tag. Die jungen Seelen stecken voller Begeisterung, voller Energie und sind zumeist ganz erpicht darauf, von ihrer Umgebung zu lernen. Für sie ist das Spiel der natürliche Weg, sich zu bilden und weiterzuentwickeln. Die jüngeren Seelen bevorzugen zur Befriedigung ihrer Neugier und Verbesserung der eigenen Fähigkeiten amüsante und unterhaltsame Aktivitäten. Unter Umständen sind sie emotionaler und brauchen von ihren Menschen mehr Aufmerksamkeit, Bestätigung und Zuwendung. Ihre emotionale Verwundbarkeit kann sie auch für Stress, Nervosität oder Ängste empfänglicher machen. Da sie noch nicht viele Inkarnationen erlebt haben, kommen manche dieser jüngeren Seelen als unerfahren rüber, machen vielleicht mehr Fehler als andere oder tun sich mit der Lösung von Problemen schwerer. Und trotzdem – oder vielleicht gerade deswegen – sind sie jederzeit bereit, aus ihren Erfahrungen zu lernen und sich weiterzuentwickeln. Sie wollen in aller Regel gefallen und bemühen sich aktiv um Führung und Bestätigung seitens ihrer Menschen.

Ältere Tierseelen fühlen sich weiser und weiterentwickelt an, weil sie schon mehr Inkarnationen hatten und in ihren früheren Leben bereits viel Wissen ansammeln konnten. Sie strahlen tiefe Ruhe und Heiterkeit aus und kommen als emotional stabiler rüber und zeugen von einer angeborenen Weisheit, aufgrund derer sie auch in schwierigen Situationen die Fassung bewahren können. Sie sind empathisch und mitfühlend, kümmern sich um ihre Menschen und/oder Artgenossen und nehmen Anteil an ihrem Wohl und Wehe. Auch sind sie näher an ihrer Intuition, an den Energien der anderen sowie am Reich des Geistes. Sie wissen um die Vergänglichkeit des Lebens und kommen ebenso elegant wie stabil auch mit schwierigen Situationen klar. Die älteren Seelen dienen oft auch als Lehrer oder Führerinnen, die den jüngeren helfen, zu lernen und sich weiterzuentwickeln, und das sowohl während ihrer irdischen Existenzen als auch in der Phase dazwischen, im Jenseits. Und nicht selten haben sie wertvolle Lektionen und spirituelle Einsichten für die Tiere und Menschen in ihrem Leben parat.

Aber nicht alle Tiere sind jüngere oder ältere Seelen. Viele, mit denen ich kommuniziere, fühlen sich irgendwie dazwischen an, weisen je nach den Erfahrungen, die sie schon gemacht haben, Aspekte beider Extreme auf. Jedenfalls verhilft es mir zu einem besseren Verständnis der Tiere, wenn ich eine gewisse Vorstellung von ihrem seelischen Alter habe.

Ein Beispiel dazu: Lisa hatte zwei Chihuahuas aus ein und demselben Wurf, Tia und Sola, die, als ich sie kennenlernte, drei Jahre alt waren. Jedoch spürte ich, dass es sich bei Tia um eine ältere und bei Sola um eine jüngere Seele handelte. Lisa brachte die beiden jeden Morgen in die Tagesbetreuung, wo Sola ständig umherrannte, bellte und Zoff mit den anderen Hunden anfing. Sie hatte ein irres Temperament, rannte alle naselang in irgendwas oder irgendwen hinein. Sie war süß, aber auch sehr laut und stellte, ohne einen Gedanken darauf zu verschwenden, jede Menge Unsinn an. Aus ihren Fehlern zu lernen, fiel ihr überaus schwer, weshalb ihr auch der Zusammenhang zwischen ihren Mülldurchwühlaktionen und dem darauffolgenden Besuch der heimischen Badewanne nicht aufging.

Tia dagegen suchte sich tagsüber in der Betreuungsstation stets ein ruhiges Schlafplätzchen, an dem sie von ihren Artgenossen und -genossinnen nicht gestört wurde. Sie tat zwar so, als ginge die Meute sie weiter nichts an, dachte aber auch nicht schlecht über die anderen. Sie war die Ruhe selbst – was sich auch positiv auf die Hunde in ihrer Nähe auswirkte. Und wenn Lisa mal traurig war oder es ihr nicht so gut ging, spürte Tia es immer und legte sich zu ihr, weil sie genau wusste, wie wohltuend ihre Energie war. Sie hatte auch großes Verständnis für Sola, liebte und akzeptierte sie, obwohl sie ständig Ärger machte. Als ich Lisa das alles berichtete, nahm ihr Respekt Tia gegenüber noch zu. Zudem half es ihr, Sola so zu nehmen, wie sie nun einmal war, und sie nicht immerzu mit ihrem Wurfschwesterchen zu vergleichen.

Dadurch, dass wir die einzigartigen spirituellen Eigenschaften sowohl der jungen als auch der älteren Tierseelen verstehen, können wir auch unsere Verbundenheit mit ihnen vertiefen. Und das wiederum führt zu einer größeren Wertschätzung der spirituellen Aspekte der Beziehung zwischen Mensch und Tier.

Vermisste Tiere

Wenn ein Tier vermisst wird, ist das extrem stressig. Und obwohl die intuitive Kommunikation Erkenntnisse über seine emotionale Verfassung, das körperliche Befinden und den Aufenthaltsort zutage fördern kann, stößt sie in solchen Situationen doch oft auf allerlei Schwierigkeiten. Erstens können sowohl das Tier als auch sein Mensch ein extremes emotionales Auf und Ab erleben, was eine klare, fokussierte Verbundenheit erschwert. Denn bei diesem Prozess ist es von größter Bedeutung, dass du ruhig und zentriert bleibst, sodass die Emotionen einfach fließen, ohne dich mit sich zu reißen. Außerdem befindet sich das Tier womöglich in einer fremden Umgebung, die seine gesamte Aufmerksamkeit in Anspruch nimmt, was ihm seine Teilnahme an der intuitiven Kommunikation zusätzlich erschwert. Und nicht zuletzt können auch externe Faktoren der intuitiven Kommunikation im Wege stehen, zum Beispiel Gedanken und Energie seines Menschen oder anderer Personen. Um mögliche Beeinträchtigungen zu minimieren, solltest du dich vor der Kontaktaufnahme erden und starke Intentionen fassen.

Bei der intuitiven Kontaktaufnahme mit einem vermissten Tier besteht das Ziel darin, Informationen über sein Befinden und seinen Aufenthaltsort zu erhalten. Sobald ich mich geerdet habe und bereit bin, suche ich auf einer digitalen Karte die Stelle, an der das Tier zuletzt gesehen wurde. Dann schließe ich die Augen, stimme mich auf das vermisste Wesen ein, frage es, was es sieht, riecht, hört und spürt. Dann schlage ich die Augen wieder auf und schaue auf der Karte, welche Örtlichkeiten für mich »aufscheinen« beziehungsweise meine Aufmerksamkeit auf sich ziehen. Dann kann ich mich auf diese Bereiche konzentrieren und weitere Fragen stellen.

Meiner Erfahrung nach geben vermisste Tiere oft eher Informationen darüber preis, wo sie sich kürzlich aufgehalten haben, als dass sie sich über ihren gegenwärtigen Aufenthaltsort äußern. Aufgrund ihres erhöhten Adrenalinspiegels im Blut sind ihre Beiträge zur Kommunikation oft auch ziemlich durcheinander. Um ihren aktuellen Standort einzugrenzen und die Suche zu erleichtern, hilft es, sehr konkrete Fragen über Markantes in der Umgebung und über Menschen oder Tiere zu stellen, denen sie womöglich begegnet sind.

Ein vermisster Hund, den wiederaufzufinden ich helfen durfte, war Humphrey, ein Beagle-Mischling, der sich so erschreckt hatte, als ein Feuerwerkskörper im Garten explodierte, dass er davonlief. Während ich mich auf ihn einstimmte, suchte ich auf besagter digitaler Karte seinen letzten bekannten Aufenthaltsort auf. Und spürte sofort, wie aufgeputscht seine Energie war. Er befand sich schlicht und ergreifend im Fluchtmodus. Als ich ihn bat, mir seine Umgebung zu beschreiben, nahm ich ein kleines Gewässer wahr, das ich auf der Karte aber nicht finden konnte. Außerdem sah ich ein kleines braunes Backsteingebäude mit einer Art digitalem Informationsschild sowie so etwas wie eine dreieckige Flagge, auf der womöglich Hummeln abgebildet waren. Intuitiv bat ich Humphrey, sein Versteck zu verlassen und sich einem Menschen zu zeigen. Auf der Karte leuchtete für mich die Gegend nordöstlich seines Zuhauses auf. Also empfahl ich Julian, Humphreys Herrchen, dort in der Nähe Flyer zu verteilen.

Und tatsächlich: Schon am nächsten Tag erhielt Julian den Anruf einer Lehrerin aus der Nachbarschaft – ihre Schule befand sich in einem braunen Backsteingebäude und besaß an der Eingangsfassade ein digitales Informationsschild. Wie sie sagte, war Humphrey aus den Büschen hinter der Schule hervorgekrochen gekommen und hatte sich vor ihren Füßen erschöpft auf den Boden fallen lassen. Da sie Julians Flyer gesehen hatte, rief sie ihn sofort an. Als Julian vor Ort eintraf, bemerkte er in der Nähe der Schule Verkehrsschilder, die zur Rücksichtnahme auf die

Schüler und Schülerinnen aufrief. Darauf befanden sich zwar keine Hummeln, immerhin aber doch gelb-schwarze Streifen, die sehr stark an die Tierchen erinnerten. Dieses Beispiel zeigt, wie wichtig es ist, in der Interpretation empfangener Botschaften stets flexibel zu bleiben.

Das Auffinden eines vermissten Tieres kann schwierig, emotional belastend und zeitaufwendig sein. Ich achte immer darauf, dass allen Beteiligten klar ist, dass meine Hilfe bei der Suche keine Erfolgsgarantie darstellt. Sollte es dir in der ersten Sitzung nicht gelingen, den Aufenthaltsort des Tieres zu ermitteln, wirst du es wohl ein zweites Mal versuchen und dabei noch fokussierter sein und noch konkretere Fragen stellen müssen. Sorg aber davon unabhängig auch dafür, dass gleichermaßen alle anderen Strategien verfolgt werden, um das Tier aufzuspüren: Flyer, Social Media, Zettel an den Bäumen, Informierung der Nachbarn, Anrufe bei den Tierheimen in der Nähe. Wann immer sich die Möglichkeit bietet, empfehle ich auch die Zusammenarbeit mit einem speziell ausgebildeten Such- und Rettungstrupp. Ich habe schon erlebt, dass ein vermisstes Tier sehr schnell gefunden wurde; manchmal aber dauerte es auch mehrere Wochen oder sogar Monate. Und – traurig, aber wahr – die eine oder andere Suche blieb auch erfolglos. Was vermisste Tiere angeht, halte ich es immer so, dass ich mein Bestes gebe und alles Weitere sich selbst überlasse.

Wildtiere

Die Kommunikation mit Wildtieren kann eine aufregende Erfahrung sein, die uns jedoch oft genug auch Demut lehrt. Obwohl sich die intuitive Kommunikation mit einem Wildtier durchaus ein wenig von der mit Haustieren unterscheidet, gelten doch in beiden Fällen mehr oder weniger dieselben Regeln. Behalt das bitte im Kopf, wenn ich deine Aufmerksamkeit jetzt auf einige Charakteristika der Arbeit mit den frei lebenden Geschöpfen lenke.

Die Grundlage jeder erfolgreichen Kommunikation mit einem Wildtier ist der Respekt. Wildtiere sind im Allgemeinen sehr vorsichtig und Menschen gegenüber – aus gutem Grund – skeptisch. Deshalb kommt es entscheidend darauf an, dass wir ihnen energetisch mit Demut begegnen. Für den Aufbau von Vertrauen und Respekt kommt es wesentlich darauf an, die Instinkte des Tieres, sein Verhalten und seine Körpersprache zu verstehen. Denn manche Wildtiere verlassen sich in der Kommunikation am meisten auf die Körpersprache, während sich andere akustisch verständlich machen oder mithilfe von Duftmarken. Die domestizierten Tiere, mit denen wir im Laufe der Zeit emotionale Bindungen hergestellt haben, etwa Katzen, Hunde und Pferde, sind mit uns Menschen sehr viel vertrauter. Manche sind auf bestimmte Stichworte oder Hinweise dressiert, das heißt, sie haben schon ein gewisses Verständnis von der Kommunikation mit uns Zweibeinern. Diese Basis haben wir im Umgang mit Wildtieren nicht und deshalb kann sich der Aufbau von Vertrauen bei ihnen sehr viel schwieriger und zeitraubender gestalten.

Beim Versuch der Kommunikation mit Wildtieren kommt es auch darauf an, dass wir ihr Lebensumfeld in Betracht ziehen. In ihrem natürlichen Habitat sind Tiere eher im Einklang mit den feinstofflichen Energien und den Rhythmen der Natur. Um uns mit diesen Tieren auf einer tieferen Ebene zu verbinden, müssen wir uns auch auf die Energie ihrer Umwelt einstimmen. Meiner Erfahrung nach schwingen Wildtiere energetisch höher – was daran liegt, dass sie immer auf der Hut sind und ihr Umfeld im Auge behalten. Indem du präsent und dir deiner Gedanken und Emotionen bewusst bist, kannst du ihnen eine einladende, beruhigende Atmosphäre verschaffen.

Wenn ich mit Wildtieren kommuniziere, sei es mit Eichhörnchen, Waschbären oder auch Bären, Berglöwen oder Wölfen, verbinde ich mich mithilfe der Schwingungsmatch-Technik. Sie funktioniert deshalb so gut, weil sie sich darauf fokussiert, eine Verbindung auf Augenhöhe mit dem Tier zu finden und zu etablieren, sodass es sich damit wohlfühlt. Vor gar nicht langer Zeit besuchte uns häufig ein freches Eichhörnchen hinten im Garten. Mir fiel jedoch auf, dass es der Stelle, an der meine drei Hunde spielten, allzu nahe kam. Ich machte mir Sorgen um das Kleine und wollte keinesfalls, dass es traumatisiert würde oder gar noch schlimmeren Schaden erlitt.

Eines sonnigen Nachmittags sah ich das Eichhörnchen auf den Ast eines Baumes ganz in der Nähe unserer Veranda gefläzt. Also nahm ich die Gelegenheit wahr, nahm ganz ruhig im Garten Platz und fokussierte mich darauf, mein Schwingungsmuster dem des Tierchens anzupassen. Ich schickte ihm sanfte, liebevolle Energie und visualisierte einen aus meinem Herzen austretenden Lichtstrahl, der sanft auf das Eichhörnchen traf – als Symbol meiner friedlichen Absichten. Dann übermittelte ich ihm, dass es in Sicherheit war und ihm nichts geschehen würde. Auch schickte ich ihm Bilder von meinen Hunden und den Stellen, an denen sie besonders gern spielten – verbunden mit Vorschlägen alternativer Routen, auf denen sich das Hörnchen durch den Garten bewegen konnte. Schließlich hieß ich das Tier telepathisch noch ausdrücklich willkommen und vermittelte ihm ein Gefühl der Sicherheit in den Bereichen des Gartens, die von den Hunden nur selten aufgesucht wurden. Als ich mit meiner Botschaft fertig war, guckte mir das Eichhörnchen direkt ins Gesicht und in seinen Äuglein sah ich, dass es mich verstanden hatte. Ich spürte sein Einverständnis. Dann zwitscherte es, schnipste mit seinem Schweif und flitzte davon.

In den nächsten Tagen bemerkte ich eine Veränderung. Das Eichhörnchen hielt sich von den Spielplätzen meiner Hunde fern, suchte aber andere Stellen in unserem Garten gern auf. Eines Tages erschien es auf der Begrenzungsmauer des Gartens, sprang herab und kam zu meiner Überraschung und größten Freude direkt auf mich zu. Bis auf einen Meter vielleicht. Und es war nicht allein. Nun stellte sich auch heraus, dass es eine Sie war – eine Eichhörnchenmama. Hinter ihrem Schweif sah mit großen, neugierigen Augen ein Babyeichhörnchen hervor. Die Mutter schien mir ihr Kleines voller Stolz vorstellen zu wollen. Und ich wurde in dem Moment von einer Welle der Dankbarkeit und Verbundenheit erfasst.

Diese Begegnung machte mir wieder einmal klar, wie intensiv die Bindungen sein können, die durch die intuitive Tierkommunikation entstehen. Und sie bestätigte mein Gefühl, dass Tiere sehr viel mehr verstehen, als wir denken. Und dass ein harmonisches Zusammenleben mit ihnen durchaus möglich ist, solange wir ihnen mit Respekt, Liebe und ein wenig Geduld begegnen.

Auras

Als Auras werden die ätherischen Energiefelder bezeichnet, von denen alle Lebewesen umgeben sind und die das emotionale, körperliche sowie spirituelle Wohlbefinden des jeweiligen Individuums widerspiegeln. Dieses Konzept findet sich in zahlreichen Kulturen; erwähnt wird es in verschiedenen religiösen und spirituellen Texten, angefangen beim Hinduismus bis hin zu altägyptischen Glaubensvorstellungen. Die Idee der Energiefelder ist also keineswegs neu, doch ihre wissenschaftliche Durchdringung ist im Laufe der Zeit enorm vorangekommen.

In den 1930er-Jahren entwickelte der russische Erfinder Semjon Kirlian die nach ihm benannte Kirlianfotografie, auch Hochfrequente Hochspannungsfotografie genannt, mit deren Hilfe sich Auras abbilden lassen. Diese Technologie war Anlass zu weiteren

Forschungsarbeiten und die modernen Naturwissenschaften gehen heute davon aus, dass die betreffenden Energiefelder auf den elektromagnetischen Energien beruhen, die alle lebenden Wesen ausstrahlen, also nicht nur Menschen und Tiere, sondern auch Pflanzen.

Das Lesen der Aura eines Tieres kann wichtige Erkenntnisse über dessen emotionale und physische Verfassung zutage fördern; dazu gehören auch Stressbelastung, eventuelle Ängste und körperliche Schmerzen. Darüber hinaus kann die Aurafotografie Details über persönliche Wesenszüge aufdecken wie etwa die Auslöser von Verhaltensproblemen oder auch frühere Erfahrungen, vor allem traumatische.

Wichtig zu wissen ist, dass sich die Aura ständig verändert. So, wie sich unsere Emotionen und der körperliche Zustand tagsüber ständig verändern, verhält es sich auch mit unserem Energiefeld. Deshalb sind Aurafotos zwar interessant, ich finde aber, dass wir die besseren Erkenntnisse gewinnen, wenn wir die Aura in Echtzeit lesen, statt uns auf statische Schnappschüsse zu verlassen.

Die Aura eines Tieres kann, genau wie die von Menschen, vielerlei Farben aufweisen, von denen jede ihre eigene Bedeutung hat. Der folgenden Auflistung kannst du – als generellem Bezugsrahmen – die am häufigsten auftretenden Farben und ihre üblichen Interpretationen entnehmen. Solltest du andere Eigenschaften mit den Farben assoziieren – bestens! Hier gibt es kein Richtig oder Falsch. Schreib dir deine Beobachtungen gern auf und erstelle so deine eigene Liste von Entsprechungen.

- *Rot* steht für starke Energie und Vitalität, kann aber auch ein Zeichen für Aggression, Reaktivität oder Ängste sein.
- *Orange* weist auf Kreativität, Begeisterungsfähigkeit und Geselligkeit hin, kann aber auch als Ausdruck starker emotionaler Verbundenheit aufgefasst werden.

- *Gelb* weist auf Verstand, Neugier und ein verspieltes Wesen hin. Es kann aber auch für eine enge Verbindung zwischen dem Tier und seinem Menschen stehen.
- *Grün* gilt im Allgemeinen als Indiz für Heilenergie und starke Verbundenheit mit der Natur. Tiere mit viel Grün in der Aura sind oft sehr fürsorglich und mitfühlend.
- *Blau* ist gleichbedeutend mit Kommunikation, Loyalität und einem ruhigen Naturell. Tiere mit viel Blau in der Aura sind oft gute Zuhörer und haben ein ausgeprägtes Gespür für die Emotionen ihrer Menschen.
- *Indigoblau* steht für Intuition, Sensibilität und übersinnliche Fähigkeiten. Haustiere mit viel Indigo in der Aura sind oft auf einer tiefen Ebene mit ihren Menschen verbunden und haben ein gutes Gespür für deren energetische beziehungsweise emotionale Verfassung.
- *Violett* wird zumeist mit Spiritualität, Weisheit und Verbundenheit mit dem Göttlichen assoziiert. Bei Tieren mit viel Violett in der Aura handelt es sich oft um alte Seelen, die einen beruhigenden Einfluss auf andere haben.
- *Grau oder Schwarz* werden oft mit Energieblockaden in Verbindung gebracht. Ein Tier, in dessen Aura diese Farben dominieren, ist häufig durcheinander, verwirrt oder gesundheitlich angeschlagen.

Auralesung bei Tieren

1. Such dir ein ruhiges, bequemes Plätzchen, an dem du nicht gestört wirst. Schließ die Augen und atme einige Male tief durch. Stell dir eine Schnur vor, die locker mit dem Steißbein am Ende deiner Lendenwirbelsäule verbunden ist, bis in den Mittelpunkt der Erde hinabreicht und deine Energie erdet.

2. Unabhängig davon, ob du mit einem Foto des Tieres arbeitest oder direkt mit ihm kommunizierst, nimmst du dir bitte genügend Zeit, um sein Verhalten, seine Körpersprache und sein allgemeines Benehmen zu beobachten. Lass dabei alle vorgefassten Meinungen oder Wertungen außen vor.
3. Stell die Verbindung her, indem du anfängst, deine Energie und deine Absichten auszusenden. Visualisiere einen Licht- beziehungsweise Energiestrahl, der von deinem Herzen ausgehend das Herz des Tieres erreicht. Vielleicht möchtest du aber auch eine der anderen Techniken aus dem siebten Kapitel einsetzen. Begegne der Situation mit Respekt und Wertschätzung der momentanen Frequenz der Aura des Tieres gegenüber.
4. Schließ die Augen und visualisiere das Tier umgeben von einem strahlenden Energiefeld. Nimm alle Farben, Muster und die verschiedenen Intensitätsvarianten wahr. Spüre, während du dich auf dieses Energiefeld einstimmst, alles, was hochkommt. Und wenn du dich dazu veranlasst fühlst, schreib gern alles auf, was du beobachtest.
5. Wenn du direkt mit dem Tier kommunizierst, kannst du auch deine Hände einsetzen, um die von ihm ausgehende Energie zu spüren – ohne es allerdings tatsächlich anzufassen. Arbeitest du mit einem Foto, kannst du mit der Absicht, die Energie des Tieres wahrzunehmen, mit den Händen darüberfahren. Achte dabei auf alle sich einstellenden Empfindungen, zum Beispiel ein Gefühl der Wärme, Kälte oder auch ein Kribbeln, die auf Präsenz und Zustand der Aura des Tieres hinweisen können.
6. Sobald du die Lesung beendet hast, bedankst du dich bitte bei dem Tier dafür, dass es dich hat an seiner Energie teilhaben lassen. Löse deine Energie dann ganz sanft von seiner ab und erde dich erneut, um sicherzustellen, dass ihr sauber voneinander getrennt seid.

7. Nimm dir dann genügend Zeit, um in deinen Notizen zu blättern und alles, was du in der Aura des Tieres gesehen oder gespürt hast, zu interpretieren, damit du seine Bedürfnisse, Emotionen und sein allgemeines Befinden besser verstehst. Denn durch die Lektüre der Aufzeichnungen nach der Sitzung ergeben sich oft weitere wichtige Erkenntnisse.

Chakras

Wenn du Yoga machst, meditierst oder anderen ganzheitlichen Heilmethoden anhängst, dürftest du mit dem Konzept der Chakras bereits vertraut sein. Dabei handelt es sich um Energiezentren im Körper, die bestimmten Organen, Drüsen und Bereichen des physischen oder emotionalen Körpers zugeordnet werden. Sie sind nicht im herkömmlichen Sinne lokalisierbar, sondern stellen eher metaphysische Gegebenheiten energetischer Natur dar. Das Sanskritwort *chakra* heißt übersetzt »Rad« und weist auf die ständigen Drehbewegungen dieser Energiezentren hin.

Genau wie wir Menschen verfügen auch Tiere über ein Chakrasystem. Dadurch, dass wir es verstehen und mit ihm arbeiten, können wir uns eine ganz neue Ebene der intuitiven Kommunikation eröffnen und zur Vertiefung der Verbindung von Mensch und Tier beitragen. Hier ein paar Tipps in Sachen Chakras und Tierkommunikation.

Es gibt sieben Hauptchakren:

- *Wurzelchakra:* Am unteren Ende der Wirbelsäule angesiedelt, wird es mit Sicherheit, Überleben, Erdung, Familie, Rudel und Herkunft assoziiert.
- *Sakralchakra:* Unmittelbar unterhalb des Nabels gelegen, steuert es Kreativität, Emotionalität und Sexualität.

- *Solarplexuschakra:* Oberhalb des Nabels verortet, wird es mit persönlicher Stärke, Selbstachtung und Entscheidungsfindung in Verbindung gebracht.
- *Herzchakra:* In der Mitte der Brust lokalisiert, ist es für Liebe, Mitgefühl und Empathie verantwortlich.
- *Hals- oder Kehlchakra:* Im Hals beziehungsweise der Kehle zu suchen, wird es mit Kommunikation, Selbstausdruck und Wahrheit assoziiert.
- *Stirnchakra:* Dieses auch als drittes Auge bekannte Chakra liegt zwischen den Augenbrauen und regiert Intuition, übersinnliche Fähigkeiten und die innere Weisheit.
- *Kronenchakra:* Am höchsten Punkt des Kopfes gelegen, steht es für spirituelle Verbundenheit, Erleuchtung und das universelle Bewusstsein.

Sowohl Tiere als auch Menschen haben diese sieben Hauptchakren; Fluss und Verteilung der Energie können sich allerdings je nach Art unterscheiden. Da sich Tiere beispielsweise in hohem Maße auf ihre Instinkte verlassen, ist bei ihnen das Wurzelchakra in aller Regel stärker entwickelt als beim Menschen.

Ich checke die Chakras der Tiere oft, um herauszufinden, ob irgendwo ein Ungleichgewicht besteht. Wenn ich die Farbe eines Chakras als gedeckt oder abgedunkelt empfinde oder das Gefühl habe, dass sich das Rad nur sehr langsam dreht, schließe ich daraus, dass der entsprechende Bereich geschwächt ist. Das Hals- oder Kehlchakra zum Beispiel wird mit Kommunikation und Selbstausdruck assoziiert. Wenn ich an der entsprechenden Stelle eine Blockade oder ein Ungleichgewicht empfinde, kann das bedeuten, dass das Tier nicht genügend Gelegenheit hat, sich auszudrücken, und dass ihm das schadet. Es könnte sich aber auch um ein gesundheitliches Problem in dem Areal handeln, etwa um eine Halsentzündung oder dergleichen.

Scannen und Ausgleichen der Chakras. Eine Meditation

Hier handelt es sich um eine geführte Meditation, die du anwenden kannst, wenn du die Chakras eines Tieres scannst, um dir ein Bild von seinem Befinden zu verschaffen, und sie vielleicht auch ausgleichen möchtest.

1. Such dir ein ruhiges, bequemes Plätzchen, an dem ihr beide – du und das Tier – euch ungestört entspannen könnt. Falls du eine Fernsitzung abhältst, solltest du ein Foto des Tieres vor dir liegen haben. Schließ die Augen und atme einige Male tief und langsam durch, um dich zu zentrieren.
2. Stell dir vor, dass ihr beide von einem warmen, heilenden Licht umgeben seid. Es wird als Kanal hilfreicher Energie fungieren. Dann gehst du alle Chakras einzeln durch. Dabei achtest du sowohl auf alle eventuellen Veränderungen in puncto Farbe oder Drehgeschwindigkeit als auch auf die intuitiven Empfindungen, die das jeweilige Chakra bei dir erzeugt. Notier dir alles, was dir auffällt. Wenn du eines der Chakras ausgleichen möchtest, hältst du bei ihm einen Moment inne und stellst dir die dazugehörige Farbe in einer besonders intensiven Variante vor. Visualisiere beim Einatmen, dass die Energie dieses Chakras leuchtender, heller wird und sich frei in der genau richtigen Geschwindigkeit dreht. Beim Ausatmen stellst du dir vor, dass sich alle Spannungen oder Blockaden bei dem Tier auflösen.
   - Richte deine Aufmerksamkeit auf das Wurzelchakra des Tieres, eine leuchtend rote Energie an der Basis seiner Wirbelsäule.
   - Lenk anschließend deine Aufmerksamkeit auf das Sakralchakra, eine warme orangefarbene Energie im Unterbauch des Tieres.

- Widme deine Aufmerksamkeit nun dem Solarplexuschakra, einer strahlend gelben Energie in der Mitte des Tierleibes.
- Fokussier dich dann auf das Herzchakra des Tieres, jene herrliche grüne Energie im Zentrum seines Brustkorbs.
- Lenk dein Augenmerk danach auf das Hals- beziehungsweise Kehlchakra, die beruhigende blaue Energie im Halsbereich des Tieres.
- Geh danach zum dritten Auge über, eine weise, tief dunkelblaue Energie zwischen den Brauen des Tieres.
- Zuletzt wendest du deine Aufmerksamkeit dem Kronenchakra des Tieres zu, einer violett schimmernden rotierenden Energie am höchsten Punkt seines Kopfes.

3. Atme einige Male tief durch und visualisiere dabei die ausgeglichene Gesamtheit der Chakras des Tieres, von denen jedes in der ihm eigenen Farbe leuchtet. Beim Ausatmen stellst du dir vor, dass die eventuell bei euch verbliebene Restenergie gereinigt und losgelassen wird.
4. Sobald du dich bereit fühlst, öffnest du allmählich die Augen und kommst wieder im Hier und Jetzt an. Schau dir die Notizen an, die du dir gemacht hast, um dir größere Klarheit über deine Beobachtungen und Empfindungen zu verschaffen.

Journaling – Überlegungen für dein Tagebuch

1. Welche Erfahrungen hast du bei der Kombination der verschiedenen Kommunikationstechniken gemacht? Und was findest du besser: dich an eine einzige zu halten oder zwei beziehungsweise mehrere miteinander zu verbinden?

2. Mit welchen Wildtierarten bei dir in der Gegend könntest du eine Beziehung aufnehmen, die du nachher auch pflegst? Was würdest du gern von diesen Tieren lernen? Inwiefern ähnelt deine Kommunikation mit Wildtieren der mit domestizierten Tieren – und wodurch unterscheiden sich die beiden Gesprächsarten voneinander?
3. Was hast du aus der Auraarbeit mit Tieren gelernt? Welche Farben hast du wahrgenommen? Welche Gedanken, Gefühle und Emotionen waren für dich mit den jeweiligen Farben verbunden?
4. Was hat dich der Chakra-Scan über ein bestimmtes Tier gelehrt? Inwiefern hat die Beschäftigung mit den Chakras deine Kommunikation mit Tieren gefördert und dir geholfen, diese besser zu verstehen?

TEIL DREI

IN DER PRAXIS

DA GEHT ABER NOCH MEHR

Bislang haben wir uns intensiv mit der Stärkung unserer intuitiven Muskulatur, der energetischen und telepathischen Verbindung mit Tieren sowie mit den verschiedenen Möglichkeiten der Kommunikation mit ihnen beschäftigt; nun gehen wir noch einen Schritt weiter – mit dem Ziel, die Tierkommunikation zu einem Teil des Alltags zu machen, sodass sie dir quasi in Fleisch und Blut übergeht und dir nicht mehr schwererfällt als eine Unterhaltung mit Menschen.

Die intuitive Tierkommunikation setzt Geduld, Engagement sowie Übung voraus und mit der Zeit ermöglicht sie es dir, tiefgehende Beziehungen zu Tieren aufzubauen, ihre Emotionen zu verstehen und sogar zu ihrem Interessenvertreter zu werden. Um deine Fähigkeiten auf diesem Gebiet jedoch weiter verfeinern zu können, musst du üben, üben, üben. In diesem Kapitel betrachten wir verschiedene Strategien, die dir helfen werden, dein intuitives Zusammenleben mit Tieren noch zu intensivieren.

Bleib engagiert

Alles Neue, das wir ausprobieren, ist spannend, wirkt oft sogar belebend, bringt uns auf interessante Ideen und beschenkt uns mit jeder Menge guter Energie. Doch sobald etwas zur Routine wird – sei es der neue Job oder das neue Paar Schuhe –, geht der

Glanz verloren und es wird Teil unseres üblichen Allerleis. Dass von Dingen, die du lernst, nach einer Zeit nicht mehr dieselbe Faszination ausgeht wie am Anfang, ist ganz natürlich. Was aber die Tierkommunikation angeht, solltest du unbedingt versuchen, dein Engagement beizubehalten. Hier sind einige Möglichkeiten, wie du die intuitive Praxis zu einem Bestandteil deiner Alltagsroutine machen kannst.

Du und dein Tagebuch

Das Journaling – eine moderne Art des Tagebuchschreibens – stellt für mich in vielen Lebensbereichen ein wertvolles Tool dar, ganz besonders aber in der Tierkommunikation. Diese Art des Schreibens ist interpretativer Natur: Was du, auch im Zuge der Verbundenheit mit einem Tier, aufschreibst, ist nicht sofort verständlich. Natürlich bietet dir das gezielte Journaling auch eine gute Gelegenheit, deine Fortschritte zu dokumentieren, Muster zu erkennen und deine Erfahrungen zu reflektieren. Sorg nur dafür, dass du dir jedes Detail (bei der unmittelbaren Kommunikation etwa die Körpersprache des Tieres), deine intuitiven Eindrücke und alle Botschaften oder Bilder, die du während der Sitzungen empfängst, gut einprägst. Anschließend notierst du dir deine Gedanken, Gefühle und die intuitiven Einsichten, die du gewonnen hast. Bewerte dich nicht und zweifle auch nicht an dir. Schreib einfach alles auf, was hochkommt.

Darüber hinaus würde ich empfehlen, dass du dir die Zeit nimmst, deine Aufzeichnungen in gewissen Abständen noch einmal zu lesen. So gewinnst du wertvolle Erkenntnisse über die bisherige Entwicklung deiner Fähigkeiten und verschaffst dir einen Bezugspunkt für künftige Sitzungen, in denen du deine Kompetenzen erweitern kannst. Denk über deine Fortschritte nach und such nach Mustern oder Entwicklungen, die dich voranbringen können. Der Gedanke daran, wie weit du schon gekommen bist, stellt einen der bedeutendsten Motivatoren überhaupt dar.

Beim Betrachten deiner Journaleinträge kannst du dir Fragen stellen wie zum Beispiel:

- Vor welche Herausforderungen hat mich die Tierkommunikation bislang schon gestellt und wie habe ich sie bewältigt?
- Welche Erfolge habe ich erzielt und welchen Faktoren verdanke ich sie?
- Habe ich während meiner Kommunikationssitzungen irgendwelche Muster oder wiederholt auftretende Motive bemerkt?
- Auf welchen Gebieten kann ich meine Fähigkeiten vielleicht noch verbessern oder verfeinern?

Feier deine Erfolge

Ein entscheidender Faktor beim Engagiertbleiben ist, dass du deine Erfolge feierst. Die Anerkennung deiner Fortschritte, so klein sie auch sein mögen, kann dein Selbstbewusstsein stärken und dich motivieren, deine Fähigkeiten auch weiterhin zu verfeinern. Indem du deine Erfolge anerkennst, bildest du ein zunehmend positives Mindset aus und verstärkst die Faktoren, die sie hervorgebracht haben.

Ein Beispiel dafür: Du hast erfolgreich mit einem nervösen Tier kommuniziert und ihm geholfen, sich zu entspannen. Nimm dir dann etwas Zeit, um diese Leistung zu feiern. Oder vielleicht hat dich das Tier von jemand anderem Dinge wissen lassen, die die Person später bestätigen konnte. Wenn du diesen Erfolg als solchen anerkennst, bestärkt dich das in den von dir angewandten Techniken, steigert dein Selbstvertrauen und trägt zur Verbesserung deiner Fähigkeiten bei. Auch entzündest du mit dem Feiern aller Errungenschaften deine Begeisterungsfähigkeit stets neu und erhöhst den Drive, immer weiter zu üben. Denn jeder Erfolg, so winzig er dir auch vorkommen mag, kann sich als Motivationsschub erweisen.

Überdenk noch mal deine Ziele

Mit zunehmender Erfahrung können sich deine Absichten und Ziele verändern. Indem du sie regelmäßig überprüfst, sorgst du dafür, dass deine Kommunikationspraxis mit deiner persönlichen Entwicklung Schritt hält. Überdenk die Gründe, die dich ursprünglich zur Stärkung deiner Intuition veranlasst haben, und finde heraus, ob sie in der Form noch für dich gelten oder einer Anpassung bedürfen.

Stell dir folgende Fragen:

- Was hat ursprünglich dazu geführt, dass ich die Tierkommunikation erlernen wollte?
- Inwiefern haben die Erfahrungen, die ich gemacht habe, meine Vorstellungen von der Tierkommunikation und davon, was mit ihrer Hilfe möglich ist, verändert?
- Stimmen meine ursprünglichen Absichten auch heute noch mit meinen Werten und Zielen überein?

Sollten deine ursprünglichen Absichten nicht mehr zu deinen aktuellen Zielen passen, ist das völlig in Ordnung. Fass einfach neue! Diese Angleichung oder Harmonisierung wird dir helfen, engagiert zu bleiben und dich auf deine Praxis zu fokussieren. Wenn du zum Beispiel ursprünglich mit der Tierkommunikation angefangen hast, um deine Lieblinge besser verstehen zu können, nun aber schon einen Schritt weiter bist, fühlst du dich jetzt vielleicht berufen, auch anderen im Umgang mit ihren Tieren zu helfen. Also passt du deine Vorsätze den neuen Zielen an und lässt dich von ihnen leiten.

Und was ist mit deiner Energie?

Wie du weißt, spielt bei der intuitiven Kommunikation die Energie eine entscheidende Rolle. Indem du dich mit deiner Energie verbindest und immer mehr über sie in Erfahrung bringst, kannst du deine Kommunikationsfähigkeiten effektivieren. Lass dir deshalb bei der Betrachtung deiner Energie gern auch die folgenden Strategien durch den Kopf gehen:

1. *Schätz deine Emotionen und Gedanken ein:* Nimm dir vor jeder Tierkommunikation einen Moment Zeit, um dich auf dich selbst zu besinnen und deinen emotionalen Zustand abzuschätzen. Stellst du dabei fest, dass du nervös bist, gestresst oder abgelenkt, solltest du dich erst erden und um eine ausgeglichenere, fokussiertere Energie bemühen, bevor du dich auf das Tier einlässt.
2. *Vermehre die positive Energie:* Üb dich täglich in Achtsamkeit, meditiere oder bedien dich ähnlicher Techniken. So bildest du eine positive, empathische Energie aus und erschaffst damit eine der intuitiven Kommunikation förderliche Atmosphäre, die eine intensivere Verbundenheit ermöglicht.
3. *Bewerte deine Methoden:* Schätze in regelmäßigen Abständen deine Kommunikationsmethoden und den Einfluss ein, den sie auf deine Energie haben. Nimm nötigenfalls Veränderungen vor, um sicherzustellen, dass deine Energie in den Sitzungen positiv, fokussiert und eindeutig ist und bleibt. Achte darauf, dass dich

die Methoden und Techniken, die du anwendest, ansprechen und bestmögliche Ergebnisse hervorbringen. Solltest du merken, dass dich bestimmte Methoden regelmäßig auslaugen oder durcheinanderbringen, dann versuch, Alternativen zu finden.

Praxis, Praxis, Praxis!

Zur Verfeinerung deiner Fähigkeiten der intuitiven Tierkommunikation ist regelmäßiges Training unabdingbar. Besonders für den Anfang empfehle ich dir dringend, dafür feste Zeiten einzuplanen. Das fühlt sich für dich vielleicht an, als käme damit einfach noch eine weitere Aufgabe zu deinen ohnehin schon zahlreichen Verpflichtungen hinzu. Doch durch das Reservieren bestimmter Zeiten zeigst du dein Engagement und übernimmst Verantwortung für dich und dein Wirken.

Und so kann's gehen:

1. *Leg regelmäßige Übungszeiten fest:* Überleg, wie viel Zeit du pro Woche auf das Training der Tierkommunikation verwenden kannst. Bezieh bei deinen Überlegungen Faktoren wie Arbeit, Familie und persönliche Verpflichtungen mit ein. Sei realistisch, was deine Zeit angeht, und setz dir erreichbare Ziele, damit du eine gesunde Balance wahrst und nicht womöglich ein Burn-out riskierst. Du kannst auch erst einmal einen Testdurchlauf machen, also zum Beispiel einen Monat lang versuchen, drei halbstündige Sitzungen pro Woche durchzuführen. Am Monatsende ziehst du dann Bilanz.
2. *Schneider dir eine Übungsroutine auf den Leib:* Stell einen festen Ablaufplan deiner Trainingssitzungen zusammen, in dem auch Aufwärmübungen, Meditation und das Anfertigen von Notizen ihren Platz finden. Eine gleichbleibende Routine ermöglicht es

dir, das Optimum aus deinen Übungen herauszuholen, und vermittelt dir zugleich ein Gefühl von Struktur und Vertrautheit, das deiner Entwicklung förderlich ist. So kannst du deine Sitzungen etwa mit einer erdenden Meditation beginnen, der sich einige Visualisierungsübungen anschließen, die dir helfen, dich mit deiner Intuition zu verbinden, bevor du Kontakt zu einem Tier aufnimmst. Nach der Sitzung dokumentierst du gemachte Fortschritte in deinem Notizbuch und reflektierst über etwaige Erkenntnisse oder Schwierigkeiten, auf die du dabei gestoßen bist. Solltest du unter Zeitdruck stehen, könnte es eine gute Idee sein, für jede Etappe deiner Übungsroutine einen Timer zu stellen, sodass du nicht ständig auf die Uhr schielen musst.
3. *Such dir Unterstützung:* Eine Person, die deine Fortschritte verlässlich verfolgt und mit dir diskutiert, kann dir zusätzliche Motivation und Support geben, dir aber auch helfen, bei der Stange zu bleiben. Damit diese Person eine rundum positive Rolle für dich spielt, solltest du darauf achten, dass sie aufgeschlossen ist und wirklich Anteil an der Entwicklung deiner Intuition nimmt. Vielleicht überlegst du dir sogar, ob du dich Leuten anschließt, die sich wie du sowohl für die Verfeinerung ihrer Intuition als auch für die Tierkommunikation interessieren. Kennenlernen kannst du sie in einschlägigen Workshops oder Kursen. Oder du suchst dir einen Mentor beziehungsweise eine Mentorin. Alle Menschen, aber auch alle Umstände, die dein persönliches Wachstum und deine Entwicklung fördern, helfen dir beim Weiterkommen.

Und vergiss bitte den Spaß und die Freude an der Reise nicht! Sobald du dein Engagement für das Training als Druck empfindest, atme tief durch und wende dich den positiven Aspekten deines Engagements zu – allem, was sich am Lernen und Weiterkommen gut anfühlt.

Tschüss, Perfektionsstreben!

Als Kinder verbringen wir viel Zeit damit, die Welt zu erkunden, Fragen zu stellen und zu lernen – durch Versuch und Irrtum. Solange wir klein sind, wird von uns nicht erwartet, dass wir alle Antworten kennen und alles richtig machen. Doch spätestens, wenn wir als »erwachsen« gelten, schließen wir uns der gesellschaftlich herrschenden Überzeugung an, wir müssten »perfekt« sein. In Wahrheit haben wir natürlich keineswegs alle Antworten – und werden sie auch nie haben. Was ja genau das Wunderbare am Menschsein ist. Und sobald wir uns dieser Erkenntnis öffnen, kann die Welt zu einem Ort ständigen Lernens, permanenter Innovation und Abwechslung werden. Um in diesen ebenso viel Demut wie Ehrfurcht gebietenden Daseinszustand gelangen zu können, müssen wir uns von der Idee verabschieden, dass Perfektion je erreichbar sei. Wir sollten die Idee begraben, dass wir sie überhaupt nur anstreben sollten.

Das Lernen zu feiern, ist ganz entscheidend. Wahres Wachstum und echte Verbesserungen erfordern Geduld und die Bereitschaft, aus Erfahrung klug zu werden. Sei also offen für Feedback – sowohl seitens der Tiere, mit denen du kommunizierst, als auch von Menschen – und nutz es für dein persönliches Wachstum. Sei dabei immer freundlich zu dir, vergiss das nicht. Denn jede Entwicklung braucht Zeit und Schwierigkeiten sowie Rückschläge sind ganz normal. Geh liebevoll und mitfühlend mit dir um, getragen von der Erkenntnis, dass Lernen und Verbesserungen fortwährende Prozesse sind. Wenn du bereit bist und die nötige Arbeit auf dich nimmst, zeitigt sie auch gute Ergebnisse. In diesem Zusammenhang noch mal der Tipp: Ein gutes Maß an Selbstfürsorge hilft, Widrigkeiten zu trotzen.

Der Begriff *Anfängergeist* entstammt dem Zen-Buddhismus und steht für Offenheit, Eifer und Vorurteilslosigkeit allem Neuen gegenüber. Dahinter steht die Aufforderung, neuen Möglichkeiten mit Wissensdrang und Aufgeschlossenheit zu begegnen, statt die Schotten dicht zu machen und an alten Überzeugungen festzuhalten. Es geht hier um den Unterschied zwischen der Vorstellung, bereits alles über ein Thema zu wissen, und der Offenheit für permanentes Weiterlernen. In Bezug auf die intuitive Tierkommunikation kann der Anfängergeist besonders hilfreich sein. Denn Tiere kommunizieren ja nicht wie wir Menschen und unterschiedliche Spezies drücken sich unterschiedlich aus. Wenn du mit Anfängergeist in deine Interaktionen mit Tieren hineingehst, bist du auch empfänglicher für die Einzigartigkeit, mit der jedes dieser Individuen kommuniziert.

Vielleicht ist unsere Kultur deshalb so besessen vom Irrglauben an die Perfektion, weil das Scheitern statt als normaler Bestandteil von Prozessen als Teufelszeug gilt, das es zu fürchten und zu meiden gilt. Und wenn es in diesem Buch eine Message gibt, die über allen anderen steht, dann lautet sie: *Praxis* ist das A und O, nicht nur bei der intuitiven Tierkommunikation, sondern auch in allen anderen Bereichen des Lebens. Dass du beim Ausprobieren von etwas Neuem nervös oder ängstlich bist, ist ganz natürlich. Wichtig ist nur, dass du dich durch diese Emotionen von nichts abhalten lässt.

Hier ein paar Strategien, die dich beruhigen können und dir helfen, deine Ängste loszuwerden:

- *Gesteh dir deine Emotionen ein.* Mach dir bewusst, dass Angst und Nervosität zum Lernprozess einfach dazugehören und ganz normal sind.
- *Nimm ein Reframing vor.* Betrachte deine Nervosität als Neugier und gespannte Aufregung. Freu dich über die Gelegenheit, zu lernen, dich zu entwickeln und auf einer tieferen Ebene mit Tieren zu verbinden. Hier kommen nun die Entspannungs-

techniken ins Spiel – atme einige Male tief ein und aus oder wende vor und bei der Tierkommunikation andere meditative Techniken an.

- *Diskutiere deine Ängste* mit den Leuten, die dich unterstützen. Ob du einen Partner hast, der verlässlich an deiner Seite steht, oder einer Gruppe angehörst, die sich der Tierkommunikation verpflichtet fühlt: Andere Menschen können dir Mut machen, dich anleiten und bestätigen.

Grenzen wahren und respektieren

Im zweiten Kapitel haben wir uns ausführlich mit der Wahrnehmung und Sondierung von Energie befasst. Mit einiger Übung gehen dir diese Dinge in Fleisch und Blut über und du greifst ganz instinktiv auf sie zurück. Das Wahren energetischer Grenzen ist dabei gleich aus mehreren Gründen wichtig:

1. *Schütze deine Energie:* Intensives intuitives Kommunizieren kann ganz schön Energie kosten. Und durch das Errichten entsprechender Grenzen verhinderst du, energetisch ausgelaugt zu werden. Damit stellst du sicher, dass du deine Praxis weiterverfolgen kannst, ohne ein Burn-out zu riskieren.
2. *Vermeide emotionale Überlastungen:* Bei der intuitiven Kommunikation greifst du auch auf die Emotionen, Gedanken und Erfahrungen der Tiere zu. Energetische Grenzen nun ermöglichen es dir, dich in sie einzufühlen, ohne von ihren Emotionen überwältigt zu werden. Auf diese Weise kannst du die Tiere wirkungsvoll unterstützen und bringst dabei dein eigenes Wohlbefinden nicht in Gefahr.
3. *Unterstütze die Klarheit der Kommunikation:* Energetische Grenzen erleichtern es dir, zwischen deinen Emotionen oder

Gedanken und denen des Tieres zu unterscheiden. Für eine präzise, effektive Kommunikation ist diese Klarheit unerlässlich. Und durch das Setzen unzweideutiger Grenzen kommst du in die Lage, die Informationen, die du von den Tieren erhältst, besser zu interpretieren und ihre Menschen wirkungsvoller zu beraten.

Eine andere entscheidende »Grenze« besteht darin, dass du sowohl die Privatsphäre und Autonomie des Tieres respektierst, mit dem du kommunizierst, als auch die seiner Menschen. Bitte um Zustimmung, bevor du in die Interaktion gehst – wie wir haben auch die Tiere ein Recht auf Privatheit. »Gib keine ungebetenen Ratschläge«, hat mir mal ein Lehrer ins Stammbuch geschrieben und ich finde auch heute noch, dass wir uns an diese Worte halten sollten. Beim Spazierengehen habe ich mitunter das Gefühl, von einem Hund kontaktiert zu werden, dessen Menschen ich nicht kenne. Und auch wenn mir das Tier Empfindungen von Stress oder irgendeine Form negativer Energie vermittelt, spreche ich die Person am anderen Ende der Leine nicht darauf an. Weil es mich einfach nichts angeht. In solchen Situationen, in denen sowohl von dem Tier als auch von seinem Menschen viel zu einem rüberschwappt, ist es oft ziemlich schwierig, nichts zu tun. Und manchmal wirst du dich vielleicht sogar aufgefordert fühlen, auf irgendeine Weise einzugreifen. Doch der Druck, alle retten zu müssen, kann so extrem belastend sein, dass man schließlich niemandem mehr wirklich dienlich ist. Finde ich jedenfalls.

Hier ein paar Strategien, Grenzen zu setzen und zu respektieren:

- *Bitte alle Beteiligten um Erlaubnis*, bevor du dich auf die Energie des Tieres einstimmst. Damit erweist du dem persönlichen Raum sowie der Privatheit jedes und jeder Einzelnen deinen

Respekt. Dem Tier kannst du diese Einstellung intuitiv übermitteln, indem du es zum Beispiel fragst: »Darf ich mit dir kommunizieren?«

- *Schirm dich energetisch ab.* Mit dieser Technik, die ich gleich im Anschluss beschreibe, visualisierst du einen Schutz, der dich umgibt und unerwünschte Energien von dir abhält.
- *Erdende Übungen* helfen bei der Handhabung des Energieflusses. Die Verbindung mit der Erde kann überflüssige Energie ableiten, die dich sonst womöglich für unerwünschte Einflüsse anfällig macht.
- *Pass auf*, wo du deine Aufmerksamkeit hinlenkst. Dass du dich auf etwas oder jemanden einstimmen *kannst*, heißt noch lange nicht, dass du es auch immer tun solltest. Denk daran, dass die intuitive Kommunikation nicht in jeder Situation das Gebot der Stunde ist.
- *Selbstfürsorge* – dass du dich also gut um dein körperliches und emotionales Wohlbefinden kümmerst – ist unabdingbar. Denn solange du ausgeschlafen und ausgeglichen bist, können dir von außen kommende Energien sehr viel weniger anhaben.
- *Plane für deine intuitive Arbeit mit Tieren feste Termine ein.* Das hilft dir nicht nur, sie zeitlich von deinen anderen Aktivitäten abzugrenzen, sondern informiert die Tiere auch darüber, wann du offen bist, mit ihnen zu kommunizieren.
- *Beende die Kommunikation ganz bewusst*, indem du dir etwa eine Schnur vorstellst, die allmählich gelöst oder durchgeschnitten wird.

Energetische Abschirmung

Diese Technik aus dem Fundus der Energiearbeit schützt dich vor den vielen Energien von außen, denen du in deinem Alltag ausgesetzt bist. Sie ist nicht dafür da, jeglichen Austausch von Energien zu verunmöglichen, sondern filtert nur diejenigen aus, die unnütz sind, dich nur überfluten oder auslaugen. Genauso wenig geht es beim Abschirmen darum, alle Verbindungen zu fürchten oder auszuschalten. Vielmehr handelt es sich um einen liebevollen Akt der Selbstfürsorge, der es dir ermöglicht, dich auf Augenhöhe und voller Respekt auf die Welt und insbesondere die Tiere einzulassen. Außerdem ermöglicht dir die energetische Abschirmung, dein Mitgefühl praktisch auszuleben, ohne dich energetisch zu überfordern.

1. Atme, bevor du dich auf die Welt einlässt, zunächst einige Male tief und ruhig durch. Das hilft, deine Energie zu zentrieren, und bereitet dich auf den Prozess des Abschirmens vor.
2. Stell dir deinen Körper in einer Art Blase oder rundum von Licht umgeben vor. Dieser Schutzschild kann jede Farbe haben, die für dich Schutz und Positivität bedeutet. Manche visualisieren wegen seiner Reinheit ein weißes Licht, andere zum Beispiel Rosa. Da bist du in deiner Wahl ganz frei, Hauptsache, in deinen Augen steht die Farbe für Schutz.
3. Während du dich in diesem Schutzschild siehst, nimmst du dir ganz fest vor, dass er dich vor jeder negativen oder unerwünschten Energie bewahrt. Vielleicht sagst du dir auch so etwas wie: »Dieser Schild beschützt mich vor jeglicher Energie, die nicht meinem höchsten Wohl dienlich ist.«
4. Du kannst deinen Schutzschirm gern noch verstärken, wenn du magst. Zum Beispiel, indem du dir auf deinem Schild ein Kraft- oder Schutzsymbol vorstellst (zum Beispiel einen Stern, ein

spirituelles Emblem oder etwas anderes, in dem du ein Sinnbild der Stärke siehst).

5. Mach dir klar, dass dieser Schild nicht von Dauer ist und deshalb regelmäßig erneuert werden sollte. Vielleicht sogar jeden Morgen oder immer, bevor du in die Energiearbeit einsteigst.

Mitgefühlserschöpfungssyndrom

Teile der Dienstleistungsbranche bergen ihre ganz eigenen Klippen und zu den bedeutendsten gehört das Mitgefühlserschöpfungssyndrom. Dieser Begriff bezeichnet die emotionale, körperliche und psychische Erschöpfung, die aus der ständigen Konfrontation mit den psychischen Qualen und Leiden anderer resultiert. Man spricht in diesem Zusammenhang oft auch von den »emotionalen Kosten der Pflege«, zu denen auch die im Laufe der Zeit geringer werdende Fähigkeit zu Empathie und Mitgefühl gehört. Wenn wir bei dieser Art von Arbeit nicht für uns selbst Sorge tragen und unsere energetischen Grenzen nicht verteidigen, besteht die Gefahr, dass wir über kurz oder lang ausgelaugt oder erschöpft sind, leicht reizbar, vielleicht sogar apathisch. Das Mitgefühlserschöpfungssyndrom kann auch den Zugriff auf unsere intuitiven Fähigkeiten beeinträchtigen und so das Gefühl der Frustration noch verstärken.

Die Arbeit mit Tieren, die aufgrund von Misshandlung, Vernachlässigung oder schwerer Erkrankung Traumatisches erlebt haben, kann emotional einen hohen Preis fordern und zur Entstehung des Mitgefühlserschöpfungssyndroms beitragen. Sobald wir uns auf ein leidendes Tier einstimmen, besteht die Gefahr, dass wir uns seine Erfahrungen aufladen oder uns für sein Wohlbefinden verantwortlich fühlen – was die Notwendigkeit emotionaler Grenzen ein weiteres Mal bestätigt. Denn es ist von enormer

Bedeutung, dass du in der Lage bist, dich von dem Leid abzugrenzen, dem du begegnest. Mach dir bewusst, dass das individuelle Risiko, ein Mitgefühlserschöpfungssyndrom zu entwickeln, von persönlichen Faktoren verstärkt werden kann, zum Beispiel von selbst erlebten Traumata, ungelösten Problemen oder mangelhafter medizinischer und allgemeiner Selbstfürsorge.

Hier einige Tipps zur Vorbeugung des Mitgefühlserschöpfungssyndroms:

- *Mach dir in regelmäßigen Abständen deinen psychisch-emotionalen Zustand bewusst*, damit du ein Gefühl für eventuelle Vorboten des Mitgefühlserschöpfungssyndroms entwickeln und gegebenenfalls Maßnahmen zum Schutz deines emotionalen Wohlbefindens ergreifen kannst (siehe viertes Kapitel).
- *Setze gesunde persönliche Grenzen und schütze sie.* Wozu auch gehört, dass du die Anzahl emotional belastender Situationen und der Fälle reduzierst, an denen du arbeitest, regelmäßige Pausen und/oder Urlaube einplanst und deinen persönlichen Interessen oder Hobbys, die dir und deiner Seele guttun, Priorität einräumst.
- *Greif auf dein persönliches Netzwerk von Unterstützern und Unterstützerinnen zurück* – dessen Bedeutung ich gar nicht oft genug betonen kann. Es ist immer gut, solide Beziehungen zu Menschen zu haben, die die Schwierigkeiten verstehen, mit denen du es zu tun hast, die emotional für dich da sind und dir Bestätigung und Orientierungshilfen geben, wenn es hart auf hart kommt.
- *Gewöhne dich an regelmäßige Maßnahmen zur Selbstfürsorge und Stressreduktion*, wie etwa Meditation, Yoga, Sport, Journaling oder auch Formen des kreativen Ausdrucks, die dich entspannen und erfüllen.

Meditation zur Auflösung des Mitgefühls-erschöpfungssyndroms

Diese Meditation hilft dir, die emotionale Resilienz zu stärken und neue Energie zu tanken. Außerdem trägt sie zu einem gesunden Gleichgewicht von Mitgefühl für andere und Selbstfürsorge bei.

1. Such eine friedvolle Umgebung auf, in der du eine Weile ungestört und bequem liegen oder sitzen kannst.
2. Mach die Augen zu und atme einige Male langsam tief ein und aus: *ein* durch die Nase und so lange, bis deine Lunge vollständig mit Luft gefüllt ist, und *aus* ganz allmählich durch den Mund. Konzentriere dich dabei auf das Empfinden der Atemluft, die in deinen Körper eintritt und ihn wieder verlässt.
3. Während du weiteratmest, scannst du deinen Körper. Du beginnst am Scheitel und bewegst dich bis hinab zu den Zehen. Dabei stellst du dir die energetischen Schnüre vor, die dich mit allen Sachverhalten deines Lebens verbinden, die dich emotional belasten – Tiere, Menschen, Orte, Situationen, Traumata und so weiter.
4. Visualisiere am Himmel oben ein schön helles heilsames Licht, das auf dich und die Dinge um dich herum fällt. Dieses Licht symbolisiert eine Energiequelle, die dich wieder aufladen und regenerieren kann. Stell dir beim Einatmen vor, wie dieses heilende Licht in deinen Körper gelangt und jede Zelle mit revitalisierender Energie erfüllt.
5. Beim Ausatmen stellst du dir vor, dass alle negativen Emotionen, jeder Stress, jede Müdigkeit deinen Körper verlassen und du dich leichter und ausgeglichener fühlst. Atme derweil weiterhin das heilende Licht ein und lass mit jedem Ausatmen mehr Negatives los. Mit jedem Atemzug beginnen sich alle Schnüre aufzulösen, die dich mit deinen Belastungen verbinden.

6. Wiederhole mehrfach stumm eine Affirmation, die dein Selbstmitgefühl zum Ausdruck bringt, etwa »Ich lasse los, richte mich anders aus und fange noch einmal ganz neu an« oder »Ich erlaube mir, mich auszuruhen und meine Batterien wieder aufzuladen«.
7. Bade so lange in dem heilsamen Licht, bis du das Gefühl bekommst, dass sich alle Verbindungsschnüre aufgelöst haben und dein Körper mit schönem, hilfreichem Licht angefüllt ist.
8. Sobald du dich dazu bereit fühlst, lenkst du deine Aufmerksamkeit vorsichtig zurück in deinen Körper und auf dein unmittelbares Umfeld. Spür den Kontakt mit der Unterlage, auf der du sitzt oder liegst, und fühl dich verwurzelt, friedvoll und geschützt. Schlag dann langsam die Augen auf und gib dir einen Moment Zeit, um dich wieder in deiner Umgebung zurechtzufinden.

Was tun mit Erwartungen?

Oft suchen mich Leute in der Hoffnung auf schnelle Hilfe bei Verhaltensproblemen ihres Tieres auf. Sie wollen, dass ich ihm sage, wie es sich zu benehmen hat, dass ich also zum Beispiel ihre Katze bitte, die Couch nicht länger als Kratzbaum zu missbrauchen. Und sicher, ich kann dem Tier intuitiv mitteilen, welches Verhalten angemessen ist und was von ihm erwartet wird. Vielleicht antwortet es sogar: »Klar, hab ich kapiert.« Aber jeder Augenblick ist ein neuer Moment und das gilt ganz besonders für Tiere. Sie treffen Entscheidungen auf der Basis ihrer aktuellen Energie und die steht unter Umständen in krassem Gegensatz zu dem, was du ihnen gerade gesagt hast.

Deshalb kann sich dieselbe Katze schon am nächsten Tag hinreißen lassen und wieder anfangen, an der Couch herumzukratzen. Ich empfehle meinen Kundinnen und Kunden immer, Energie, Kommunikation und Verbindung so zu gestalten, dass das Tier die Botschaft auch wirklich versteht und anfängt, entsprechende Entscheidungen zu treffen. Bis es so weit ist, kann es allerdings etwas dauern. Geduld und konsequentes Vorgehen sind deshalb unabdingbar.

Hinzu kommt: Dass das Tier begreifen kann, was wir ihm sagen, heißt noch lange nicht, dass es auch wirklich zuhört. Meiner Erfahrung nach haben einige eine schnelle Auffassungsgabe; in der Regel aber sind wir gut beraten, das Tempo den Tieren zu überlassen und sie gegebenenfalls intuitiv und energetisch an das Gesagte zu erinnern. Das kann frustrierend sein. Nimm dir also vor, dieses Gefühl zu bemerken, es aus dem Schatten herauszuholen und loszulassen (zum Beispiel durch Beklopfen). Allzu lange solltest du dich dabei jedoch nicht auf deinen Frust fokussieren; einige Minuten reichen schon, um dir diese Gefühle, den ganzen Katzenjammer, in deinem Journal von der Seele zu schreiben und dich so von ihrer Energie zu befreien.

Und überhaupt, wenn es um Erwartungen geht … Mitunter kommt es vor, dass sich während der Sitzung eine bestimmte Information partout nicht offenbaren will. Das kann Ausdruck eines höheren göttlichen Willens und Planes sein, die den Informationsfluss lenken und dafür Sorge tragen, dass nur das unbedingt Nötige kommuniziert wird. In allen Beziehungen, ob zu anderen Menschen oder zu Tieren, spielt bei der Entscheidungsfindung der freie Wille eine bedeutende Rolle. Deshalb kann es auch sein, dass der höhere göttliche Wille aus Respekt vor der Willensfreiheit des Tieres oder seines Menschen gewisse Informationen zurückhält, damit sie sich ohne unerwünschte Einflussnahme von außen entwickeln können. So könnten einer Kommunikatorin zum Beispiel Einsichten in eine Entscheidung vorenthalten bleiben, bei der es darum geht, ob der Mensch eine bestimmte medizinische Behandlung des Tieres fortsetzen sollte oder nicht. Und dies vielleicht, weil es dem höheren göttlichen Willen entspricht, dass der Mensch die Entscheidung auf Basis seiner Intuition, aufgrund von Recherche und das Hinzuziehen veterinärmedizinischer Expertise selbst trifft.

Wenn bestimmte Informationen in den Sitzungen nicht zutage treten, kann das auch daran liegen, dass das Tier und sein Mensch noch nicht für ihren Empfang bereit sind und schon gar nicht dazu, sie zu verarbeiten. Dem höheren Göttlichen zufolge stimmt womöglich das Timing nicht und bestimmte Informationen könnten das persönliche Wachstum hemmen oder zu unnötiger Verwirrung führen. Das höhere Göttliche wird sicherstellen, dass die Informationen zum für alle Beteiligten optimalen Zeitpunkt enthüllt werden. Darauf kannst und musst du vertrauen. Einem Kommunikator könnten zum Beispiel Informationen über die traumatische Erfahrung des Tieres, mit dem er arbeitet, verwehrt bleiben, weil dessen Mensch noch nicht bereit ist, darüber in Kenntnis gesetzt zu werden. Deshalb sieht der göttliche Plan womöglich vor, diese Info erst später zu kommunizieren. Ähnlich kann es sein, wenn ein Mensch erfahren möchte, wann sein Tier ins Jenseits übertreten wird oder wann der richtige Zeitpunkt ist, diese Entscheidung an seiner statt zu treffen. Dem göttlichen Willen nach könnte es sein, dass diese Info noch nicht ans Licht kommen soll. Während die Sache einige Tage oder eine Woche später schon wieder ganz anders aussehen mag.

Vergiss nicht: Das Wirken des höheren Göttlichen beruht stets auf bedingungsloser Liebe sowie auf Weisheit und entspricht immer dem höchsten Wohl aller Beteiligten. Statt auf unsere eigenen Fähigkeiten zu bauen, sollten wir uns also lieber darauf verlassen, dass es gute Gründe dafür gibt, wenn der höhere göttliche Wille eine Info zurückhält, und dann auf Grundlage der Mitteilungen, die wir empfangen, so viel Unterstützung leisten wie nur möglich.

Das Vertrauen in diesen Prozess vergrößert unseren Glauben an den göttlichen Plan und sein Vermögen, uns zu unterstützen.

Das dauerhaft gleichbleibende Engagement für die intuitive Tierkommunikation erfordert Geduld, Einsatz und auch Mitgefühl für dich selbst. Mithilfe der Tipps aus diesem Kapitel wirst du in der Lage sein, deine Fähigkeiten enorm zu verbessern und die Beziehung zu Tieren zu intensivieren. Und während du dich weiterentwickelst und hinzulernst, was deine kommunikativen Kompetenzen angeht, vergiss bitte nicht: Du dienst dem höchsten Wohl der Tiere und ihrer Menschen. Und dein Engagement für die Praxis hat das Potenzial, bei den Lebewesen in deinem Umfeld einen bleibenden Eindruck zu hinterlassen.

Journaling – Überlegungen für dein Tagebuch

1. Wie wendest du die erlernten Techniken in deinem Alltag an? Was lernst du aus ihnen über Tiere? Und was über dich selbst?
2. Welche Erfolge kannst du bei der Tierkommunikation bereits verzeichnen? Und welche neuen Möglichkeiten siehst du, sie zu feiern?
3. Wann und wie nimmst du dir Zeit zur Selbstfürsorge? Nenne drei Möglichkeiten, in dieser Woche mehr für dich zu tun. Und ebenfalls in diesem Monat.
4. Welche Erfahrungen hast du damit gemacht, keine energetischen Grenzen gesetzt zu haben, sei es im Verhältnis zu Tieren oder zu Menschen? Was hast du daraus gelernt? Wann hast du das Gefühl, dass deine Grenzen »stehen«? Und was resultiert aus deiner energetischen Abschirmung?

STÄRKUNG UND VITALISIERUNG DEINER BEZIEHUNG ZU TIEREN

Wenn wir uns mit Haustieren umgeben, erhoffen wir uns davon eine erfreuliche, liebevolle und stützende Beziehung. Dabei ist es mit Tieren nicht anders als mit Menschen: Jede Beziehung braucht ihre Zeit. Manchmal schlagen sich Herrchen oder Frauchen mit Verhaltensproblemen ihrer Lieblinge herum, gegen die sie einfach nicht ankommen: dass etwa der Hund partout nicht aufhören will zu bellen oder die beiden Katzen einander ständig bekämpfen. In diesem Kapitel gehen wir einige der Faktoren durch, auf die es ankommt, wenn du eine starke Beziehung zu deinem Tier oder deinen Tieren aufbauen willst: Rudeldynamik, Aufmerksamkeit und Zuneigung, Körpersprache und Bedürfnisse.

Doch lass mich dir zuerst Valerie und Mugsy vorstellen, deren Geschichte uns helfen soll, die genannten Faktoren zu begreifen. Valerie hat mich um Hilfe gebeten, weil ihr frisch adoptierter zweijähriger Labrador-Mix Mugsy ausgesprochen heftig reagierte, sobald Menschen oder andere Hunde ins Haus kamen oder ihm beim Gassigehen auf der Straße begegneten. Wie Valerie vor der Adoption erfuhr, hatte der kleine Mugsy mit seiner Mutter und einem Geschwisterchen auf der Straße gelebt, bis diese beiden von einem Auto überfahren wurden. Ein ortsansässiger Augenzeuge des Unfalls schnappte sich Mugsy und brachte ihn in die Tierrettung. Valerie, die großes Mitleid mit dem Hündchen hatte, erzählte jedem, den sie traf, seine Geschichte. Und dabei kamen ihr jedes Mal die Tränen.

Als ich mich mit Mugsy verbunden hatte, spürte ich, dass er nicht nur sensibel, sondern auch smart war – und wie ein Schwamm. Denn er nahm alle Energien seines Umfelds auf. Ständig. Aus seiner Perspektive sah ich vor meinem inneren Auge, dass für ihn alles und jedes ein Pünktchen Energie war und er allem und jedem mit großer Neugier begegnete. Es war mir fast so, als hätte er Fragezeichen über dem Kopf wie im Comic. Er richtete den Blick auf Valerie, damit sie ihm zu verstehen half, was da vorging, aber auch sie schien Fragezeichen über dem Kopf zu haben. Wenn zum Beispiel jemand zu Besuch kam, empfand Mugsy die Person als eine große, fragwürdige Energiekugel. Der Besucher spürte das und richtete seinerseits den Blick auf Valerie, als wollte er fragen: »Ich weiß nicht so recht … hast du die Situation auch wirklich unter Kontrolle?« Mugsy wiederum hatte in diesem Moment den Eindruck, Valerie gucke ihn an. Mit einer Energie à la »Ist mit dir alles in Ordnung? Wie willst du reagieren? Was ist mit dir?« Woraufhin er dachte: »Also gut, ich habe Fragen, du aber auch. Und da ich die Antworten, die ich brauche, nicht bekomme, nehme ich die Sache jetzt selbst in die Pfoten.« Er fing an zu bellen und zwickte den Besucher ins Bein. Nervös und außer sich schloss Valerie den Hund im Schlafzimmer ein. Bei Mugsy hinterließ dieser Ablauf der Dinge einen energetisch negativen Eindruck von Besuchern. Mit der Folge, dass er, wann immer jemand an ihre Tür kam, in einen Zustand bedauernswerter Unausgeglichenheit versetzt wurde – noch bevor es überhaupt zu einer Begegnung kommen konnte. Allein das Geräusch der Türklingel genügte, um diese automatisierte Reaktion auszulösen.

Ganz ähnlich verhielt es sich beim Gassigehen. Valeries Spaziergänge mit Mugsy hatten keinerlei Struktur. Sie akzeptierte, dass er vorausging und dabei an der Leine zerrte. Für den Hund bedeutete das: Er war der Anführer und suchte das Gelände nach etwaigen Gefahren ab. Da Valerie auch unterwegs eine Reihe energetischer Fragezeichen über dem Kopf hatte, sprang Mugsy alle und alles an und verbellte Gott und die Welt, weil er das Gefühl hatte, sein Mensch kümmere sich nicht um die aus seiner Sicht drohenden Gefahren.

Außerdem fühlte sich der Hund für mich wie eine Art Blitzableiter an, der alle Energien aus der Umgebung auf sich zog. Er nahm aber so viel davon auf, dass es zu einem Kurzschluss kam. Denn er war nicht in der Lage, die Energie so zu kanalisieren, dass er sie auch wieder unschädlich ableiten konnte. Valerie ihrerseits war so von Mugsys traumatischer Rettungsgeschichte und den Gefühlen gefesselt, die sie immer wieder in ihr auslösten, dass sie den Hund mit dieser traurigen, schweren Energie richtig runterzog. Mugsy war ganz in der Gegenwart, bereit zum Aufbruch, und schon versetzte ihn Valerie wieder in Angst und Unsicherheit. Die Beschäftigung mit der Rudeldynamik konnte helfen, die Probleme der beiden mit Besuchern und Fußgängern zu lösen.

Rudeldynamik

Für die Sozialstruktur und das Verhalten vieler Tierarten spielt die Rudeldynamik eine entscheidende Rolle, insbesondere für die, welche wie Wölfe, Hunde, Löwen und sogar einige Vögel und Primaten in Gruppen leben. Das Wissen um diese Dynamik und die Bedeutung energetischer Führungsqualitäten kann beim Aufbau harmonischer Beziehungen helfen.

Das Rudel fungiert als geschlossene Einheit, die zusammen auf die Jagd geht, ihr Territorium verteidigt, den Nachwuchs aufzieht und soziale Beziehungen aufrechterhält. Egal, mit welcher

Art Tier du zusammenlebst: Ihr seid ein Rudel. Und innerhalb dieser Struktur haben die einzelnen Tiere bestimmte Aufgaben und Plätze in der Rangordnung. All das trägt zum gemeinsamen Erfolg und Überleben der Gruppe bei.

- *Rudelführer:* Was die Tiere in deinem Zuhause betrifft, solltest du der Anführer sein. Ein starkes, leistungsfähiges Individuum an der Spitze kann die Ordnung aufrechterhalten und die Sicherheit der Gruppe gewährleisten. Es trifft Entscheidungen, die dem gesamten Rudel zugutekommen. Gute Führungspersönlichkeiten sind ebenso gelassen wie selbstbewusst, sie sorgen für Stabilität und Berechenbarkeit sowie dafür, dass sich jedes Rudelmitglied sicher fühlt und begreift, welchen Platz es in der Gruppe einnimmt.
- *Im Mittelfeld:* In dieser Position finden wir oft die sorglosen, unbekümmerten Tiere, die sich leicht auf veränderliche Situationen einstellen können. Entsprechend zeichnen sie sich auch häufig durch große gesellschaftliche Anpassungsfähigkeit aus, haben ein Verständnis für soziale Stimuli und sind gut in der Lage, ihr Verhalten so zu gestalten, dass die Harmonie in der Gruppe aufrechterhalten bleibt. Sie respektieren die bestehende Hierarchie und verstehen den Platz, den sie darin innehaben. Um ihre Stellung im Rudel nicht zu verlieren, legen die Tiere im Mittelfeld oft ein unterwürfiges Verhalten an den Tag, vermeiden etwa Blickkontakt oder präsentieren ihren Bauch.
- *Am Schluss:* Bei diesen Mitgliedern der Gruppe handelt es sich um die Sensibelchen, die oft auch Augen und Ohren des Rudels sind. Sie alarmieren die anderen, wenn ihnen irgendwas komisch vorkommt, und vertrauen dann darauf, dass der Rudelführer Maßnahmen ergreift und alle unbeschadet aus der Gefahrenzone herausbringt.

Damit zurück zu unserem Hund-Mensch-Duo. Valerie merkte gar nicht, dass sie Mugsy nicht die Führung angedeihen ließ, auf die er angewiesen war. Wenn er bei ihr nach Antworten suchte, aber nur auf weitere Fragen und nervöse Energie stieß, gewann er den Eindruck, dass keiner von ihnen den Hut aufhatte. Das machte ihn unsicher und gab ihm das Gefühl, Abwehrmaßnahmen ergreifen zu müssen. Da das aber ganz und gar nicht seinem Wesen entsprach, empfand er die gesamte Situation als unausgewogen und chaotisch.

Ich informierte Valerie über die Hierarchie in Rudeln und erklärte ihr, dass sie sich zunächst mit der Vision beziehungsweise dem Gefühl verbinden müsse, die ruhige selbstbewusste Anführerin zu sein. So würde sie die Fragezeichen über ihrem Kopf in Lösungen umwandeln können. Wir Menschen haben vielleicht, was unsere Tiere angeht, nicht immer die richtigen Antworten, müssen um ihretwillen aber trotzdem unsere Rolle als Anführer spielen, unzweideutig und selbstbewusst.

Valerie begriff auch, dass Mugsy in ihren Gedanken und Gefühlen las wie in einem Buch und dass deshalb ihr Inneres und die Dinge, die sie von ihrem Hund verlangte, in Übereinstimmung stehen sollten. Ihn zu bitten, zur Ruhe zu kommen, während sie selbst voller Besorgnis war, konnte nicht funktionieren. Ich empfahl Valerie, dass sie sich vornahm, mehrmals am Tag ihre Emotionen zu checken und sich immer aufs Positive auszurichten.

Ich bat Valerie, das Verhalten, das sie sich von Mugsy wünschte, zu visualisieren und sich ganz darauf zu fokussieren. Auch empfahl ich ihr, die Geschichte von Mugsys Rettung ebenso loszulassen wie die von seiner Reaktivität, an die sie sich klammerte, seit er zu ihr gekommen war. Sie musste üben, so im Moment zu bleiben, dass sie mit ihm zusammen neue Eindrücke gewinnen und ihm zeigen konnte, dass auf ihre Führungsqualitäten

Verlass war. Sie würde damit dem Hund auch helfen können, bessere, ausgewogenere Entscheidungen zu treffen.

Wende dich dem Positiven zu

Bei dieser Übung geht es um die Veränderung deines Mindsets, darum, dich von negativen Gedanken, Gefühlen, Emotionen und Erfahrungen ab- und erbaulicheren zuzuwenden. Aber denk dran: Das heißt nicht, dass du die negativen Gefühle ignorieren oder geringschätzen solltest, denn die haben genauso ihre Berechtigung. Aber du kannst sie wertschätzen und dich trotzdem bemühen, sie nicht nur um deiner selbst willen zu verändern, sondern auch für dein Tier. Mit regelmäßigem Training wird es dir gelingen, eine optimistischere Perspektive einzunehmen.

1. Fokussiere dich bewusst auf deine Gedanken und Emotionen. Damit du es am Anfang nicht mal vergisst, kann es hilfreich sein, wenn du regelmäßig die Alarmfunktion deines Handys aktivierst.
2. Mach dir alle negativen Gedanken oder Emotionen bewusst, die in dir hochkommen. Halt einen Moment inne und beobachte sie, ohne sie zu bewerten. Achte auf die inneren Dialoge beziehungsweise die Gefühle, die zu deiner Negativität oder deinem Stress beitragen.
3. Erkenne an, dass die negative Energie vergänglich ist und weder dein wahres Selbst noch deine Realität widerspiegelt. Nimm deine negativen Gedanken oder Emotionen zur Kenntnis und lass dich ohne Widerstand auf sie ein. Sobald du anfängst, diese Gefühle zu akzeptieren, kannst du sie auch loslassen.

4. Stell dir die negative Energie an einem Ende einer Maßstange vor und überleg, wie wohl die Gedanken und Emotionen am anderen Ende aussehen mögen.
5. Lenk deine Aufmerksamkeit auf das positive Ende der Stange und verbinde dich mit deiner Vision dieser positiven Energien. Genieß diese positive Energie einen Moment lang, um dich noch vertrauter mit ihr zu machen und die negative aufzulösen.

Werde dir deiner Aufmerksamkeit und Zuneigung bewusst

Wenn sie sich ihrem Tier mit Aufmerksamkeit und Zuneigung widmen, ahnen viele nichts von dessen energetischer Verfassung. Doch in dem Moment, in dem wir ein nervöses, ängstliches Tier hochnehmen, um es zu trösten, verstärken wir nur seine Nervosität und Ängste. Denn es zieht daraus den Schluss, dass es Zuneigung erhält, wenn es sich so und so verhält. Angenommen, dein Hund springt jemanden an und du gibst ihm zur Ablenkung ein Leckerli. Was denkt er dann wohl? Natürlich: »Okay, wenn ich Leute anspringe, gibt's ein Leckerli.«

Und das beschränkt sich nicht auf Hunde. Eine Kundin von mir hatte mal Katzen, die nicht miteinander klarkamen. Nach jedem Streit zwischen ihnen nahm die Frau die Tiere einzeln auf den Arm, sodass post bellum beide Tiere Aufmerksamkeit und Zuneigung erhielten. Was ihnen das Gefühl gab, dass da bestimmt ein Zusammenhang bestand.

Und was lehrt dich das? Dass du darauf achten musst, *wann* du deinem Tier Aufmerksamkeit schenkst und *welche Art* von Aufmerksamkeit. Aufmerksamkeit und Zuneigung sind Belohnungen und diese gibst du deinem Schatz am besten, wenn er ganz ruhig ist. Verhält sich das Tier dagegen so, wie es dir nicht gefällt, solltest du es ignorieren und so lange warten, bis es sich entspannt und das unerwünschte Verhalten einstellt, bevor du es lobst, knuddelst oder ihm ein Leckerli gibst. Sobald du anfängst, einen energetisch ausgeglichenen Zustand zu honorieren, begreift das Tier, dass es das ist, was du von ihm willst. Und das Ergebnis ist ein zufriedeneres, ausgeglichenes Tier, das sich sehr viel besser zu benehmen weiß.

Ein Beispiel: Für Tammy war der Zwergspitz Prince die Liebe ihres Lebens. Sie überschüttete ihn schier mit Geschenken, Leckerbissen, kostspieligen Pflegeprozeduren. Und das Highlight: Der Kleine durfte alles tun, worauf er Lust hatte und wonach ihm gerade der Sinn stand. Was auch war, Tammy nahm ihn auf den Arm und schmuste mit ihm. Und weil sie Prince so sehr lieb hatte, wollte sie auch keine Sekunde von ihm getrennt sein. Aufgrund dieser ganzen Zuneigungsbekundungen, die da auf ihn herabregneten, entwickelte der Hund mit der Zeit gewisse Verhaltensauffälligkeiten. Tammy gegenüber bildete er einen enormen Beschützerinstinkt aus und ließ niemanden mehr in ihre Nähe. So kam es, dass er anfing, Menschen, aber vor allem auch Hunde zu beißen. Außerdem war er nicht stubenrein, wütete zu Hause wie ein Derwisch, zerfetzte Teppiche und Sofas.

Sobald ich mich mit Prince verbunden hatte, spürte ich die ganze Liebe, die er bekam. Aber es fühlte sich an, als würde diese über ihm ausgegossen wie ein Eimer Wasser und er wäre am Ertrinken. Er hatte ja keine Ahnung, wie er sich benehmen sollte und wie besser nicht. Weil Tammy Prince so viel Liebe gab und nichts als Liebe, belohnte und verstärkte sie jedes Fehlverhalten von ihm. Und da sie ihn immer hochnahm, drückte und mit Küssen bedeckte, wenn er sich danebenbenahm und etwa Menschen biss, die sich ihr näherten, kapierte er nicht, dass so etwas inakzeptabel war. Natürlich hatte Tammy nur die allerbesten Absichten, ihr Handeln aber lief nicht nur dem höchsten Wohl ihres

Hundes zuwider, sondern auch dem der Menschen in ihrem Umfeld. Mir gegenüber zeigte Prince, dass er intelligent war und sich durchaus zu benehmen wusste. Tammy dagegen musste ihre Emotionen besser unter Kontrolle bringen, mal genau überlegen, was sie ihm vermittelte, und erkennen, wie ihr Gefühlsleben zu seinem Verhalten beitrug.

Ich brachte Tammy das Meditieren bei, führte sie in die Atemarbeit ein und demonstrierte ihr, wie sie sich erden konnte, um ihre Emotionen auszubalancieren. Außerdem eröffnete ich ihr neue Möglichkeiten, Prince ihre Liebe zu beweisen: indem sie Struktur in ihr Zusammenleben brachte und mehr darauf achtete, wann und wie sie ihm Aufmerksamkeit und Zuneigung schenkte. Und tatsächlich: Innerhalb weniger Monate wendete sich alles zum Besseren. Prince fing an, Leuten den Zugang zu Tammys persönlichem Raum zu gestatten, ohne aggressiv zu werden oder gar zu beißen. Und auch seine destruktiven Tendenzen gehörten bald der Vergangenheit an.

Körpersprache

Damit bei der Tierkommunikation Vertrauen und starke Verbindungen entstehen können, kommt es entscheidend darauf an, dass du dir deiner Körpersprache und Energie bewusst wirst. Da Tiere für nonverbale Hinweise hochempfänglich sind, kann das Wissen um die eigene Körpersprache erheblich zur Verbesserung deiner Kommunikation mit ihnen beitragen.

Kommen wir in diesem Zusammenhang noch einmal auf Valerie und Mugsy zurück. Wann immer sie Besuch erwartete, fragte sich Valerie nervös, wie Mugsy wohl reagieren würde, und konnte vor lauter Aufregung kaum mehr atmen. Jeder Muskel in ihrem Leib war angespannt und sie verschränkte die Arme vor dem Oberkörper. Valeries Gäste, vorab vor Mugsys Reaktionsfreudigkeit gewarnt, betraten das Haus bereits in unsicherer, Schutz suchender Körperhaltung. Mugsy nahm diese ganze aufgescheuchte, angespannte Energie wahr und hatte das Gefühl, eingreifen und etwas dagegen tun zu müssen. Da Valerie nichts unternahm, um die Führung zu übernehmen, versuchte der Hund, Ordnung zu schaffen, und zwar auf die einzige Art und Weise, die er kannte: durch Bellen, Leute-Anspringen und andere Ausdrucksformen reaktiven Verhaltens. Ich empfahl Valerie, vor jedem Besuch, den sie empfing, ihre Muskulatur durch Ausschütteln zu lockern. Das allein vermittelte Mugsy schon eine ganz andere – weit positivere – Information darüber, was er zu erwarten hatte, und ermöglichte es ihm so auch, sein Verhalten zu ändern.

Beim Gassigehen zeugte Valeries Körpersprache ebenfalls von Anspannung: Schultern eingesunken, Kopf als Zeichen der Vorsicht tief gesenkt. Mugsys Leine war mehrfach eng um ihren Unterarm gewickelt. Für Hunde stellt die Leine eine ganz entscheidende energetische Verbindung dar. Dass sie bei ihm so straff gespannt war, verstärkte Mugsys Anspannung also nur noch. Ich empfahl Valerie, beim Gehen die Schultern zu straffen, den Kopf in ruhigem Selbstvertrauen hochzutragen und tief ein- und auszuatmen. Sobald sie meinen Rat beherzigte, veränderten sich die Botschaften, die sie Mugsy übermittelte. Woraufhin sich der Hund ihrer Führung mit sehr viel größerer Leichtigkeit und voller Vertrauen anschloss.

Hier noch ein paar Hinweise zum Thema »Menschliche Körpersprache und ihre Wirkung auf Tiere«:

- *Nimm eine offene, entspannte Körperhaltung an:* Verzichte am besten darauf, Arme oder Beine zu kreuzen, weil dies als Ausdruck von Verteidigungsbereitschaft und/oder Anspannung aufgefasst werden kann. Steh oder sitz stattdessen lieber mit neutraler, also locker aufgespannter Wirbelsäule da. Auf diese Weise signalisierst du deinem Tier Offenheit und Aufnahmebereitschaft. Notfalls kannst du deinen Körper von Kopf bis Fuß ausschütteln, um Spannungen loszuwerden – glaub mir, es wirkt Wunder!

- *Vorsicht bei Blickkontakt:* Mitunter kann Blickkontakt zwar durchaus zum Entstehen enger Beziehungen mit einem Tier beitragen; dennoch solltest du unbedingt darauf achten, wie es ihm damit geht. Manche empfinden den direkten Augenkontakt nämlich als bedrohlich. Achte also gut darauf, wie das Tier reagiert, und verändere gegebenenfalls deine Blickrichtung. Um die Verbindung aufrechtzuerhalten, ohne dass es zu Irritationen kommt, kannst du den Blick zum Beispiel auf die Stirn des Tieres richten oder ganz nah an ihm vorbeischauen.
- *Achte auf dein Mienenspiel:* Tiere nehmen den menschlichen Gesichtsausdruck sehr genau wahr. Pass also gut auf, welche Emotionen sich auf deinem Gesicht widerspiegeln. In der Kommunikation mit Tieren bemühst du dich am besten um einen weichen, entspannten Ausdruck und vermeidest die Zurschaustellung starker Emotionen wie Zorn, Frust oder Ungeduld.
- *Fokussier dich auf deine Atmung:* Das Training langsamen, tiefen Ein- und Ausatmens wird dir bei deinen Interaktionen mit Tieren helfen, ruhig und zentriert zu bleiben. Dieser gemächliche, gleichbleibende Rhythmus kann ihnen ein Gefühl von Sicherheit und Ruhe vermitteln und so zum Entstehen einer offeneren, vertrauensvolleren Beziehung beitragen.

So, wie du dir deiner eigenen Körpersprache bewusst wirst, kannst du auch auf die des Tieres achten, um dir Klarheit über seine aktuelle Verfassung zu verschaffen. Dafür achtest du auf seine Körperhaltung, den Gesichtsausdruck, die Ohren, Bewegungen seines Schwanzes und andere nonverbale Signale. Bestimmte Tiere legen zum Beispiel ihre ganz eigenen Zeichen für Angst an den Tag, manche Signale jedoch sind praktisch allgemeingültig. Verängstigte Tiere etwa versuchen oft, sich kleiner zu machen, indem sie sich zu ihrem Schutz auf den Boden kauern oder sich zusammenrollen. Auch die Ohren können einen Hinweis auf die emotionale Verfassung eines Tieres geben. Im Zustand der Angst zum Beispiel legen viele sie eng an. Und ein bestimmtes Starren deutet oft auf extremen Stress oder äußerste Furcht hin. Bei Hunden (sowie einigen anderen Spezies) zeugt auch die eingezogene Rute für große Angst. Bei Katzen dagegen verhält es sich genau umgekehrt: Geraten sie in Angst und Schrecken, plustert sich ihr Schwanz oft extrem auf. Wenn Hunde nervös oder ängstlich sind, fangen sie oft an, viel zu gähnen, um Energie abzubauen. Das waren aber nur einige Beispiele. Deshalb solltest du versuchen, dein Tier in möglichst vielen verschiedenen Situationen zu beobachten, um dich mit seinen individuellen Äußerungen vertraut zu machen.

Körpersprachliche Kommunikation

Das Training der körpersprachlichen Kommunikation kann deine Beziehung zu Tieren intensivieren und dein Verständnis ihrer Bedürfnisse und Emotionen verbessern. Zur Förderung deiner nonverbalen Kommunikationskompetenzen empfehle ich dir, mit verschiedenen Tieren zu trainieren (sowie auch mit unterschiedlichen Tier*arten*), die alle ihre eigene Persönlichkeit haben. Auf diese Weise lernst du, körpersprachliche Hinweise besser zu verstehen und angemessen auf sie zu reagieren.

1. Beobachte das Tier zunächst von Weitem, um seine Körpersprache und die verschiedenen Signale kennenzulernen, mit denen es sich ausdrückt. Achte dabei besonders auf Körperhaltung, Gesichtsausdruck, Bewegungen des Schwanzes sowie auf alle anderen potenziellen Anhaltspunkte.
2. Nähere dich dem Tier dann ruhig und langsam. Und zwar so weit, bis du dich schon in seinem Dunstkreis befindest, es aber noch nicht berühren kannst. Bevor du dich an einer Interaktion mit dem Tier versuchst, solltest du ihm genügend Zeit lassen, damit es dich seinerseits beobachten und sich mit deiner Nähe vertraut machen kann. Manche Menschen haben von Natur aus eine sehr viel stärkere Präsenz als andere. Achte also darauf, wie das Tier auf die Energie reagiert, die du ausstrahlst. Weicht es zurück oder kommt es auf dich zu? Genau wie wir Menschen haben auch Tiere ihre ganz eigene Distanzzone. Respektiere sie und dring nur dann in ihre Intimzone ein, wenn sie dich körpersprachlich dazu einladen.
3. Um den Kontakt herzustellen, kannst du versuchen, die Körpersprache des Tieres zu spiegeln. Wenn es sich hinlegt, kannst du dich hinsetzen, so dass du auf Augenhöhe bist. Damit trägst du zur Steigerung seines Wohlgefühls bei.
4. Sollte dir das Tier einen aufgeschlossenen Eindruck machen, kannst du anfangen, dich zu bewegen. Aber so, dass es sich nicht bedroht fühlt, also ganz langsam und ruhig. Wenn du dem Tier die Hand entgegenstrecken möchtest, tu es bitte mit der Handfläche nach unten und warte dann ab, bis es sich dir nähert und an deiner Hand schnuppert.
5. Sollte sich das Tier dem Anschein nach nicht wohlfühlen oder Anzeichen von Stress an den Tag legen, ziehst du dich erst einmal zurück und passt deine Körpersprache entsprechend an. Lerne bei jeder Interaktion etwas hinzu, um es bei künftigen Begegnungen anwenden zu können.

Bedürfnisse

Bei meiner Arbeit begegne ich oft Tieren, die nie in den Genuss ruhiger, selbstbewusster Führung durch ihre Menschen kommen. Und sehr häufig werden auch ihre Bedürfnisse nicht befriedigt, was die Beziehung noch weiter kompliziert. Die Befriedigung dieser Bedürfnisse ist jedoch entscheidend für das allgemeine Wohlbefinden, die Zufriedenheit und psychische Gesundheit der Tiere. Indem du dich dieser natürlichen Instinkte annimmst, trägst du zur Entstehung einer Atmosphäre bei, in der deine Tiere aufblühen und eine starke Bindung zu dir entwickeln können. Das kann auch ihrer physischen Gesundheit zuträglich sein, weil es dafür Sorge trägt, dass sie genügend Bewegung, gute Ernährung und alles andere bekommen, was ihrer Spezies, ihrem Alter und ihrer Größe entspricht. Die Befriedigung der natürlichen Bedürfnisse deines Tieres hält es mental aktiv und lebendig; sie reduziert die Gefahr von Langeweile, Angst und destruktiven Verhaltensweisen. Darüber hinaus intensiviert sie die Bindung, die zwischen dir und dem Tier existiert, da sie Ausdruck von deinem Respekt vor seiner Einzigartigkeit und deren Wertschätzung ist. Tiere, die nicht in der Lage sind, ihre natürlichen Instinkte (zu denen auch die Bedürfnisse gehören) kundzutun, können sich gestresst fühlen, ängstlich oder frustriert werden. Die Befriedigung ihrer Bedürfnisse hilft, sie zu entspannteren und zufriedeneren Lebewesen zu machen.

Körperliche und geistige Bewegung

Dass dein Tier genügend Bewegung bekommt, ist nicht nur aus gesundheitlichen Gründen wichtig, sondern auch zur Befriedigung seines Bedürfnisses nach Aktivität. Infrage kommen dafür unter anderem tägliche Spaziergänge, Apportierspiele oder auch die Beschäftigung mit Spielzeug, das dazu animiert, sich zu rühren.

Dadurch, dass du deinem Tier angemessene Möglichkeiten bietest, seinen Instinkten nachzugehen, ihm also zum Beispiel Kauknochen oder einen Kratzbaum zur Verfügung stellst, trägst du im Übrigen auch dazu bei, deine Besitztümer zu schonen. Versuch die natürlichen Verhaltensweisen deines Lieblings zu einem Spiel zu machen, das ihm die nötige Bewegung verschafft und zusätzlich eure Beziehung stärkt. Dem ausgeprägten Jagdinstinkt von Katzen etwa lässt sich gut mit »interaktiven« Spielsachen wie etwa Federwischen oder batteriebetriebenen Mäusen begegnen, deren Bewegungen unsere Samtpfoten an Beutetiere erinnern. Auf diese Weise können sie ihren Jagdinstinkt befriedigen, während sie gleichzeitig geistig und körperlich aktiv sind.

Wichtig ist auch die mentale Stimulation durch Geduld- und Intelligenzspiele oder Trainingsstunden, bei denen die natürliche Neugier des Tieres gestillt wird oder es seinem instinktiven Hang zum Lösen von Problemen nachgehen kann. Von großer Wichtigkeit ist diese mentale Stimulation übrigens nicht zuletzt für die Älteren unter unseren Lieblingen. Die geselligen Arten, Hunde und Katzen zum Beispiel, haben ein starkes Bedürfnis, mit anderen Tieren und mit Menschen in Kontakt zu treten. Sorg also bitte dafür, dass dein Schätzchen reichlich Möglichkeiten der sozialen Interaktion bekommt, entweder bei Spielverabredungen mit anderen Tieren, wenn ihr gemeinsam Zeit miteinander verbringt oder durch die Teilnahme an Gruppentrainings beziehungsweise in der Tagespflege.

Mugsy war besonders darauf angewiesen, die ganze Energie, die er aufnahm, zu kanalisieren und auch wieder loszuwerden. Deshalb schlug ich Valerie ein Agility-Training für ihn vor, gern auch ein informelles. Sie konnte ihm einfach bei sich zu Hause

Übungen beibringen, zum Beispiel über einen Besenstiel zu springen, der jedes Mal unterschiedlich hoch liegt. Auch konnte sie mithilfe von Verkehrskegeln, Kartons oder sogar aus Töpfen und Pfannen einen Hindernisparcours zusammenstellen, den er bewältigen musste. Das Ziel dieser Übungen: Mugsy daran zu erinnern, dass Valerie sein Alphatier war, den Hund geistig zu beschäftigen und ihm die Möglichkeit zu geben, seine Fähigkeiten zur Schau zu stellen und stolz auf sich zu sein.

Was die Gesundheit angeht, ist natürlich die Ernährung unglaublich wichtig. Biete deinem Tier ausgewogenes, artgerechtes Futter an, um seine Bedürfnisse nach bestimmten Nährstoffen zu befriedigen. Am besten, du konsultierst einen Tierarzt oder eine Tierärztin, um die optimale alters- und artgerechte Ernährung zu ermitteln, die auch dem Gesundheitszustand deines Schützlings gerecht wird. Sein Fressen sollte er, um die Mahlzeit richtig genießen zu können, in einer ruhigen, störungsfreien Atmosphäre ohne Futterneid oder Stress einnehmen. Bei Leckerlis und eventuellen Meal-Toppern, die du ihm gibst, solltest du darauf achten, dass die Mengen im vernünftigen Rahmen bleiben. Auch sollte dem Tier jederzeit frisches Wasser zur Verfügung stehen.

Struktur und Training

Es ist wichtig, dass du deinem Tier klare Grenzen setzt, feste Regeln aufstellst und ihm konstante Trainingsmöglichkeiten bietest, um seinem Bedürfnis nach Struktur und Führung gerecht zu werden. Das hilft nicht nur dabei, ihm ein harmonisches Lebensumfeld zu schaffen, sondern ermöglicht es dem Tier auch, selbstbewusst seinen Platz im Haushalt einzunehmen. Die traditionellen Trainingsformen, sei es zur Gehorsamsschulung oder mit dem Ziel der mentalen Stimulation, sind großartig. Aber es gibt noch einen anderen Aspekt, der häufig vernachlässigt wird, und zwar das Training, das sich mit der Rolle befasst, die dein Tier im Rudel übernimmt.

Welche Eigenschaften kommen dir in den Sinn, wenn du an dein Tier denkst? Ist es anhänglich? Oder eher zurückhaltend? Dadurch, dass du ihm mental und energetisch eine bestimmte Rolle zuweist, vertiefst du sein Rollenverständnis, weil es merkt, dass du es energetisch auf es projizierst. Wenn du an einem bestimmten Bild von dem Tier festhältst, zum Beispiel an dem des kätzischen Hasenfußes oder des ewigen Stänkerers, bestärkst du energetisch exakt diese Frequenz. Stellst du dir das Tier dagegen in einer Rolle vor, die du als angemessener empfindest, nimmt es *diese* Energie wahr und beginnt, sich auf sie einzustellen.

Was Mugsy angeht, so verband Valerie mit ihm die Geschichte vom defensiven, rein reaktiven Hund. Und mit jedem Abwehrverhalten, das er an den Tag legte, verstärkte er ihre Überzeugung von der Story nur noch mehr. Dann übernahm Mugsy Valeries Geschichte und wurde mit jedem Abwehrkampf, den er ausfocht, reaktiver. Obwohl ich irgendwie das Gefühl hatte, dass er dieses Selbstbild gern ablegen würde. Der Hund war Feuer und Flamme dafür, dem Rudel zu dienen, nur kannte er leider seine Rolle darin nicht. Und in seinem Versuch, die nicht besetzte Position des Anführers zu übernehmen, war er viel zu beschäftigt. In dem Moment, in dem Valerie diese Aufgabe schließlich für sich entdeckte, konnte er einen Gang runterschalten und sich auf die Position des gutmütigen, liebevollen Fellknäuels zurückziehen.

Sobald wir dem Tier in aller Deutlichkeit kommunizieren, welche Rolle wir ihm zuweisen möchten, übernimmt es sie auch. Tun können wir das mithilfe von Visualisierung und Mobilisierung unserer Vorstellungskraft, intuitiv, energetisch und telepathisch. In aller Regel müssen wir das dann auch zu Ende bringen und dem Tier zeigen, was es in der neuen Rolle, die es künftig im

Rudel und in der Familie spielen wird, alles zu tun hat. Unsere Absichten und Energien aber bilden das Sprungbrett, von dem aus es zu mehr Ausgeglichenheit gelangen kann.

Mantras und Affirmationen

Um deine Beziehung zu Tieren noch zu verbessern, kannst du überlegen, dir deine eigenen Mantras und Affirmationen zu erschaffen – machtvolle Instrumente zur Stärkung von persönlichem Wachstum, Selbstoptimierung und Manifestationsvermögen. Meiner Erfahrung nach sind Mantras und Affirmationen unglaublich hilfreich, um im Hier und Jetzt zu leben und die Energie genau dorthin zu lenken, wo wir sie haben möchten. Mantras und Affirmationen erinnern uns an die neuen energetischen Schwingungen, auf die wir uns gerade einstellen. Und gerade in Bezug auf unsere Tiere bringt das enorm viel. Die mehrfache Wiederholung eines einfachen Mantras oder einer Affirmation trägt in allen Lebensbereichen zur Ausgeglichenheit unserer Gedanken, Gefühle und Emotionen bei. Und weil Tiere unsere Energie spüren, vertiefen wir damit auch unsere Verbundenheit mit ihnen.

Hier eine kleine Anleitung zur Erschaffung eigener Mantras oder Affirmationen:.

1. *Bestimme dein Ziel beziehungsweise fass deine Absicht:* Überleg dir zunächst, in welchem Bereich deines Lebens du eine Veränderung bewirken willst. Geht es um Ziele in Sachen Tierkommunikation, könntest du dir zum Beispiel ruhiges Selbstvertrauen und Führungsqualitäten vornehmen oder bessere Kommunikation und größeres Verständnis. Aber vielleicht möchtest du dich ja auch auf andere Gebiete konzentrieren,

wie zum Beispiel deine Gesundheit, Beziehungen oder Berufliches.

2. *Notier dir deine Gedanken und Gefühle:* Befass dich einen Moment lang mit deinem Journal, deinem Tage- oder Notizbuch und lass deine aktuellen Gedanken und Gefühle in Bezug auf dein Ziel oder deine Absicht Revue passieren. Das verhilft dir zu Klarheit über alle Überzeugungen oder Denk- und Verhaltensmuster, die dir eventuell im Weg stehen, und unterstützt dich dabei, Lebensbereiche auszumachen, in denen sich etwas verbessern ließe.
3. *Wähle deinen Fokus:* Entscheide dich für ein oder zwei Kernpunkte, auf die sich deine Affirmation beziehen soll. Dabei kann es sich um ein spezielles Ziel handeln, um eine Überzeugung, die du ablegen möchtest, oder um eine Emotion, der du gern mehr Raum in deinem Leben geben würdest.
4. *Fang mit einem in Präsens formulierten positiven Statement an:* Deine Affirmation sollte sich statt auf Dinge, die du vermeiden oder loswerden willst, auf das fokussieren, was du anziehen beziehungsweise erschaffen möchtest. Außerdem sollte sie so ausgedrückt werden, als hätte sich dein Wunsch bereits erfüllt. Das unterstützt dein Unbewusstes dabei, sich die neue Überzeugung noch leichter anzueignen. Solltest du Widerstand dagegen empfinden, deinen Satz so auszusprechen, als wäre er bereits Wirklichkeit geworden, kannst du mit der Formulierung »Ich bin dabei …« arbeiten. Zum Beispiel so: »Ich bin dabei, ruhiger und ausgeglichener zu werden.«
   - *Bleib ganz persönlich und möglichst konkret:* Verwende Wörter und Sätze, die sich authentisch anfühlen und dir etwas bedeuten. Benenne das, was du erreichen willst, oder das Gefühl, das du dir wünschst, so konkret wie nur möglich.
   - *Drück dich präzise und einprägsam aus:* Versuch, dein Anliegen in einem kurzen Satz zum Ausdruck zu bringen (oder

höchstens in zwei), den du leicht erinnern und dir tagsüber wiederholt vorsagen kannst.
- *Gib Emotionen und Energie hinzu:* Wähle Worte, die in dir die Gefühle hervorrufen, die du dir wünschst. Dadurch erhöht sich die Durchschlagskraft deiner Affirmation so, dass sich ihre Wirksamkeit noch steigert.

5. *Probier's aus:* Sprich deine Affirmation laut aus und achte darauf, welches Gefühl sie dir vermittelt. Sollte sie keine positiven Emotionen erzeugen oder sich für dich nicht authentisch anfühlen, veränderst du sie so lange, bis alles stimmt.
6. *Ein Hoch auf die konsequente Praxis:* Du kannst dir deine Affirmation jeden Morgen vorsagen, sie täglich in dein Journal schreiben und bei der Meditation als Mantra verwenden. Mit einer solch konsequenten Praxis verstärkst du deine neue Überzeugung und kannst ihre Wirksamkeit potenzieren.
7. *Nur nicht die Geduld verlieren.* Denn vergiss nicht: Veränderungen brauchen Zeit. Und deine Affirmation wird vielleicht nicht sofort nennenswerte Ergebnisse zeitigen. Bleib trotzdem offen für den Prozess und vertrau darauf, dass dich konsequente Praxis sowie ein positives Mindset dabei unterstützen, das erwünschte Resultat zu erzielen.

Nachdem sich Valerie über die wichtigsten Komponenten der Beziehung von Mensch und Tier informiert hatte und anfing, sie praktisch umzusetzen, änderte sich für sie und Mugsy alles. Tag für Tag wiederholte sie ihr Mantra »Ich bin ruhig, präsent, führungsstark«. Im Kopf sagte sie es sich ständig vor und mit der Zeit fühlte sie die Worte richtig – jedes einzelne. Mugsy spürte, wie sich die Energie seines Frauchens wandelte. Und da Valerie inzwischen sehr viel mehr im Augenblick präsent war, merkte sie auch, wenn der Hund ihre Führung brauchte. Sie gewöhnte sich an, ihn regelmäßig daran zu erinnern, dass sie alles im Griff hatte, und beschäftigte ihn bereits mit einer kleinen Aufgabe, die ihn mental forderte, bevor er aus dem Gleichgewicht geraten konnte. Auch achtete sie darauf, Mugsy nur zu belohnen, wenn er die Ruhe bewahrte, nicht aber, wenn er nervös war oder ein aktives Abwehrverhalten an den Tag legte. Auf den gemeinsamen Spaziergängen machte sie Agility-Übungen mit ihm und nutzte dabei alles, was sich so fand: Sie hielt ihn an, auf die Sitzbänke der Wartehäuschen an Bushaltestellen zu springen und unter ihnen hindurchzukriechen oder von einem umgefallenen Baumstamm zum nächsten zu springen. So wurden Mugsys Bedürfnisse endlich erfüllt. Gemeinsam hatten sich Mensch und Hund von der Vergangenheit befreit und erschufen sich nun ein ganz neues (Zusammen-)Leben.

Journaling – Überlegungen für dein Tagebuch

1. Welche Schwierigkeiten hast du mit Tieren? Und welche Gefühle lösen sie bei dir aus? Was würdest du lieber empfinden?
2. Wie fühlt sich eine ruhige, vertrauensvolle, energetisch stabile Partnerschaft mit Tieren für dich an?
3. Worauf achtest du bei einem Tier, worauf richtet sich deine Energie? Fokussierst du dich auf Dinge, die dir gefallen, oder eher auf welche, die dir gar nicht zusagen? Nimm dein Journal zur Hand und schreib etwas über deine Wünsche hinein.
4. Auf welche Art und Weise erfüllst du die Bedürfnisse deines Tieres? Ist mental und körperlich für alles Nötige gesorgt?

CO-KREATION – MIT TIERISCHER UNTERSTÜTZUNG

Wenn ich auf die Zeit mit meiner Hündin Cooper und die Beziehung zu ihr zurückblicke, freue ich mich über alle unsere Gemeinsamkeiten und das Leben, das wir miteinander hatten. Als ich ihr begegnete, hatte ich eigentlich gar nicht vor, mir ein Tier zuzulegen. Doch in dem Moment hörte ich auf meine innere Führung und mein Herz öffnete sich für eine tiefgehende Beziehung zu der Hündin. Sie stellte mich vor eine neue Aufgabe: ihr im Umgang mit ihrer großen Sensibilität zu helfen. Ihre Liebe, die Freude, die sie mir bescherte, verlieh mir die Kraft, auch schwierige Zeiten – Zeiten der Veränderung und Entwicklung – gut durchzustehen. Auf den vielen Wanderungen, bei denen wir die Wildnis erkundeten und energetisch auftankten, inspirierte sie mich dazu, die Natur zu genießen. Im Gegenzug gab ich ihr Orientierung, Liebe und den Glauben an ihr Potenzial, selbst in unangenehmen Situationen Ruhe, Selbstvertrauen und Ausgeglichenheit an den Tag zu legen. Wir waren immer füreinander da. Cooper habe ich es zu verdanken, dass sich meine Fähigkeiten auf dem Gebiet der intuitiven Tierkommunikation erweiterten. Und sie half mir auch, genügend Selbstvertrauen zu entwickeln, sodass ich mich schließlich traute, in die Welt hinauszugehen und anderen genauso zu helfen, wie ich ihr geholfen hatte. So konnte ich die intuitive Tierkommunikation für mich zu einem überaus befriedigenden Beruf machen.

Seit sie ein Welpe war und noch in den letzten Tagen ihres Lebens habe ich von Cooper lernen können, und zwar enorm viel. Auf ihr Konto geht das gesamte Wissen, mit dem ich heute Tieren helfen kann, die sich in einer ähnlichen Situation befinden. Uns beide verband ein symbiotischer Austausch, bei dem ich energetisch von ihr profitierte und sie von mir. Jeder Blick, jedes Lecken, jede Wanderung und jedes Schwanzwedeln hoben meine Schwingungsfrequenz auf ein neues Niveau, auf dem sich alle meine Träume manifestierten. In unserem gemeinsamen Leben ging es nie darum, dass ich einen Hund »hatte« (geschweige denn »besaß«). Was uns verband, war vielmehr ein gemeinsames Verständnis dessen, was wir zusammen erschaffen konnten.

Nun ist Cooper im Jenseits und ich fühle mich auch jetzt noch von ihr geleitet und unterstützt. Sie hat neue Tiere in mein Leben gebracht und ist mir in meiner Arbeit nach wie vor dabei behilflich, andere Menschen und ihre Tiere zu unterstützen. Sie ist ein Engel. Ihr verdanke ich die Erkenntnis, dass wir alle unsere Träume und Wünsche mitgestalten können – zusammen mit unseren Tieren. Cooper war die Quelle meiner Inspiration und wird es auch immer bleiben. Nur an ihr lag es, dass ich das Beste aus ihr herausholen konnte, und das hat sie zu der gemacht, die sie für mich heute noch ist: eine ewige, überaus ergiebige Quelle von Licht und Liebe.

Durch die intuitive Verbindung mit ihnen können wir zu einem tiefergreifenden Verständnis unserer Tiere gelangen – und umgekehrt. Diese intensivierte Beziehung baut sich immer weiter auf, wird jeden Tag stabiler und bildet schließlich Fundament und Ausgangsbasis eines ausgeglichenen, erfüllten Lebens. Die Stärkung unserer Intuition und das immer klarer werdende Bewusstsein für Energie verbessern auch unser Verständnis von unseren Bedürfnissen und denen der Tiere. Und dann können wir festlegen und planen, was wir gemeinsam gestalten möchten, es visualisieren und uns vorstellen, wie es sich anfühlt, dieses Ziel erreicht zu haben. Das beständige »Einüben« dieses Gefühls – dieser Vorfreude – stellt eine Möglichkeit dar, die Energien all dessen in unser Leben mit den Tieren zu bringen, was wir uns wünschen.

In dem Maße, in dem sich die intuitiv-energetische Beziehung zu unseren Tieren vertieft, wird sie uns zur zweiten Natur, kann uns in Fleisch und Blut übergehen. Sodass wir alles, was wir lernen, aufnehmen und sofort umsetzen. Auf diese Weise gehen wir als gemeinsam Gestaltende in beiderseitiger Liebe, voller Lebensfreude, Zufriedenheit und Erfüllung durchs Leben.

Tiere sind ein Quell bedingungsloser Liebe und ebendiese Liebe stellt die Energie zur Erfüllung all unserer Wünsche bereit. In diesem Kapitel werden wir die außerordentlichen Möglichkeiten erkunden, die sich eröffnen, sobald du deine neu erlernten Fähigkeiten auf dem Gebiet der intuitiven Tierkommunikation nutzt. Außerdem befassen wir uns mit der Frage, wie du dir zusammen mit den Tieren, von denen du umgeben bist, ein wunderbares Leben erschaffen kannst. Mit jedem deiner Schritte auf diesem Weg wird dir deutlicher zu Bewusstsein kommen, dass es dabei nicht nur um die Beziehung zu Tieren geht, sondern vor allem auch um die Entdeckung eines neuen Lebensstils, der deinem höheren Selbst entspricht und deine wahren Werte widerspiegelt.

Was heißt eigentlich »Mitgestaltung«?

Die Idee der *Mitgestaltung* – oft auch Co-Kreation genannt – entstammt dem Bereich der Spiritualität und des persönlichen Wachstums. Gemeint ist damit der Prozess der partnerschaftlichen Zusammenarbeit, in dem wir unsere Wünsche und Absichten an der Seite einer höheren Macht, des universellen Bewusstseins beziehungsweise des Göttlichen aktiv manifestieren können. Der Begriff Mitgestaltung verweist darauf, dass wir unser Leben nicht passiv hinnehmen, sondern selbst tatkräftig zur Erschaffung unserer Wirklichkeit beitragen. Im Bereich der Manifestation und anderer Formen spiritueller Arbeit beruht die Idee der Mitgestaltung auf der Überzeugung, dass sich unsere Gedanken, Gefühle und Handlungsweisen unmittelbar auf die Umstände unseres Lebens sowie auf die Erfahrungen auswirken, die wir darin anziehen.

Um das Leben sinnvoll mitgestalten zu können, müssen wir unsere Wünsche und Absichten auf die höheren Prinzipien der Liebe, des Mitgefühls und höchsten Wohls aller abstimmen. Dadurch stellen wir sicher, dass der Prozess der Manifestation einem höheren Ziel entspricht und zugleich unserem persönlichen sowie spirituellen Wachstum dient. Sobald wir uns mit Liebe, Lebensfreude und anderen guten Gefühlen verbinden, heben wir unsere Energie auf die Schwingungsebene all dessen an, was wir erleben möchten. Und weil nun einmal Tiere so viel Liebe und Mitgefühl ausstrahlen und selbst unmittelbar Teil der Natur sind, verstärkt unsere Verbundenheit mit ihnen den Manifestationsprozess noch um einiges. Sobald wir uns bewusst sind, dass wir sowohl mit dem Universum als auch mit unseren Tieren zusammenwirken können, sind wir in der Lage, das Leben zu kreieren, das wir uns mit ihnen und für sie wünschen.

Wann immer wir etwas erleben, was sich gut anfühlt, verbessert sich unsere Laune, wir geraten in einen anderen Gemütszustand und mit einem Mal passieren noch weitere gute Dinge. Das Problem ist nur, dass wir uns oft von anderen Empfindungen mitreißen lassen, etwa von Zweifeln, Ängsten, Bewertungen, Scham, Kritik und so weiter. Diese Gefühle stellen eine körperliche Belastung dar und lösen die Stressreaktion aus, bei der Hormone freigesetzt werden, die uns bei Gefahr helfen, zu kämpfen oder wegzulaufen. Diese Reaktion ist zwar in Bedrohungssituationen von großer Bedeutung, kommt es jedoch zu einer Chronifizierung, drohen gesundheitliche Probleme wie zum Beispiel Angststörungen, Depressionen, Herzerkrankungen, Schlaf- und Gedächtnisstörungen. Was ist dagegen zu tun? Durch das regelmäßige Erleben von Liebe, Lebensfreude und Glück lässt sich die Menge der Substanzen reduzieren, von denen der Körper während der Stressreaktion überflutet wird.

Mithilfe von Meditation und anderen Techniken zur Neuausrichtung unserer Gedanken können wir die Ration der »guten« Chemikalien erhöhen, die uns nicht nur Gefühle der Ruhe und Klarheit vermitteln, sondern auch unsere Aufgeschlossenheit für eine produktivere Art der Informationsverarbeitung optimieren. Und dafür muss es nicht einmal eine Tiefenmeditation sein (darf es allerdings gern). Für den Anfang deines Prozesses der Mitgestaltung empfehle ich dir, die folgende Meditation regelmäßig zu praktizieren.

Meditation zur Vorbereitung des Mitgestaltens

1. Schließ die Augen und verbinde dich mit dem Gefühl der Liebe zu wem oder was auch immer – Tier, Mensch, Ort, Erlebnis, Speise, Lied, was dir eben Freude macht.
2. Lenk deine Aufmerksamkeit auf etwas, was du gern erleben, verändern oder hervorbringen würdest. Das kann sich auf das Verhaltensproblem eines Tieres beziehen, auf Schwierigkeiten bei der Arbeit, Probleme in einer Beziehung oder auf etwas, was du manifestieren möchtest.
3. Fokussier dich, fass eine eindeutige Absicht und bereichere durch sie deine zuerst gespürte Liebe. Dann vermisch beides und lass es einfach auf dich wirken. Sieh und spüre das Objekt deines Wünschens – voller Liebe und Lebensfreude.

So einfach ist das: Du musst dich bloß ganz auf das Gute und Positive fokussieren. Und der Trick dabei: dass du es konsequent trainierst und seien es auch nur fünf Minuten am Tag. Selbst die bringen nämlich schon viel. Nach einiger Zeit regelmäßigen Übens wirst du die Synchronizitäten bemerken, die in dein Leben treten. Du wirst genau das anziehen, worauf deine Absicht gerichtet war, wirst alle Hindernisse überwinden, die dir im Weg stehen, und dein Wunsch wird wahr.

Zur Einstimmung aufs Mitgestalten

Hier einige Grundprinzipien und Übungen, die deine Aufgeschlossenheit gegenüber der Mitgestaltung und den mit ihr verbundenen Möglichkeiten eines erfüllten, sinnvollen und spirituell bereichernden Lebens vergrößern:

1. *Entwickle positive Gedanken und Emotionen:* Unsere Tiere sind ein ebenso guter wie naheliegender Quell der Liebe, der Dankbarkeit und Freude. Mach dir also die positiven Gefühle zu eigen, die sie dir entgegenbringen und bei dir auslösen. Lass dich so intensiv auf diese positiven Emotionen ein, dass sie erstarken und sich vermehren.
2. *Verbinde dich mit einer höheren Macht:* Räum dem Objekt deiner spirituellen Verbundenheit genügend Zeit ein – ob es sich dabei nun um eine bestimmte Gottheit, das Bewusstsein des Universums, den großen Geist, dein innerstes Selbst handelt, um Mutter Erde oder das Göttliche als solches.
3. *Gib die Kontrolle ab:* Mach dir klar, dass es beim Prozess der Mitgestaltung nicht zuletzt um ein Gleichgewicht von persönlichen Entscheidungen und göttlicher Führung geht. Vertrau darauf, dass du bei der Manifestation deiner Wünsche von

einer höheren Macht unterstützt wirst, und zwar genau auf die richtige Art und Weise.

4. *Lass dich inspirieren:* Bei allem Vertrauen in eine höhere Führung – entscheidend ist, dass du proaktiv auf die Manifestation deiner Wünsche zugehst. Hör auf deine Intuition, nimm jede Chance wahr und setz alle Ideen um, die dich in deinen Absichten unterstützen.
5. *Üb dich in Geduld und Durchhaltevermögen:* Die Mitgestaltung ist ein fortlaufender Prozess. Werde dir darüber klar, dass sich deine Wünsche auf ganz unerwartete Weise und in einem zeitlichen Rahmen manifestieren werden, der nichts mit deinen Erwartungen zu tun hat.
6. *Sei dankbar:* Kultiviere eine Haltung der Dankbarkeit für alle Segnungen und Lektionen, die dir zuteilwerden. Dazu gehört auch die unterstützende Führung, die dir die höhere Macht angedeihen lässt, mit der gemeinsam du dein Leben gestaltest.
7. *Lass deine Erfahrungen Revue passieren:* Führ dir regelmäßig die Fortschritte vor Augen, die du mit deinen Manifestationen machst, und justier deine Absichten, Gedanken, Gefühle und Handlungsweisen gegebenenfalls neu. Diese Selbstreflexion kann dir helfen, im Gleichklang mit deinem höheren Lebenszweck zu bleiben und dafür zu sorgen, dass die Anstrengungen, die du in Sachen Mitgestaltung unternimmst, fokussiert und wirksam bleiben.

Mit der Unterstützung eines Tieres

Natürlich *kannst* du dich allein mit deiner höheren Macht auf den Weg der Manifestation machen – *musst* du aber nicht. Wie sehr Tiere dein Leben bereichern, weißt du ja bereits. Aber sie können auch die Ziele deiner Mitgestaltung unterstützen.

Wenn du dich auf diese Reise begeben willst, musst du dich zunächst sowohl geistig als auch vom Herzen her für die Möglichkeit einer tiefen spirituellen Partnerschaft mit diesen großartigen Lebewesen öffnen. Mach dir klar, dass auch sie ein Bedürfnis nach Liebe, Verbundenheit und Wohlbefinden haben. Sie bringen einzigartige Begabungen und Weisheit ein, und zusammen können wir eine auf gegenseitigem Respekt, Vertrauen und gemeinsamer Energie beruhende Partnerschaft begründen. So wird es möglich, sowohl uns selbst als auch den Tieren, die wir lieben, ein ausgeglicheneres und befriedigenderes Leben zu verschaffen.

Für den Anfang sind hier einige Tipps zur Stärkung eurer speziellen Bindung und zur Unterstützung des gemeinsamen Mitgestaltens:

- *Halt deine Dankbarkeit lebendig*, indem du dir ganz oft die vielen Benefits vor Augen führst, die Tiere in dein Leben bringen, zum Beispiel Kameradschaft, Stressabbau, emotionale Unterstützung.
- *Entwickle Verständnis* für ihre körperlichen, emotionalen und geistigen Bedürfnisse. Sowohl jede Tierart als auch jedes Individuum haben eigene Ansprüche, was Ernährung, Bewegung, Sozialisierung und geistige Anregung angeht.
- *Führ Routinen und Rituale ein*, um nicht nur dir selbst, sondern auch deinem Tier ein Gefühl von Stabilität und Zusammengehörigkeit zu geben. Dazu bieten sich unter anderem tägliche Spaziergänge, genügend Zeit zum Spielen, für die (Fell-) Pflege und zum Füttern an, aber auch gemeinsame Aktivitäten, an denen ihr beide Spaß habt, wie etwa Wandern, Agility oder einfach zusammen Abhängen. All das bedeutet auch, dass du die Erwartungen, die du für das Tier hast, konsequent verfolgst und jeder Lebenssituation mit klaren, eindeutigen Absichten begegnest.

- *Räum deiner Selbstfürsorge und persönlichen Entwicklung Priorität ein*, also zum Beispiel dem Sport, gesunder Ernährung und klarer Zielorientierung, um sicherzustellen, dass du sowohl die Energie hast als auch über die emotionale Fähigkeit verfügst, dich um deine Tiere zu kümmern und die Verbundenheit mit ihnen aufrechtzuerhalten.
- *Freu dich über die Lektionen*, die dir Tiere erteilen, und über ihre Weisheit. Wende die daraus gewonnenen Erkenntnisse an, um deine Persönlichkeit zu erkunden und dich weiterzuentwickeln. Tiere können ganz großartige Lehrer und Anführer sein, die wertvolle Einsichten in Sachen Im-Moment-Bleiben, Praxis der bedingungslosen Liebe und Verbundenheit von allen und allem vermitteln.

Tools für die Mitgestaltung

Deinen Weg in die Mitgestaltung kannst du durch die konsequente Anwendung der meditativen und intuitiven Übungen in diesem Buch gut unterstützen. Jenseits derer, die du bisher kennengelernt hast, gibt es noch einige spezielle Techniken, die sich für mich und meine Klientinnen und Klienten immer wieder als sehr nützlich erweisen: kreative Visualisierung, die Arbeit mit einem Visionboard, Visualisierungsboxen und energetische Symbole. Schauen wir uns das mal an.

Kreative Visualisierung

Die kreative Visualisierung stellt eine Mentaltechnik dar, bei der wir uns der Vorstellungskraft bedienen, um uns gewünschte Ergebnisse oder Situationen möglichst detailliert vor Augen zu führen. Indem wir uns wiederholt auf die so entstehenden mentalen Bilder fokussieren und uns in sie hineinversetzen, mobilisieren wir die Kraft des Unbewussten, um so auf unsere Gedanken, Emotionen und Handlungsweisen einzuwirken, dass sich unsere Ziele schließlich in der Wirklichkeit manifestieren.

Die kreative Visualisierung beruht auf den Prinzipien von Energie und Schwingungen, die eng mit dem Gesetz der Anziehung zusammenhängen. Die entscheidende Aussage dieses Gesetzes lautet: Gleiches zieht Gleiches an. Und das bedeutet auch, dass Überzeugungen die Macht haben, ihnen entsprechende Lebensumstände und Erfahrungen in unser Leben zu bringen. Dem Gesetz der Anziehung zufolge besteht im Universum alles – das heißt also, auch unsere Gedanken und Emotionen – aus Energie und den dazugehörigen Schwingungsfrequenzen. Auch die mentalen Bilder sowie die Emotionen, die wir bei der kreativen Visualisierung erzeugen, schwingen in der ihnen eigenen Frequenz. Und indem wir uns konsequent auf diese Bilder und Emotionen fokussieren, stimmen wir uns auf das gewünschte Ergebnis ein und gleichen unsere Schwingungsfrequenz der des anvisierten Zieles an. So fangen wir an, Lebensumstände, Chancen und Erfahrungen anzuziehen, die im Einklang mit unserem Ziel stehen. Auf diese Weise beeinflusst die kreative Visualisierung unsere Wirklichkeit und manifestiert unsere Wünsche.

Für die Wirksamkeit der kreativen Visualisierung sind unsere Überzeugungen entscheidend. Wenn wir ganz fest daran glauben, dass das von uns erwünschte Ergebnis nicht nur möglich ist, sondern wir auch verdient haben, es zu erreichen, verstärken wir die Schwingung noch um einiges mehr. Denn dann fungiert unsere Überzeugung als Katalysator, der den Manifestationsprozess beschleunigen kann. Sobald du dir zu spüren gestattest, wie es sich anfühlen wird, wenn dein Wunsch in Erfüllung geht, trainierst du deinem Bewusstsein an, sich für diese Erfahrung zu öffnen, und beginnst, dich von den angelernten reflexartigen Reaktionen zu lösen, die dir nur unnötig im Weg stehen.

Schwierige Situationen treten immer mal wieder ein, sie gehören zum Menschsein einfach dazu. Die konsequente Visualisierungspraxis aber sorgt dafür, dass die in solchen schwierigen Situationen getriggerten Reaktionen immer weniger lang andauern und wir viel schneller wieder in die erwünschten Gefühle eintauchen können. Auch wenn unsere gegenwärtigen Lebensumstände noch nicht mit den von uns erwünschten übereinstimmen, kommen wir mit der aktuellen Lage klar und können ein Ergebnis erzielen, das uns nicht vom gewählten Weg abbringt. Das gibt uns Kraft und jeder Erfolg stellt das Nervensystem neu ein. Die Folge: mehr positive Reaktionen und Entscheidungen.

Nun denkst du vielleicht: *Das ist ja alles schön und gut, aber wann kommt denn nun eigentlich endlich mein Haustier ins Spiel?* Also … da unsere Tiere sehr empfänglich sind für Energie und sie bei uns Führung und Orientierung suchen, folgen sie unserem Beispiel oft ganz schnell und schließen sich unseren Absichten und Wünschen an. Deshalb stellt das kreative Visualisieren auch eine gute Möglichkeit dar, Verhaltensproblemen deines Tieres zu begegnen.

Ein Beispiel: Beim Gassigehen zieht und zerrt dein Hund an der Leine und du möchtest ihm das gern abgewöhnen. Dann kannst du anfangen, dich mit Vision, Gefühl und Frequenz des Hundes zu verbinden, wenn er ruhig, gehorsam und friedlich an deiner Seite oder hinter dir hergeht. Wenn du dich nämlich auf den Ungehorsam des Hundes oder auf deine Angst vor dem Gassigehen mit ihm fokussierst, bekräftigst du nur die alten Gefühle. Visualisiere die Dinge also lieber so, wie du sie dir wünschst, und sei dir deines Ziels sowie der Energie bewusst, die du erleben möchtest.

Bevor ihr aufbrecht, solltest du euch beide visualisieren, wie ihr locker und friedlich eures Weges geht. Stell dir vor, wie sich das für dich anfühlt und wie es für den Hund sein mag, sich deiner Führung anzuschließen. Sorg dafür, dass du in dieser Energie bleibst und dem Hund keine gemischten Signale sendest. Viele Leute legen die Visualisierungen bald wieder ad acta, weil sie nicht schnell genug Ergebnisse sehen. Aber es dauert nun einmal, so lange es dauert. Der Hund spürt deine Führungsenergie und passt sich über kurz oder lang der Frequenz deiner Visualisierung an – ein hervorragendes Beispiel für Mitgestaltung.

Das Visionboard

Unter einem (auch Ziel- oder Traumcollage genannten) Visionboard versteht man eine konkret sicht- und anfassbare Darstellung deiner Ziele, Träume und Sehnsüchte, die ein ausgesprochen hilfreiches Tool zur Manifestierung all dessen sein kann, was du dir für dich und dein Tier wünschst. Ein solches Visionboard kommt zumeist als Collage aus Bildern und Wörtern daher, die symbolisch für die Dinge stehen, die du erreichen oder in dein Leben ziehen möchtest. Sein hauptsächlicher Zweck besteht darin, dich täglich an deine Ziele zu erinnern und dir zu helfen, fokussiert, motiviert und positiv gestimmt zu bleiben. Visionboards funktionieren auf der Basis des Gesetzes der Anziehung, der kreativen Visualisierung sowie der Macht unserer Absichten. Auf dem Gebiet von Manifestation und Persönlichkeitsentwicklung werden sie weithin genutzt.

Ein Visionboard mit einem Bezug zu Tieren stellt eine ganz hervorragende Möglichkeit dar, dich auf die Dinge im Leben zu fokussieren, die du manifestieren möchtest. Dabei kann es sich um persönliche Ziele handeln, wenn du zum Beispiel ein Tier adoptieren willst, dein Verhältnis zu dem Tier verbessern möchtest, mit dem du momentan zusammenlebst, oder in einen der sogenannten Tierberufe einsteigen willst. Das Visionboard kann aber auch weiter gefasste Absichten repräsentieren, etwa wenn du Maßnahmen zum Tierwohl unterstützt, ehrenamtlich in Rettungsstationen mitarbeitest oder Organisationen im Umwelt- und Wildtierschutz förderst.

Hier noch einige Infos über das Wie und Warum eines Visionboards:

- *Es bietet zahlreiche optische Reize:* Das menschliche Hirn reagiert stark auf alles, was wir sehen. Und mit der Kreation eines konkreten Abbilds deiner Ziele regst du das retikuläre Aktivierungssystem (RAS) im Hirnstamm an, das für das Filtern von Informationen und die Weiterleitung relevanter Daten an den bewussten Verstand zuständig ist. Ein Visionboard hilft deinem RAS, genau die Informationen wahrzunehmen, die einen Bezug zu deinen Zielen haben, und ihnen Priorität einzuräumen. So kannst du Chancen leichter erkennen und zielsicherer handeln.
- *Ein Visionboard unterstützt die kreative Visualisierung:* Durch die häufige Fokussierung auf Visuelles bist du im Grunde schon ganz nahe an der kreativen Visualisierung und bringst deine Gedanken, Emotionen und deine Energie in Übereinstimmung mit deinen Wünschen.
- *Es verstärkt positive Emotionen:* Ein gut gestaltetes Visionboard erzeugt positive Emotionen wie etwa Spaß und Freude, Begeisterung und Dankbarkeit, die einen Beitrag zur Erhöhung deiner Schwingungsfrequenz leisten können.

Schon viele meiner Klientinnen und Klienten hatten großen Erfolg mit ihrem Visionboard. So auch Stephanie und ihre Katze Willow, die sich mit seiner Hilfe den Traum vom Umzug aufs

Land erfüllen konnten. Oder auch Tamara, die ihr Visionboard aus gesundheitlichen Gründen erschuf, nicht nur um ihrer selbst willen, sondern auch, um ihrem Hund Bodi nach einer OP beizustehen und ihrer Katze Tish zu helfen, Ängste und Schüchternheit abzulegen.

Aber schauen wir mal, was der passionierten Reiterin Emily und ihrem Hengst Thunder zum Erfolg verhalf. Emily träumte davon, mit Thunder an nationalen Dressurwettbewerben teilzunehmen, und beschloss deshalb, ein Visionboard zusammenzustellen. Dafür sammelte sie Bilder von Dressurmeisterschaften, Spitzenreiterinnen und Dressurübungen. Hinzu kamen Fotos, die sie mit Thunder zeigten, während sie ihre besten Leistungen erbrachten, und die sowohl von ihrer Partnerschaft als auch von der gemeinsamen Liebe zum Sport kündeten. Im Mittelpunkt der Komposition stand das Bild einer Trophäe als Symbol für ihren künftigen Erfolg. Zur Bekräftigung ihrer Absichten ergänzte Emily das Ensemble durch Wörter wie *Selbstvertrauen*, *Anmut*, *Teamarbeit* und *Champions*. Als Schauplatz ihrer Schöpfung hatte sie den Stall gewählt, in dem sie Thunder in den Prozess einbinden konnte. Jedes Bild und jedes Wort, die sie ihrer Schöpfung hinzufügte, erklärte sie dem Hengst. Und weil der ein sehr sensibles, empfängliches Tier war, unterstützte er ihre Arbeit durch ganz sanftes Schubsen, gleichsam so, als wolle er Emily in ihren Hoffnungen und Erwartungen bestärken.

Als das Visionboard fertig war, hängte Emily es in der Sattelkammer auf, wo sie es täglich vor und nach dem Reiten sehen konnte. Und wann immer sie es betrachtete, visualisierte sie sich und Thunder voller Anmut im Wettbewerb. Sie spürte die Aufregung der Zuschauenden, die eigene Zufriedenheit über eine gelungene Figur und schließlich ihre Siegesfreude. Im Laufe der Zeit begann Emily, ihr Training zu intensivieren und sich mehr auf ihre Partnerschaft mit Thunder zu konzentrieren. Um Erfahrungen zu sammeln, nahm sie bald an lokalen Meisterschaften teil. Wohl als Reaktion auf ihre neu gewonnene Energie und eindeutigere Fokussierung steigerte auch das Pferd seine Leistungen.

Innerhalb weniger Monate nahm die Karriere der beiden Fahrt auf. Gemeinsam erlebten sie Siege und steckten Niederlagen ein und dabei wurde ihre Verbundenheit immer enger. Während zahlloser Trainingsstunden steigerten Emily und Thunder ihre Leistungen, arbeiteten an ihrer Kommunikation und am gegenseitigen Respekt. An einen Wendepunkt gelangten sie, als Emily beschloss, an einer landesweiten Dressurkonkurrenz teilzunehmen. Das stellte Emily zwar vor eine größere Herausforderung als die lokalen Wettbewerbe, bei denen sie bislang angetreten war, aber sie fühlte sich bereit dazu. Und wann immer sich doch einmal ein kleiner Zweifel einschlich, genügte schon ein Blick auf ihr Visionboard, um ihn wieder auszuräumen.

Als der große Tag gekommen war, empfand sie Nervosität und Aufregung. Doch kaum hatte sie begonnen, Thunder zu satteln, spürte sie auch schon, wie sie von seiner gleichbleibend ruhigen Energie geerdet wurde. Sie flüsterte ihm aufmunternde Worte zu, brachte ihnen beiden die gemeinsamen Absichten in Erinnerung, und als es schließlich so weit war, gaben sie eine ebenso elegante wie präzise Vorstellung. Das Publikum zeigte sich tief beeindruckt von ihrem Auftritt – jede Bewegung des Pferdes legte Zeugnis von der engen Partnerschaft mit seinem Menschen ab. Als am Ende ihrer Übung großer Applaus aufbrandete, verspürte Emily große Freude und Befriedigung. Sie und Thunder wurden schließlich Dritte, was angesichts der Tatsache, dass sie zum ersten Mal an einem landesweiten Wettbewerb teilnahmen, ein Riesenerfolg war. Als Emily die Preisschleife in den Händen hielt, fiel ihr auf, dass sie die gleiche Farbe hatte wie die Trophäe auf ihrem Visionboard.

Von ihren Emotionen schier überwältigt, bedankte sich Emily bei Thunder für seine unerschütterliche Kooperationsbereitschaft und widmete ihm diesen bedeutenden Moment der Freude. Ein weiterer Blick auf die Preisschleife überzeugte sie davon, dass sich die gemeinsame Vision von Ross und Reiterin – symbolisiert in ihrem Visionboard – materialisiert hatte. Inspiriert von ihrem Erfolg, fügte Emily die Schleife ihrer Collage hinzu. Zusammen arbeiteten die beiden weiter an der Manifestation ihres Traumes, traten bei weiteren Wettbewerben an, gewannen weitere Preisschleifen, weitere Trophäen – bis sie schließlich sogar aus der nationalen Dressurmeisterschaft als Sieger hervorgingen.

Emily stellte die Siegertrophäe ganz in der Nähe ihres Visionboards auf – und so wurde der Pokal zum ultimativen Beleg der gemeinsamen Reise von ihr und Thunder: Sie hatten einen Wunschtraum visualisiert, konsequent an ihm festgehalten und ihn sich schließlich erfüllen können. Letztlich erkannte Emily, dass der Erfolg nicht nur aus ihren Träumen erwachsen war, sondern auf einer gemeinsamen Vision und der Verbundenheit mit Thunder beruhte. Nur zusammen hatten sie aus einem Traum Wirklichkeit machen können. Und für Emily war das der größtmögliche Sieg überhaupt.

Für Emily war ihr Visionboard weit mehr als nur eine Sammlung von Bildern und Wörtern. Vielmehr stellte es für sie eine Möglichkeit dar, in Übereinstimmung mit ihrem Traum zu handeln. Und das hatte sie so motiviert, dass sie schließlich auch ans Ziel kam. Das Visionboard hatte für sie die Funktion einer täglichen Erinnerungsstütze übernommen, die ihr half, ihr Tun und Lassen auf die Erfüllung ihrer hoffnungsvollen Erwartungen auszurichten, und sie schließlich ans Ziel brachte. Mehr noch wurde es aber zu einem Symbol für die Partnerschaft von Emily und Thunder, zum Beleg für ihre gemeinsamen Träume und die immer intensiver werdende Verbundenheit.

Erschaffe dein Visionboard

Indem du dir ein Visionboard zusammenstellst und mit ihm arbeitest, machst du dir die Macht optischer Reize, kreativer Visualisierungen, positiver Emotionen und der Absicht zunutze, deine Energie mit deinen Zielen und Hoffnungen in Übereinstimmung zu bringen. Und noch einmal: Das geht mit allem, wie groß oder wie klein es auch sein mag. Vielleicht widmest du dein Board dem Wunsch, dass dein Hund seine Angst vor dem Staubsauger verliert, oder es soll seinen Teil dazu beitragen, die ganze Family positiv auf die Ankunft eines neuen vierbeinigen Rudelmitglieds einzustimmen. Unter Umständen möchtest du mithilfe der Collage aber auch dir und deinem tierischen Liebling über ein Trauma hinweghelfen. Was es auch sein mag: Die folgende Übung kann dich unterstützen.

1. *Kläre deine Ziele*, indem du dich in deinem Tage- oder Notizbuch schreibend mit deinen Träumen und Sehnsüchten auseinandersetzt. Lass im Geist die verschiedenen Bereiche des Lebens an dir vorbeiziehen, etwa Beruf, Beziehungen, Gesundheit, persönliches Wachstum oder Hobbys. Halt deine Ziele schriftlich fest, damit deine Vision dessen, was du erreichen möchtest, so eindeutig umrissen wird wie nur irgend möglich.
2. *Stell dein Material zusammen*. Verwenden kannst du unter anderem: eine feste Unterlage (aus Kork, Schaumstoff oder strapazierfähiger Pappe), Schere, Klebstoff und/oder Klebeband sowie Zeitschriften, Zeitungen und Ausdrucke mit Bildern oder Sprüchen, die deine Ziele symbolisieren. Hinzufügen kannst du gern noch persönliche Fotos, inspirierende Zitate und Affirmationen. Im Übrigen gibt es auch Apps, die du dir runterladen und mit der du das Visionboard elektronisch gestalten kannst.

3. *Stell deine Collage so zusammen*, dass sie dich optisch anspricht und dir einen Eindruck von Harmonie vermittelt. Dabei kannst du die verschiedenen Aspekte deines Lebens getrennt voneinander behandeln oder alles zusammenfassen. Ein Richtig oder Falsch gibt es hier nicht, vertrau einfach auf deine Intuition. Sobald du eine Struktur gefunden hast, die dir gefällt, kannst du die Bilder und Sätze auf die Unterlage bringen.
4. *Platziere dein Visionboard an einer Stelle*, an der du es täglich siehst, zum Beispiel im Schlafzimmer, Büro, Bad oder Wohnzimmer. Solltest du eine App als Vorlage nutzen, kannst du das Board zum Hintergrundmotiv deines Laptops oder Handys machen.
5. *Befass dich täglich mit deinem Visionboard*. So evozierst du die positiven Emotionen, die du mit deinen jeweiligen Zielen verbindest. Visualisiere sie kreativ, indem du dir vorstellst, wie es ist, sie bereits erreicht zu haben und das Leben führen zu können, das du dir wünschst.
6. *Lass dich inspirieren und werde aktiv*. Nutz die Motivation und Klarheit, zu der dir die Beschäftigung mit deinem Visionboard verholfen hat, um Chancen auszumachen, die dich der Erfüllung deiner Wünsche näher bringen können. Sei auf diesem Weg offen für Orientierungshilfen und vertrau auf deine Intuition.
7. *Aktualisiere dein Visionboard* in dem Maße, in dem du persönlich wächst und dich weiterentwickelst. So stellst du sicher, dass es deine Wünsche jederzeit widerspiegelt. Das Prüfen und Umgestalten stellt auch eine Gelegenheit dar, deine Leistungen zu feiern, Fortschritte zu erkennen und dich für die Segnungen und Chancen dankbar zu zeigen, die dir zuteilwerden.

Manifestationsboxen

Manifestationsboxen (auch Kreations-, Absichts- oder Wunschboxen genannt) sind Behälter, in denen du Zettel, auf die du deine Absichten geschrieben hast, dazu Bilder oder kleine Gegenstände aufbewahrst, die deine Ziele und Wünsche symbolisieren. Das Prinzip dahinter ist dasselbe wie beim Visionboard: Auch Manifestationsboxen stellen – buchstäblich – greifbare Verkörperungen deiner Wünsche dar. Nur dass sie praktischer sind, wenn deine Arbeitsfläche beschränkt ist oder du keinen Platz hast, um ein Visionboard aufzuhängen oder aufzustellen.

Und so funktioniert das Ganze:

1. *Eine Manifestationsbox hilft dir, unzweideutige Absichten zu fassen:* Das Aufschreiben deiner Ziele unterstützt dich dabei, dir Klarheit über deine Wünsche zu verschaffen und sie dem Universum mitzuteilen.
2. *Sie bündelt deine Aufmerksamkeit:* Die häufige Beschäftigung mit deiner Manifestationsbox – wenn du etwa oft neue Absichten formulierst oder bereits bestehende abwandelst – trägt zur Fokussierung auf deine Ziele bei und sorgt dafür, dass du sie nicht so leicht aus den Augen verlierst.
3. *Sie erleichtert es dir, die Kontrolle abzugeben:* Indem du deine Absichten der Manifestationsbox überantwortest, gibst du deine Wünsche ans Universum ab, damit es deine Ziele für dich manifestiert. Durch diesen Akt der Hingabe löst du dich von jedem etwaigen Widerstand gegen ein bestimmtes Resultat, verzichtest aber zugleich auch darauf, dich allzu sehr auf eines zu fixieren. Du überlässt es dem Universum, deine Wünsche auf die bestmögliche Art und Weise zu erfüllen.

Aufgrund ihrer starken Symbolkraft und der dazugehörigen energetischen Eigenschaften ist die Manifestationsbox so etwas wie ein Leuchtfeuer für deine Träume. Jede Absicht, die du ihr anvertraust, stellt quasi die Botschaft dar, dass du für alle Erfahrungen, Beziehungen und Chancen bereit bist, die deinem höchsten Wohl entsprechen. Durch seine einzigartige Schwingung kann dein Tier diesen Prozess unterstützen, die Macht deiner Intentionen verstärken und ihn um eine Extraportion Liebe, Vertrauen und Zielorientierung bereichern. Seine Präsenz bringt eine schöne Erinnerung an eure tiefe Verbundenheit und an die Macht der bedingungslosen Liebe in den Manifestationsprozess ein.

Wie das genau funktionieren kann, fragst du? Lass mich dir die glühende Tierfreundin Janet und ihren energiegeladenen Border Collie Charlie vorstellen. Janets Ziel bestand darin, eine ganzheitliche Wellnessroutine für sich und ihren Hund zu finden. Sie wünschte sich, dass sie beide physisch und mental zu bester Gesundheit gelangten und ihre Verbundenheit durch gemeinsame Aktivitäten vertieften. Also entschied sie sich für ein schönes Holzkistchen, von dem sie sich stark angezogen fühlte, bemalte und verzierte es mit Pfotenabdrücken und Symbolen für Wellness wie zum Beispiel Bildern von Äpfeln und Yogastellungen.

Zur Formulierung ihrer Absichten setzte sich Janet neben Charlie, der den Kopf in ihren Schoß legte. Sie atmete einmal tief durch, streichelte den Hund und schrieb ihre Wünsche einzeln auf kleine Zettel: »Charlie und ich ernähren uns gesund«, schrieb sie. Und: »Charlie und ich machen täglich Sport.« Jede dieser Intentionen schrieb sie in der Gegenwartsform – ganz so, als habe sich der Wunsch bereits erfüllt. Einen Moment lang visualisierte sie ihre Anliegen – sah sich und Charlie eine gesunde Mahlzeit einnehmen und spürte die Zufriedenheit, die sich nach dem Joggen einstellt. Wobei Janet auffiel, dass Charlie jedes Mal mit dem Schwanz wedelte und ihr einen Blick des stillen Einverständnisses zuwarf.

Nachdem sie alle ihre Absichten aufgeschrieben hatte, faltete sie die Zettel und legte sie in ihre Box. Mit jedem Papierchen, das sie hineinlegte, gab sie dem Hund zur Anerkennung der Rolle, die er in diesem Prozess spielte, einen zärtlichen Klaps. Die Schachtel verstaute sie schließlich in einem Regal im Wohnzimmer, wo Charlie und sie viel Zeit verbrachten. Täglich betrachtete sie die Schachtel, führte sich einen Moment lang ihre Absichten vor Augen und bedankte sich beim Universum.

Im Laufe der nächsten Wochen und Monate begann Janet, Veränderungen zu bemerken. Sie bekam öfter das Bedürfnis, gesund zu kochen, und Charlie zeigte allem Anschein nach immer größere Lust auf ihre täglichen Spaziergänge. Und während beide ihren Teil zur Gestaltung des gemeinsamen Lebens beitrugen, das sie sich wünschten, wurde ihre Beziehung intensiver und sie unternahmen öfter etwas zusammen.

Mit deiner Manifestationsbox bringst du die Saat der Veränderung aus. Und schaust du dann nach sechs bis zwölf Monaten wieder hinein, ist die Wahrscheinlichkeit groß, dass sich alle enthaltenen Wünsche manifestiert haben. Wenn sich bei mir mal die eine oder andere Absicht nicht realisiert, nehme ich mir etwas Zeit, um darüber nachzudenken, woran das wohl liegen mag. Ich stelle dabei immer wieder fest, dass Dinge, von denen ich einmal dachte, dass ich sie dringend bräuchte, oder die ich unbedingt erleben wollte, letzten Endes doch nicht in meinem Interesse waren oder nicht dem höchsten Wohl aller dienten. Davon ganz abgesehen, können sich unsere Intentionen auch auf ganz unerwartete Art und Weise realisieren. Bleib also stets flexibel und für alle Möglichkeiten offen.

Deine ganz persönliche Manifestationsbox

Die Manifestationsbox hilft dir, mit deinem Haustier zusammen die Saat der Gestaltung eures gemeinsamen Lebens auszubringen, und erinnert dich zugleich immer wieder sehr konkret an deine Ziele. Vielleicht möchtet ihr ja gern etwas Neues entdecken, zum Beispiel erstmals einen Trainingskurs für Hunde und ihre Menschen besuchen oder eine euch noch unbekannte Gegend erkunden. Vielleicht wünschst du dir aber auch ein neues, geräumigeres Zuhause mit einem schönen Garten. Oder Heilung und Vitalität für euch beide oder ruhige und friedvolle Beziehungen zu anderen Menschen und Tieren.

1. *Such dir einen Behälter*, der dir optisch zusagt und etwas Besonderes für dich darstellt, vielleicht eine Holzschachtel, einen Schuhkarton, den du hübsch verzierst, oder eventuell sogar ein ansprechendes Glasgefäß.
2. *Individualisiere den Behälter*, indem du ihn mit Bildern, Symbolen oder Wörtern versiehst, die deine Ziele repräsentieren oder dich einfach inspirieren. Du kannst die Dinge malen, zeichnen oder auch mit ausgedruckten Bildern oder Affirmationen arbeiten.
3. *Schreib deine Intentionen auf kleine Zettel oder Kärtchen*. Formulier sie sehr konkret, positiv und in der Gegenwartsform, als wären sie bereits realisiert. Zum Beispiel: »Meine Tiere und ich, wir kommunizieren intuitiv und verstehen einander von Tag zu Tag besser.« Oder: »Ich gründe erfolgreich eine eigene Tierschutzorganisation.« Zusätzlich kannst du Bilder oder kleine Gegenstände zusammentragen, die deine Wünsche versinnbildlichen, zum Beispiel das Foto eines Hundes der Rasse, die auch das Tier haben soll, das du adoptieren möchtest. Oder ein Bild von einem Ort, an dem du gern leben würdest.

4. *Leg die Zettel mit deinen Absichten und die Gegenstände oder Bilder in die Box.* Wenn möglich, beziehst du dein Tier in den Prozess ein oder gestaltest ihn als kleines Ritual.
5. *Arbeite mit der Box,* indem du sie an einer Stelle aufbewahrst, an der du sie täglich sehen und dich auf deine Absichten fokussieren kannst. Nimm dabei ganz bewusst die positiven Emotionen wahr, die du mit dem Erreichen deiner Ziele verbindest.
6. *Lass dich inspirieren, aktiv zu werden.* Nutze die aus deiner Arbeit mit der Manifestationsbox resultierende Motivation und Klarheit, um jede Chance zu entdecken und wahrzunehmen, die deinen mit den Tieren zusammenhängenden Wünschen entspricht.
7. *Setz den Prozess fort.* Vergiss in dem Moment, in dem du Zeugin der Manifestation deiner Wünsche wirst, bitte nicht, dich für die Segnungen und Chancen, denen du auf deinem Weg begegnest, dankbar zu zeigen. Nachdem du ein Ziel erreicht hast, kannst du das Zettelchen, auf dem es stand, (gefahrlos, versteht sich!) verbrennen und seine Energie in die Atmosphäre entlassen. Genauso gut kannst du das Papier aber auch recyceln oder abschließend ein spezielles Ritual durchführen. Gib danach gegebenenfalls neue Absichten in deine Box und führ den Prozess so weiter fort.

Energetische Symbole

Ein Symbol kann alles sein, was für etwas anderes steht. In unserem speziellen Zusammenhang bedeutet das, dass etwas Abstraktes von etwas Gegenständlichem repräsentiert wird. Du kannst ein Symbol schaffen, das dein Ziel versinnbildlicht und es zudem energetisch auflädt – eine wirksame Technik des Manifestierens. Im Unterschied zu Visionboards oder Manifestationsboxen, die

Platz brauchen und nach ihrer Zusammenstellung in aller Regel an ein und demselben Ort bleiben, lassen sich Symbole leicht überallhin mitnehmen. Dadurch, dass du eine Absicht gezielt mit einem bestimmten Symbol assoziierst, erzeugst du eine mental-energetische Verbindung, die dich stets an dieses Ziel erinnert und dein darauf gerichtetes Engagement verstärkt. Diese Methode beruht auf den Prinzipien der fokussierten Aufmerksamkeit, des Fassens von Absichten und der Macht der Symbole.

Ich möchte dir von Mark und seiner Papageiendame Sunny erzählen. Mark träumte von der Gründung einer Wildlife-Auffang- und -Pflegestation. Er hatte sich schon um Sunny gekümmert, als sie noch ein Küken war, und konnte in dieser Zeit so tiefen Respekt gegenüber Tieren und so viel Liebe zu ihnen entwickeln, dass in ihm der Wunsch entstanden war, seine Zuwendung auch anderen (Wild-)Tieren zu widmen. Um die Manifestation dieses Anliegens zu unterstützen, beschloss Mark, ein Symbol zu erschaffen. Schließlich entschied er sich für das Bild eines Baumes, das für Wachstum, Schutz und Leben steht. Die Skizze, die er von ihm anfertigte, ergänzte er noch um Details wie etwa ein Vögelchen auf einem Zweig und ein kleines Tier am Wurzelwerk. Die Zeichnung ergänzte Mark um seine Intention: »Ein sicherer Hafen für Wildtiere, in dem sie heilen und gedeihen können.«

Um Sunny in den Prozess einzubeziehen, erläuterte er ihr seinen Traum, während er die Skizze anfertigte. Mit ihren strahlenden, neugierigen Augen beobachtete sie ihren Menschen, legte das Köpfchen schief und begann leise zu tschirpen, als verstünde sie jedes Wort. Nachdem er sein Werk vollendet hatte, legte Mark es auf den Schreibtisch, an dem er täglich arbeitete. Eine kleinere Version davon trug er von nun an in seiner Brieftasche mit sich. Wann immer Mark das Symbol betrachtete, nahm er sich einen Moment Zeit, um die Zufluchtsstätte seiner Träume zu visualisieren und das Gefühl der Befriedigung zu genießen, das ihm der Gedanke an die Rettung und Erholung der wilden Tiere vermittelte. Er empfand das Symbol als machtvolle Erinnerung an seinen großen Traum. Alsbald informierte er sich über bereits bestehende Wildtier-Auffangstationen, nahm Kontakt zu Fachleuten auf und absolvierte sogar ein Praktikum in so einer Einrichtung, um Erfahrungen zu sammeln. Nach und nach orientierte sich sein Handeln immer mehr an seinem Traum und er spürte, dass er seinem Ziel Schritt für Schritt näher kam. Was Sunny betraf, so schien sie Marks zunehmendes Engagement zu spüren. Immer wenn er über seinen Traum sprach, schien sie ihm besonders aufmerksam zuzuhören, und während er mit der Ausarbeitung seiner Pläne beschäftigt war, kam sie oft angeflattert und nahm auf seiner Schulter Platz.

Monate vergingen und schließlich hatte Mark genügend Spendengelder zusammen, um ein Stück Land kaufen zu können, das perfekt für seine Zwecke geeignet war. Nachdem er auch über die nötigen Genehmigungen verfügte, fing er an zu bauen. Mark war Feuer und Flamme für sein Projekt, Sunny nicht weniger. Wann immer sich ihr Mensch in Richtung Baustelle entfernte, gab sie ihm eine Folge aufgeregter Papageienlaute mit auf den Weg, als wollte sie ihn anspornen. Eines Tages fand Mark bei der Arbeit einen kleinen Vogel mit gebrochenem Flügel. Er nahm ihn ganz vorsichtig hoch und brachte ihn nach Hause, wo er dem Tierchen ein provisorisches Krankenlager bereitete, es fütterte und wieder aufpäppelte. Dabei wurde er die ganze Zeit über aufmerksam von Sunny beobachtet, die auf ihrer Stange hockte. Es war, als wäre das verletzte Vögelchen die lebendige Verkörperung von Marks Symbol.

Als sich das Tier allmählich erholte, beschloss Mark, ihm als Sinnbild seiner Hoffnungen für die Auffangstelle den Namen Hope (»Hoffnung«) zu geben. Und tatsächlich: In dem Maße, in dem der kleine Vogel gesundete, ging es auch mit Marks Projekt aufwärts. Er trieb weitere Spendengelder auf, konnte mehr Freiwillige für eine Mitarbeit gewinnen und begann, die Eröffnung der Station vorzubereiten. Als es so weit war, betrachtete Mark das Symbol, das er Monate zuvor entworfen hatte, und erkannte, dass sich einige Elemente, aus denen die Zeichnung bestand, realisiert hatten: Aus dem Baum war die Station geworden und der Vogel auf dem Zweig hatte in Form der kleinen Hope lebendige Gestalt angenommen. Als Mark noch darüber nachdachte, flatterte Sunny los, landete auf seiner Schulter und tschirpte ihm leise ins Ohr. Das Bild, das die beiden abgaben, war eines größter Verbundenheit und bestärkte Mark noch in seiner Entschlossenheit, den von ihm gewählten Weg weiterzugehen. Im selben Moment realisierte er auch, dass ihm sein Symbol nicht nur bei der Manifestation seines Traumes geholfen, sondern dass es auch seine Beziehung zu Sunny noch vertieft hatte.

Marks Wildlife-Auffang- und -Rettungsstation entwickelte sich von nun an prächtig und wurde zu genau dem sicheren Hafen für Tiere, den er sich immer vorgestellt hatte. Und Sunny? Die war immer dabei, stets an Marks Seite und unterstützte ihn auf ihre ganz eigene Art und Weise. Diese Erfahrung war ein starkes Indiz für die tiefe Verbundenheit von Mensch und Tier. Dadurch, dass Mark sich auf sein Ziel fokussierte, das Symbol hochgehalten und Sunny in den Prozess einbezogen hatte, konnte er seinen Traum erfolgreich manifestieren. Für andere war seine Geschichte eine Quelle der Inspiration, weil sie den Beweis dafür lieferte, dass sich selbst unsere ambitioniertesten Träume verwirklichen lassen, solange wir nur klare Absichten fassen, uns unbeirrt fokussieren und die Unterstützung unserer tierischen Begleiter haben.

Die Erschaffung energetischer Symbole

Indem du mit Unterstützung deines Tieres ein Symbol erschaffst, das dir bei der Manifestation deiner Absichten behilflich ist, bestätigst du den Willen, dein Ziel zu erreichen, und machst deine Träume greifbarer. Angenommen, du entscheidest dich für die liegende Acht, das Symbol der Unendlichkeit, als Sinnbild deiner intuitiven Verbundenheit mit einem Tier. Oder du wählst eine Krone als Symbol des Wunsches, die ruhige, selbstbewusste Alphafigur deines Rudels zu werden. Du kannst auch ein schön gestaltetes Peace-Zeichen nehmen und es zur Repräsentation der Gelassenheit in eurer Beziehung machen, die gänzlich ohne Stress und Anspannung auskommt.

1. *Bestimme deine Absicht*, indem du dich fragst: »Was würde ich gern manifestieren?« Dein Ziel sollte sowohl eindeutig als auch positiv sein und mit deinen Werten und Wünschen übereinstimmen. Etwa so: »Ich verbessere meine Fähigkeiten, mit Tieren zu kommunizieren.«
2. *Erschaffe ein Symbol*, das repräsentativ für dein Ziel steht. Dabei kann es sich um eine abstrakte Form handeln, um etwas ganz Konkretes oder eine Mischung aus beidem. Das von dir erschaffene Symbol sollte dich persönlich ansprechen und in Bezug auf dein Ziel positive Emotionen wecken. Sieh aber zu, dass es nicht allzu kompliziert wird, sodass du es ganz einfach zeichnen, malen oder auch digital darstellen kannst. Dein Symbol darf gern so groß sein, dass es bei dir zu Hause eine ganze Wand einnimmt, oder so klein wie die Gravur auf dem Anhänger einer Kette. Du kannst es bunt oder einfarbig gestalten, sehr detailliert oder stark reduziert, ganz wie es dir gefällt. So oder so, während du es erschaffst, solltest du dein Ziel visualisieren, als hättest du es bereits erreicht. Und

bezieh dein Tier genau so mit ein, wie es sich für dich richtig anfühlt.

3. *Lade dein Symbol energetisch auf*, indem du dich in Ruhe darauf fokussierst. Meditiere einige Minuten auf dein Ziel und die positiven Emotionen, die sich einstellen werden, sobald du es erreicht hast: Glücksgefühle, Zufriedenheit oder Erfüllung. Stell dir vor, dass das Symbol die Energie dieser Emotionen und deiner Intention aufnimmt.
4. *Arbeite mit deinem Symbol*, wann immer du es siehst. Visualisiere dann deine Absicht, als wäre sie bereits Wirklichkeit geworden. Spüre die Emotionen, die du mit dem Erreichen deines Ziels verbindest, und bezieh dein Tier in den Prozess mit ein, indem du mit ihm kuschelst oder über eure gemeinsamen Wünsche sprichst.
5. *Lass dich inspirieren, aktiv zu werden*. Solltest du also beispielsweise beabsichtigen, die Kommunikation mit deinem Tier zu verbessern, könntest du jetzt beschließen, mehr Zeit mit ihm zu verbringen, dir Informationen über sein Verhalten zu verschaffen oder professionelle Hilfe in Anspruch zu nehmen.
6. *Sieh jede Veränderung als Zeichen dafür, dass du dich deinem Ziel mehr und mehr annäherst*. Und vergiss nicht, dich sowohl für die Fortschritte zu bedanken, die ihr gemeinsam macht, als auch für jede Chance, die sich dir eröffnet.

Journaling – Überlegungen für dein Tagebuch

1. Jedes Mitgestalten beginnt mit deinen Absichten. Denk an die Beziehung zu deinem Tier und die Erfahrungen, die du mit ihm machen möchtest. Worin bestehen deine größten Träume und Hoffnungen für euer gemeinsames Leben? Wie stellst du dir eure Interaktion im Alltag vor? Welche Gefühle und Emotionen würdest du in eurer Beziehung gern erleben? Welche konkreten Dinge strebst du an? Vielleicht Trainingserfolge, gemeinsame Reiseerfahrungen, gesundheitliche Verbesserungen oder Veränderungen eures Lebensstils?
2. Denk an frühere Zeiten zurück, in denen du bereits kreativ visualisiert hast. Denn selbst wenn du es damals noch nicht so genannt hast, wirst du auch in der Vergangenheit schon Tagträumen nachgehangen oder dir den besten Ausgang einer bestimmten Situation vorgestellt haben. Vielleicht hast du auch früher schon Ängste empfunden oder dir Sorgen gemacht. Was genau ist da geschehen? Glaubst du, das kreative Visualisieren könne in diesem Prozess eine Rolle gespielt haben? Und wenn ja: inwiefern?
3. Welche der in diesem Kapitel vorgestellten Praktiken – die Erstellung von Visionboards, Manifestationsboxen oder energetischen Symbolen – spricht dich besonders an? Warum? Was begeistert dich daran? Und was stimmt dich eher skeptisch?
4. Wie kannst du dein Haustier in den Prozess der Erschaffung eines Visionboards, einer Manifestationsbox oder eines energetischen Symbols einbeziehen? Inwiefern könnte eine solche Aktivität die Beziehung zu ihm intensivieren und zu eurer energetischen Annäherung beitragen?

NACHWORT

Jetzt bist du zwar auf den letzten Seiten dieses Buches angelangt, deine Reise aber ist damit noch lange nicht zum Ende gekommen. Im Gegenteil: Denn eigentlich beginnt für dich genau jetzt ein ganz neues, außerordentlich spannendes Abenteuer. Gemeinsam haben wir uns auf unbekanntes Gebiet begeben, haben uns großen Fragen gestellt und sind auf diesem Weg unseren Tieren, letztlich aber auch uns selbst sehr nahegekommen. Wie ich hoffe, war dir dieses Buch als Einführung in eine ganz wunderbare neue Sprache dienlich, eine Sprache jenseits aller Worte: die intuitive Sprache der Emotion und Energie – ein Bindeglied zwischen den Spezies, das deine Verbindung mit der Natur enorm intensiviert.

Diese Erkundungsreise hatte durchaus ihre Tücken. So wurdest du etwa aufgefordert, deine vorgefassten Meinungen infrage zu stellen, aus deiner Komfortzone herauszutreten und dich Entwicklungen gegenüber aufgeschlossen zu zeigen, die du zuvor noch für weit hergeholt oder gar schlichtweg unmöglich gehalten hättest. Doch mit jedem Schritt steigerte sich deine Wertschätzung der Komplexität der Tierwelt und des Platzes, den du in ihr einnimmst. Bis hin zu dem Wissen, dass jedem Lebewesen, wie groß oder winzig es auch sein mag, seine einzigartige, durch nichts und niemanden zu ersetzende Rolle zukommt.

Mehr aber als um Wissen und Verstehen ging es auf dieser Reise um Transformation sowie die Entwicklung von mehr Empathie, Mitgefühl und Liebe. Haben sich diese Eigenschaften und Werte erst einmal in dir herausgebildet, strahlen sie weit über deine Person hinaus, greifen auf deine Mitmenschen über und tragen schließlich weltweit zu einer Veränderung des Bewusstseins bei. Diese Transformation ist das eigentliche Geschenk, das uns die intuitive Tierkommunikation macht. Denn in dem Maße, in dem unser Verständnis für Tiere wächst – und damit auch unsere Wertschätzung für sie –, entwickeln wir auch mehr Respekt vor unserem gemeinsamen Zuhause, der Erde. Dieser symbiotischen Verbindung wohnt große Heilkraft inne – sowohl für uns selbst als auch für den Planeten.

Dieses Buch stellt die Basis einer lebenslangen Trainingspraxis dar und von nun an kannst du jederzeit darin blättern. Aber ich würde mir auch wünschen, dass es für dich zu einer Art Abschussrampe wird. Dass es dich einlädt, tiefer zu tauchen, dich mehr zu trauen, deinen Horizont zu erweitern und deine besonderen Talente weiterzuentwickeln. Die Infos und Techniken in diesem Buch stellen Tools dar, die dich bei deiner Verbindung mit Tieren unterstützen. Doch die eigentlichen Schlüssel zur Tierkommunikation liegen in dir selbst: Denn die Magie, die dich auf deinem Weg vorwärts- und immer weiter voranbringen wird, liegt in deiner Intuition, deiner Empathie und Tierliebe.

Die ganze Wahrheit lautet: Tiere können uns zu unermesslicher Weisheit verhelfen. Sie eröffnen uns Erkenntnisse, die uns sonst entgehen würden. Ungehemmt von den Verwicklungen des menschlichen Bewusstseins, verschaffen uns ihre Betrachtungsweisen einzigartige Einblicke in die Essenz des Lebens selbst. Mit den Augen der Tiere sehen wir die Welt in ihrer ganzen rauen, ungefilterten Schönheit, unbelastet von den Einflüsterungen unserer Kultur und den gesellschaftlichen Erwartungen, die nur allzu oft das menschliche Wahrnehmungsvermögen vernebeln.

Und nun? Für die Zukunft möchte ich dir empfehlen, anderen von deinen Erkenntnissen zu berichten – das gibt dir nämlich die

Chance, Veränderungen anzustoßen. Als intuitive Tierkommunikatoren und Tierkommunikatorinnen können wir die Botschaften des Tierreichs weitergeben. Wir können uns für ihre Rechte starkmachen, uns um ihr Wohlergehen kümmern und zur Entstehung einer Welt beitragen, in der jedes Lebewesen mit dem Respekt und der Güte behandelt wird, die es verdient hat. Wir können ihre Geschichten erzählen, von ihrer Weisheit berichten und als Multiplikatorinnen und Multiplikatoren ihrer Interessen fungieren.

Unsere Reise in die Welt der intuitiven Tierkommunikation ist ein Weg der Dienstbarkeit, der Liebe und Persönlichkeitsentwicklung. Es ist eine Reise, die uns zu besseren Menschen macht, die sich besser verhalten und besser lieben können. Deshalb möchte ich dich ganz ausdrücklich ermutigen, auf deine Intuition zu hören, deinem Herzen zu folgen und Entdeckerfreuden zu feiern. Und denk unterwegs bitte immer daran: Nicht Perfektion ist unser Ziel, sondern Verbundenheit.

Also bringe ich ein Hoch auf die Tiere aus – auf unsere Lehrer, Leitfiguren und Freunde! Ein Hoch auf die Zukunft und all die endlosen Möglichkeiten, die uns erwarten! Ein Hoch auf uns und die gemeinsame Zukunft, die wir uns erschaffen. Möge dich das intuitive Mit-Tieren-Kommunizieren inspirieren und herausfordern. Möge es dein Leben auf eine Art und Weise bereichern, die du dir nie hättest vorstellen können. Mögest du auf deiner Reise auch weiterhin möglichst viel Liebe, großes Verständnis und unzählige Augenblicke der Verbundenheit erleben. Und mögest du nie vergessen, dass das Fädchen, das deine Person im großen Teppich des Lebens darstellt, mit allen Tieren verwoben ist, denen du je begegnet bist und begegnen wirst.

LITERATURAUSWAHL

Bear, Mark F., Barry W. Connors, und Michael A. Paradiso. *Neurowissenschaften. Ein grundlegendes Lehrbuch für Biologie, Medizin und Psychologie.* **Springer Spektrum 2018**

Brennan, Barbara Ann. *Licht-Arbeit. Heilen mit Energiefeldern.* **Goldmann 1998**

Campbell, Joseph. *The Way of the Animal Powers, vol. 1, book 1 of Historical Atlas of World Mythology.* **HarperCollins 1983**

Cooper, J. C. *Symbolic and Mythological Animals.* **HarperCollins 1992**

Craig, Gary. *The EFT Manual.* **Energy Psychology Press 2011**

Dispenza, Joe. *Du bist das Placebo. Bewusstsein wird Materie.* **Koha 2014**

Dyer, Wayne W. *The Power of Intention. Learning to Co-create Your World Your Way.* **Hay House 2000.**

Fredrickson, Barbara, et al. »Open hearts build lives: Positive emotions, induced through loving-kindness meditation, build consequential personal resources«, in: *Journal of Personality and Social Psychology,* **95(5) (2008): 1045–1062**

Goleman, Daniel. *EQ. Emotionale Intelligenz.* **DTV 1997**

Helminski, Kabir. *Lebende Präsenz. Der Sufiweg zum offenen Herz und dem wesentlichen Selbst.* **Treshhold Books 2020**

Hicks, Esther und Jerry. *The Law of Attraction. Für jeden Tag.* **Allegria 2009**

Judith, Anodea. *Lebensräder. Das große Chakren-Lehr- und Übungsbuch.* **Arkana 2004**

Krippner, Stanley, und Daniel Rubin. *The Kirlian Aura. Photographing the Galaxies of Life.* **Anchor Books 1974**

Leadbeater, C. W. *Die Chakren.* **Verlag Heliakon 2023**

Millan, Cesar, und Melissa Jo Peltier. *Tipps vom Hundeflüsterer. Einfache Maßnahmen für die gelungene Beziehung zwischen Mensch und Hund.* **Arkana 2007**

Morrison, Lesley. *Die Weisheit der Vögel. Der tägliche Umgang mit ihren Liedern und Symbolen.* **Allegria 2013**

Myss, Caroline. *Chakren. Die sieben Zentren von Kraft und Heilung.* **Knaur 2000**

Nhat Hanh, Thich. *Das Wunder der Achtsamkeit. Einführung in die Meditation.* **Arkana 2024**

Radin, Dean. *The Conscious Universe. The Scientific Truth of Psychic Phenomena.* **HarperCollins 1997**

Sakurai, J. J., und Jim Napolitano. *Modern Quantum Mechanics.* **Cambridge University Press 2017**

Sapolsky, Robert M. *Warum Zebras keine Migräne kriegen. Wie Stress den Menschen krank macht.* **Piper 2005**

Suzuki, Shunryu. *Zen-Geist – Anfänger-Geist. Unterweisungen in Zen-Meditation.* **Theseus 2016**

Van Dernoot Lipsky, Laura, und Connie Burk. *Trauma Stewardship. An Everyday Guide to Caring for Self While Caring for Others.* **Berrett-Koehler Publishers 2009**

DANK

Mein erster und größter Dank gebührt meiner Familie für ihre grenzenlose Liebe, beständige Ermutigung und Unterstützung: meinen Eltern John und Mary Fran; meinen Geschwistern Judy, John, Kevin, Marie, Mary, Dan, Kathy und Marron; meinem Partner Donald sowie allen Tieren, die mein Leben je verändert und mich inspiriert haben: Cooper, Peanut, Harlow, Dasher, Atticus, Buddy, Luca, Mr. Snowbie, Lady Snowbie, Monty, Dolly, Corky, Rocky, Cory und Gatsby.

Tiefe Dankbarkeit empfinde ich Colette Baron-Reid gegenüber. Mit deiner Weisheit, deinen Ratschlägen und deinem unbeirrbaren Glauben an meine Fähigkeit stellst du für mich eine nie versiegende Quelle der Inspiration dar. Deine Mentorenschaft ist für mich viel mehr als nur Beratung in beruflichen Fragen – sie ist vielmehr ein Kompass, der mich auf meiner ganzen Reise begleitet hat. Ohne deine unschätzbar wertvolle Unterstützung und Ermutigung hätte diese meine Arbeit nie so werden können, wie sie heute ist. Danke für deine Großherzigkeit und alles, was du für mich getan hast.

Meine tief empfundene Dankbarkeit gilt auch Cesar Millan, der an mich geglaubt, mich inspiriert und mir die Chance gegeben hat, mit so vielen wunderbaren Menschen und Tieren überall auf der Welt in Kontakt zu kommen, ihnen helfen und dienen zu dürfen.

Ferner gilt mein Dank: John Narun, Linda Howe, Dawn Silver,

Chris Walker, Sonia Choquette, Christy Whitman, C. A. Brooks, Laura Lynne Jackson, Debra Katz, Joan Ranquet, Krista und Clay Rimpa, Debra Silverman, Brigit Esselmont, Janet Jackson, Dana Trujillo und Colleen Stockloff. Sowie natürlich allen Menschen und Tieren überall auf der Welt, mit denen ich kommuniziere. Von euch kann ich täglich etwas lernen und ihr inspiriert auch mich immer wieder.

Nicht zuletzt möchte ich mich bei Reid Tracy und dem Verlag Hay House bedanken. Ihr habt an dieses Projekt geglaubt und mich professionell durch den Prozess der Entstehung dieses Buches begleitet. Mein besonderer Dank gilt Audra Figgins, Anna Copperberg und Nirmala Nataraj. Danke für eure Hilfe und Unterstützung.

Zum guten Schluss gilt mein Dank euch: den Leserinnen und Lesern sowie euren Tieren. Danke, dass ihr euch das Buch besorgt habt und mit mir auf die Reise gegangen seid. Ich hoffe, ihr hattet beim Lesen genauso viel Spaß, wie ich ihn beim Schreiben hatte.

ÜBER DEN AUTOR

Michael R. Burke ist Tierkommunikator, Verhaltensberater und intuitiver Coach. Als seine Mission betrachtet er es, Menschen zu einem besseren Verständnis ihrer Tiere zu verhelfen, sie bei der Kommunikation mit ihnen zu unterstützen, Verhaltensprobleme zu beheben und dauerhaftere, liebevollere Beziehungen zwischen Mensch und Tier zu ermöglichen. Burkes Kommunikation mit lebenden, aber auch bereits verstorbenen Tieren erfolgt auf intuitivem, energetischem beziehungsweise telepathischem Weg. Diese Verfahren bringt er auch seiner Kundschaft bei. Er beantwortet ihre Fragen, zeigt Lösungen auf und verhilft den Teams aus Mensch(en) und Tier(en) zu innerem Frieden, zu Harmonie, Selbstvertrauen und Klarheit.

Michael R. Burke trägt den Titel eines Bachelors of Arts in Umweltstudien, verliehen von der University of Colorado in Boulder. Darüber hinaus ist er zertifizierter Life Coach, Meditationslehrer, Hundetrainer und Experte für das Verhalten von Tieren. An der Seite von Cesar Millan hat er in dessen südkalifornischem Dog Psychology Center als Hundetrainer, -psychologe sowie als Leiter des Bereichs Meditation im Training Cesar's Way gearbeitet.

In Burkes einzigartiger Methode der Tierkommunikation verbinden sich sein Background als intuitiver und Meditationslehrer sowie -trainer mit den Erfahrungen, die er auf den Gebieten Hundepsychologie, Tierverhalten und -training sowie Energieheilung und persönliches Wachstum hat machen können.